陪你成为你自己

你自己

送给新手爸妈的
儿童心理发展工具书

黄　淮　王诗语　张润泽／著

中国海洋大学出版社
·青岛·

图书在版编目（ＣＩＰ）数据

陪你成为你自己：送给新手爸妈的儿童心理发展工
具书 / 黄淮, 王诗语, 张润泽著. — 青岛：中国海洋
大学出版社, 2024.4
　　ISBN 978-7-5670-3619-2

Ⅰ.①陪… Ⅱ.①黄… ②王… ③张… Ⅲ.①学前儿
童—儿童心理学 Ⅳ.①B844.12

中国国家版本馆CIP数据核字(2023)第177317号

书　　名	陪你成为你自己——送给新手爸妈的儿童心理发展工具书			
	PEINI CHENGWEI NI ZIJI —— SONGGEI XINSHOU BAMA DE ERTONG XINLI FAZHAN GONGJUSHU			
出版发行	中国海洋大学出版社			
社　　址	青岛市香港东路23号		邮政编码	266071
出 版 人	刘文菁			
网　　址	http://pub.ouc.edu.cn			
订购电话	0532-82032573（传真）			
责任编辑	矫恒鹏		电　话	0532-85902349
照　　排	青岛光合时代传媒有限公司			
印　　制	青岛国彩印刷股份有限公司			
版　　次	2024年4月第1版			
印　　次	2024年4月第1次印刷			
成品尺寸	170 mm × 230 mm			
印　　张	25			
印　　数	1～1000			
字　　数	381千			
定　　价	78.00元			

如发现印装质量问题，请致电0532-58700166，由印刷厂负责调换。

这更像是一本工具书。

我是一名心理咨询师，面对未成年人的心理咨询是我主要的工作之一。来我这里的孩子大多出现了一些家长难以解决的问题，家长们很是着急：为什么现在的孩子生活条件好了，反而特别难带了呢？为孩子付出很多，孩子反而离我们越远？我为孩子牺牲了自己的时间，怎么就没落个好呢？……

现在家长教育意识都很跟得上，有问题会问，有大问题会正式咨询，有好的教育理念文章会读。在我面对家长的讲座中，关于教育方法的，孩子心理、行为健康的，成人自身关系模式的，这些课程也极受欢迎。

可是，问题还是不断。随着物质生活水平的提升，人们的自我意识开始觉醒，反映到孩子身上，他们的精神世界要求也变高了，每一代人都有自己不同的发展烙印，相对应地也需要更高水平的家庭教育能力，以前不给孩子买糖，孩子明白，家里穷，大家都没有；现在不让孩子玩手机，孩子的反应就可能让我们很头疼。还有家庭结构的变化引发的儿童心理变化，信息传递速度的暴增导致的儿童见识的宽泛而理解的深刻性不够，等等。40 年来，我们的生活翻天覆地，这些变化在我们没有准备的情况下，扑面而来。

现在孩子的心理生长环境恶劣了很多。我们不得不限制孩子的活动空间，孩子们被关在家里，被告知危险，被提醒未来竞争的残酷。父母忙碌又焦虑，孩子们被家长忽略或者过度关注，没有成群的伙伴和空旷的田野来帮助孩子纾解情绪，就会出现这样那样的问题。比如：压力过大、缺乏睡眠、缺乏锻炼等造成血清素减少，人们就会出现注意力集中困难等问题，经常伴随厌倦感，还会易怒、焦虑、疲劳、慢性疼痛和焦躁不安，如果血清素水平进一步下降，还会引起抑郁。如果不采取预防措施，这些问题会随时间推移而恶化，并最终引起强迫症、轻躁狂和抑郁症等疾病。患者可能会出现不必要的侵略行为和情绪波动。

2020 年版《中国国民心理健康发展报告》中的统计数据显示，24.6% 的青少年抑郁，其中重度抑郁的比例为 7.4%。随着年级的增长，抑郁的检出率呈现上升趋势。小学阶段的抑郁检出率为 1 成左右，其中重度抑郁的检出率为 1.9%~3.3%，初中阶段的抑郁检出率约为 3 成，重度抑郁的检出率为 7.6%~8.6%。高中阶段的抑郁检出率接近 4 成，其中重度抑郁的检出率为 10.9%~12.5%。

孩子们比我们小时候更聪明，也更早地懂事，更能感知到压力的存在。如果我们能帮助孩子做好心理上的准备，在 0~6 岁阶段打好基础，他的未来就会有无限可能。比如：在孩子的三个自我意识飞跃期，怎样引导他成为一个有主见有担当有力量的人；在对孩子的回应中，怎么建设孩子的抗挫折能力与成长型思维；如何帮助孩子建设弹性而稳定的边界感，让他在未来能够更清晰。

十几年前我开办了一家教育实践幼儿园，这为我从事心理工作提供了很多宝贵经验。在几千个小时的个案咨询过程中，因未成年人的心理受挫而引发的行为问题、内心痛苦，多数源于创伤经历和教养不当，当然很多成人的心理问题也是源于此。在其他机构及幼儿园教师培训过程中，通过案例分析及儿童心理发展指导，很多老师觉得头疼的问题迎刃而解，跟家长沟通也更专业。我的幼儿园毕业的孩子里，最大的马上高考，十多年的观察追踪，我更加意识到，0~6 岁的孩子打好基础很重要。通过反复地观察儿童，及时给予家庭教育指导方案，会让孩子拥有善于发现的眼睛、善于思考的头脑、良好的社会能力。每次家长讲座，好多未尽的话题总让我有些遗憾，所以我写下这本书，尽我所能为大家展示婴幼儿成长过程中关键的发展点和教养重点。

我们从来不会因为孩子掉牙而担心，因为我们知道这是孩子在成长，如果能够更好地了解孩子，面对一个尿裤子的孩子我们就不再着急，你也可以成为淡定的家长；我们从来不会因为孩子系不上扣子而烦恼，因为我们能帮他或者教给他，如果能够学会应对孩子发展中的正常"问题"，及时给予儿童发展上的指导，我们就不会因为孩子突然变得胆小而紧张，你也会变成一个教育专家；如果我们发现错过了些什么，也可以有针对性地对教育方向进行调整。

我有两个孩子。孩子出生时，我选择躺着哺乳，断奶过程会轻松很多；因为孩子每晚起夜 5~8 次，所以孩子小时候一直是跟我一张床睡觉的，我跟孩子说这是爸爸妈妈的床，分床变得简单；孩子的爸爸外出工作，给孩子做好父性人格的建设，爸爸回家，孩子们都很适应，也预防了因为父亲的力量缺失而导致的孩子力量感不足，规则感差，没有上进心。

教育，先知先觉很重要，了解孩子，做好规划很重要，会少一些担心，多一些准备。作为儿童最重要的教养环境，如果我们家长能够提前做好准备，教育就是一个陪伴生命成长的神奇而美丽的生命历程。

黄淮

2022 年 12 月

自我意识决定了我们的选择，
而我们的选择也就构成了我们的整个生命历程。

自我意识的核心大多是潜意识里的想法：
我很重要，
我很相信自己，
我愿意理解他人，
我也有权利拒绝他人，
……

它们来源于我们成长中的深刻经历，是相似的经历反复作用的结果。成年时，这些想法不需要大脑的思考，直接跳出来主导我们的决定，是面对、是前进、是后退、是躲避，很难改变。我们需要知道，在孩子的童年，家长的教育行为直接影响这些落入潜意识里的决定。

第一章

自我的稳定性

1

生活中的"小事儿"

0~6岁的成长经历影响一个人成年后的情感体验，多数情况下，让我们感到不幸福的事儿都是一些小事儿。

（出于尊重隐私的考虑，本书中所有我的来访者、孩子的家长、我的亲属，都称为我的朋友，儿童来访者、幼儿园的孩子多数情况下称为朋友的孩子，所有案例中出现的姓名均为化名，所述事件涉及隐私的部分，例如工作、地址、年龄等都有所改动，避免大家对号入座。事件展现出来的逻辑与情感均为真实的。）

朋友老赵有两个孩子，老大15岁，老二9岁。他最近看上去紧绷绷的，原来是跟大女儿已经1个多月不说话了，关系降至冰点，事情的起因却是一件很小的事儿。

晚上大女儿吃葡萄，吃完后没有收拾，老赵第二天起床看到桌子上的葡萄皮，粘在桌面的葡萄汁，冲着大女儿语气不太好："你都多大了，怎么还不知道收拾。"

女儿沉默了一下，紧接着就爆发了："我做点什么事儿都说我，妹妹做什么就没事！别跟我说她小，她昨天动我画稿，怎么就没人说她？你们不说还不让我说，都多少次了？"

老赵："说你的事儿，扯你妹妹干吗？你这什么态度，我是你爸，你怎么跟我说话的？"

……

俩人声调越来愈高，最后女儿摔门进屋，老赵气得浑身发抖，父女俩做了一样的决定——不理对方。

事儿还真不是大事儿，但是对老赵父女甚至对老赵妻子来说，问题可挺大。老赵的愤怒、挫败，女儿的委屈、愤慨，妻子的着急、无奈，看起来还得好久才能过去。家里的事儿容易让我们烦恼，工作上的事儿也是。

朋友小钱是一名培训学校的销售顾问，学校校长是由集团公司聘任的，她说起最近很崩溃："最近跟校长开始对峙，原因要从培训那天说起。可能因为我年龄比较大、经验丰富，在团建的时候表现比较突出，就挺受集团领导关注的，这让同样是应聘过去的校长很吃醋。面子上对我挺好，但是当集团领导一走，我立马感受到了她那种'要收拾我'的气息，接着事儿就来了。我入职几个月一直是销售冠军，她却想方设法打压我，为了把我挤走，把资源都给了新人，也不给我提供应该提供的信息。为这我找过集团领导，但是职场规则让我很无奈，我觉得大不了不干了，不能总是这样被欺负啊。"

我跟小钱聊到她的需求，小钱很需要这份工作，也很喜欢这份工作，但是校长的排挤，加上她也很难处理好跟校长之间的关系，她说："离开是为了面子。我更多的是希望被认可、被重视。"如果这份工作给不了小钱价值感的话，她宁肯放弃。

其实我们也知道，如果她不想走，没有人能真正地挤走她，毕竟她的销售做得很好，可是为了不受气，她宁肯放弃自己喜欢的工作。聊到这，小钱大悟："我要走了，她不就得逞了吗！"

我们生活中会碰到很多这样的情景与选择：事情会失控，像老赵一样，越是失控越想压制；感觉被嫌弃和忽视，像老赵女儿，选择跟父亲冲突却换不来她希望的理解与关心；用伤害自己的方式报复他人，小钱是，很多跟老师关系不好就不学习的学生也是。

从"自我"的角度看，这是自我不够稳定的表现，当感到自己被伤害，我们会下意识地自我保护，让我们远离那种不舒服的感觉，但这不是最优选择。我们来看看小钱的不稳定感来自哪里：

自从妹妹出生后，小钱就跟爷爷奶奶一个屋睡觉了，在她童年的记忆里，隔壁房间的父母和妹妹总是欢声笑语，小钱描述："他们总是搂着苹果睡觉。"那是一种香甜而幸福的味道。从小她就没学会撒娇，没学会柔软，只想着要努力做得更好，不让爷爷奶奶也抛弃自己。对爷爷奶奶，特别是对奶奶的讨好，让奶奶觉得小钱很懂事。而小钱认为奶奶觉得自己懂事，让自己安心很多。但她的真实想法跟奶奶的要求其实并不一致，成年以后她时不时地把奶奶接到自己身边照顾，对奶奶的感觉是，既亲密、牵挂、担心，又感到非常窒息——奶奶仍然像小钱小时候那样要求小钱按照她的想法做事，甚至更加控制，带着些小孩子式的无理。

所以小钱一遇到关系中的不舒服，她就会选择远离，像逃离奶奶窒息的控制，也像离开让她嫉妒的有妹妹的家。她回想了一下：前几份工作都是因为关系的原因才更换的。小钱的童年经历影响了她的潜意识：她从小就知道，不会从父母那儿得到关注和安全，又从奶奶身上知道，虽然她努力能得到奶奶的关爱，但是最终的感觉是窒息。有些关系不是自己真正想要的，自己真正想要的关系又觉得自己没有能力获取。小钱感觉自己不会处理人际关系。

作为旁观者，我们会想可以有很多选择呀，但身处其中，我们常常是不自知的，被推着走了，很难跳出来。我们经常做的选择并不是自由的选择，受过去发生的事情而获得的情感体验的影响非常大，我们因回避不舒服的感觉而做出不理性选择的可能性发生在每一个人的身上。

小钱最后说道："我这么多年都是在亲密关系这个坑里打转，到现在我跟我爸爸的关系是，他过他的，我过我的，各不相干；跟妹妹的感觉是互相攀比，心走不到一块去；跟孩子的感觉是逃避亲密，自己无法滋养她，没有更多的爱给她；跟老公的感觉是，和平共处，这么多年没有交过心，一直活在面上，有的时候觉得他是我的父亲，有的时候觉得我是他的母亲；跟同事也感觉无法走到很深的友情，不敢敞开自己，只能面上的交往；跟老师权威的感觉是会讨好，会让对方喜爱，但是不喜欢窒息的掌控。"

这些，都是她成长经历的重复。

"从这些感情中我意识到，你对一个孩子所做的一切，与他未来息息相关。"

——小钱

不稳定的自我

很多人都会发生自我不稳定的情况，比如：

感觉自己很糟糕；

不敢和不熟悉的人争论；

无法拒绝他人的请求；

特别冲动或者犹豫，然后又后悔；

无法控制自己的脾气；

总是在自我批评；

什么都不愿意说，说了也没有人理解自己；

感觉身边的一切都让自己疲于应对；

对于未来的规划很模糊，感到迷茫，找不到自己存在的价值与意义；

总是被他人左右，而无法知道自己究竟想要什么；

自己付出了很多，没人在乎自己；

遇到困难容易放弃或者自我攻击；

无法表达自己真实的想法；

社交的时候感觉自己很累，很难融入；

…………

生活中的"小事儿"会影响我们的心情，当然，长期无法解决的积愤更会让我们无力、委屈或愤怒。

> "他从来不管孩子，总说自己加班，天天到晚上 10 点以后，总说自己有事儿，他能有什么事儿啊？经常在外面喝酒，有时候还不接电话，根本没点正事儿，孩子也不管，真不知道结婚有什么用。"
>
> 跟他说点事儿很不耐烦，说多了就急，急了直接不说话，不理我，我吵也吵了，闹也闹了，真不想过下去了。"

小孙觉得生活很糟糕，丈夫不顾家，发生矛盾时会用冷暴力的方式来对待自己。来看看她丈夫的角度：

> "我钱也交了，她让我回家我也回了，有时候真不想回去，感觉很压抑。我陪孩子嫌我不会管，一天到晚说你看人家谁谁谁，我做什么都不对……"
>
> 我能说什么？每次说得好听叫沟通，但我没法说话，只要我一说话，她更激动。我不说话她反而还好点，忍着呗，还能怎样？"

且不论谁对谁错，我们有没有使用这样的方式来解决问题：

> 明明希望自己的伴侣能多待在家里，却因为焦虑、委屈、烦躁脱口而出："你不看看几点了？……有你这样的吗？……你干脆别回来了！"让对方感受到指责抱怨而选择疏离。
>
> 不知道如何解决关系问题，怎么做都是错，干脆什么都不做。却不知道，这样会让关系越来越糟糕。

幸福是一种感觉，当我们感觉不到幸福时，我们也许会有这样的感受：

情绪上焦虑、压抑、愤怒、沮丧、难过、无奈……

对应我们的感受，失去掌控，被轻视，被忽视，被攻击，被否定，无力，无助……

当人、事、物不能满足自己时，我们往往会忽略一个核心：一个不稳定的自我。

稳定的自我

那么，一个稳定的自我会发生什么？讲一个自己的故事。

孩子小的时候，特别是两个孩子，大家可能会有同样的感受，家里总是能被分分钟钟"作"成大型施工现场。我们家更加可怕，往往是孩子的爸爸航哥一个人收拾，我和两个女儿三个人"作"。有一天，航哥刚把客厅刚收拾好 10 分钟，面对满地狼藉他爆发了："你就不能把拿出来的东西放回去？你还是干教育的呢！有什么样的妈就有什么样的闺女，就你这样，能教育好孩子？看你养的两个闺女以后怎么办！"

大家可能会理解，这样的语句虽然不是谩骂，但威力可不小。

"你就不能把拿出来的东西放回去？"——反问句，嗯，指责的标准句式之一；

"你还是干教育的呢！"——社会角色攻击，嗯，人格攻击的标准句式之一；

"有什么样的妈就有什么样的闺女，就你这样，能教育好孩子？"——以偏概全，全面否定。

不知道大家会有什么样的回应方式？愧疚的，赶紧收拾；生气的，反驳回去；不在乎的，你爱咋咋地……

我是这样回应的，乖乖状看着他："啊，亲爱的，我一点都不担心我们的女儿！你看，像我这样的都能找到你这么优秀的老公，她们肯定能找个很好的！"

大家可能会觉得，"哇，你好柔软，这样的话我真是想不到，就是能想到我也说不出来。"这个时候，我的内心就是稳定的。

如果内心不稳定，当我们被指责、被攻击、被否定，意识行为上会这样反应：【他觉得我不好！我指责自己】/【我觉得他不好！我攻击别人】。不管哪种反应，我们潜意识真实的想法：对方的表现意味着一个答案——【我不被爱】。这一刻，对方的表达轻松地击溃了我们内心最不稳定的部分——我不确定自己是否被爱，是否有价值。

因为稳定，我潜意识里确定：我很好；我意识上反映出来的就是，他生气了，他不是在攻击我，哦，我知道他现在很累，需要被关心。

所以，我决定：哄哄他。

自我的成熟

一个新生命诞生了，不知道从什么时候开始（可能是在他8个月大的时候或者是更早的某一时刻），他能够懵懵懂懂听懂我们说话，他会发出自己的指令和想法，他会有他喜欢和厌烦的事情。他开心一笑，可爱的样子让我们觉得整个世界都亮了，他生病或哭闹，会让我们整个人都很崩溃。

有人说两岁的孩子就像天使，天天依偎在我们身边叫着爸爸妈妈，会说我爱你；三岁的孩子，执拗得让我们崩溃；孩子到了七八岁，真应了那句老话，"七岁八岁狗也嫌"；14岁到来的青春期让我们如临大敌……随着孩子长大，我们会惊奇地发现，我们越来越不了解和熟悉他了，不管他几岁给你带来这种感觉，实际上他已经用他的表现向我们证明，他长大了，他有了完全不同于我们的自己的意识，在他的内心深处，有一个叫"我"的概念成长起来了。

一个人成长和成熟的标志是什么呢？

我相信当我问出这个问题的时候，大家都会有自己的判断，不外乎会觉得这个人拥有一些优秀的品质，比如：有勇气、有担当、有判断、会负责、有自己的想法、自我坚定、谦和知进退。当我们看到一个自信、自爱、自立、自律、自尊、自强的人，我们会觉得这个人发展得非常好，罗列起来，我们可以看到这些品质都跟"自"有关系，这个"自"也就是"自我"。

在"自我"这个话题上，从我带领的几个系列亲子关系、夫妻关系课程中，很明显地发现，当我们不太会处理跟他人的关系、他人说我们某一点我们就"爆"的时候，可能我们没有意识到，这无意中体现出了我们的"自我"是弱小的。

被他人贬低，我们会愤怒或沮丧。

喜欢贬低他人的人是高自尊的，还是低自尊的？

被他人贬低就愤怒或沮丧的人，是高自尊的还是低自尊的呢？

通过前面几个案例，我们可以看到成人的世界会发生什么，当我们觉得一个人能够多角度思考问题，而且具有强大的同理心，在关系中让自己跟他人都很舒适，说明"自我"发展得很好，才能够表现出这样优秀的品质。

"自我"跟每个人的学习态度有关，跟亲密关系有关，跟亲子关系有关，跟其他人的沟通有关，也跟在工作中的领导力有关，跟工作中的团队合作有关，其核心是我们在这些关系中或者事情中的处理能力。当我们感受太累太差，延伸出来的潜意识是什么？是"他为什么不照顾我的感受？""他这人怎么能这样？""难道不应该……""凭什么，为什么？""我不行，我做不到""我总是这么糟糕"，还是"这是一个困难，还有什么办法吗""我可能累了，需要休息一下""还有什么是我没想到的吗？""他为什么会这样做（想）？"

有些人有无穷的欲望，金钱、地位、权力拥有的很多，但仍不满足；有些人吝啬付出自己的情感，跟他人交往时，不愿意表达，不愿意理解，不愿意连接；有些人子女双全，父母健康，工作体面，有车有房，真正聊起天来，却是每个人有每个人不同的痛苦。当我们的自我感受经常处于痛苦状态的时候，它会指引我们做出反应——启动自我保护机制。

害怕自己不受欢迎，回避社交是自我保护；犯了错误怕被指责，推卸责任是自我保护；夫妻一方拒绝沟通保持沉默也是一种自我保护。比如：

（1）情感冷漠

给女性家长上课时，最受不了丈夫的行为方式中，【一吵架就不说话】总是排在第一位。中国男性的情感敏锐度普遍较低，我们对于男孩的教育方式是——不能哭，不能怂，不能退缩，要做一个男子汉，这些信念深深印刻在他们的脑海里。对于一个各方面都不成熟的小男孩来说，他并未准备化身为男子汉，他疼了、困了、得不到满足了就是想哭一哭，希望通过哭声来向父母传达自己的需要。最初孩子的哭声是在呼唤爱，寻求亲密和满足，多数男孩子得到的回应是"哭什么，不许哭！这有什么可怕的！你不是个男子汉吗！"面对这些，孩子是非常难过和痛苦的，这种体验他很难承受，或者说会努力适应。为了不让自己这么痛苦、难过，把自己的情感隔绝，让自己的情感不再那么敏锐，同时拒绝情感的表达和流露。为了保护自己，也是为了取得认同和归属，最后他把自己塑造成了一个对情感比较冷漠的人，并非没有情感，而只是习惯带着一个硬壳或面具与人交往。

其实在日常生活中无论男性女性，很多成人可能都无法感受或者说无法承受他人难过的情绪，无法判断他人负面情绪背后的真实需求，无法正常表达自己的情绪，这也是在成长中"自我"受到压抑的结果。

（2）逃避

从小到大，女孩小李的父母都对她要求非常严格，选择什么学校、穿什么衣服、与谁交朋友都是父母管理和控制，25 岁之前从未交往过异性，甚至工作都是必须在爸爸的工作室才行。后来父母安排她相亲，一次相亲，她中意男方，但是男方没有中意她，从此她的行为开始异常，在家反复照镜子，怀疑自己的脸是不是很大，长得是不是很丑，最后因为感觉自己很丑，不愿意出门，当然也无法再正常工作。

小李显然有严重的心理问题，因相亲未成而导致的挫败感是心理问题的导火索，生活中相亲失败的人有很多，为什么大多数人没有出现这种严重的心理问题？这主要源自于小李的自我没有发展好，产生挫败感时要找个原因来"归罪"，这时，父母曾经无意识的一句"你看你这大脸"一下烙印在她心里，认定是自己脸大对方才不喜欢自己的，这种念头在脑中反复出现，挥之不去，思维和行为就开始不正常。

她无法感受到自己被喜欢，她从来没有被人无条件的喜欢的体验。同时她也没有能力面对这种情况，她一直以来的体验都是：我自己做不好，我必须得听爸爸妈妈的。面对不被喜欢的痛苦，只能用不停照镜子，回避社交的方式来应对。

（3）纠结

我们每个人都有想要成为自己的欲望，想要自己做决定，想要拥有自己的想法。有时候，一个人在孩童阶段的想法和做法，经常被父母打击，就可能会出现想要做决定，又总是会不安的状态。

小周最近为孩子选择幼儿园的事头疼，他的妻子一会儿觉得这个好，一会儿又觉得那个不错，很纠结选择哪个，这件事弄得妻子心情烦躁，经常对他发火，责怪他不管。他提出选择离家近的幼儿园，妻子说他不关注孩子的教育，小周说那我们就送最好的那个，结果又被妻子指责没有综合考虑，弄得他左右为难。

小周的妻子常常会焦虑、犹豫、自己无法做决定，这是她面对结果的恐惧，但是又不允许别人为自己做决定，这会让她觉得自己被干涉。

（4）偏执

为了表达我们的愤怒，夫妻吵架可能会翻旧账或者人格攻击，有时候，我们感觉吵不赢对方，因为"对方总是不服气"，我们对伴侣的感觉可能会从一件事的愤怒逐渐扩展到对另一方的完全失望，之前的优点都不见了，甚至优点摇身一变成了缺点，怎么看对方都不顺眼。

朋友小吴就是这样，一开始会炫耀"我老公特别舍得为我花钱"，后来会指责"他就是用钱来打发我"。

偏执还可能总认为自己对，如果我承认别人对，那就是我错了，我不能接受。一旦别人有不同于自己的意见会非常愤怒，尤其固执，我们执着于自己是对的，这让自己感到心安，对生活造成的影响或大或小，但一定会在关系和处理问题上产生麻烦。

（5）焦虑

焦虑总是联想到不良的后果，尽管后果不一定发生，或发生的概率特别小，我们仍然感觉不安，好像糟糕的后果一定会出现。焦虑背后是对未知的恐惧，在我们的潜意识里【未来是糟糕的】【我无法掌握】【没有人能帮助我】，更是对自己和他人的不信任。在过度焦虑的状态下，可能会对孩子或者伴侣产生过于严格要求，通过掌控可以掌控的他人获得一定程度的心理舒适，也可能会暴躁、失眠、胃痛、吃不下、暴食、买买买、唠叨、哭泣……

自我保护机制在一定程度上保护了我们，并不是所有的痛苦都是有害的，只有让我们无法摆脱的、严重影响生活的痛苦才是。相比金钱和地位，这些看不见摸不着的东西，才真正影响着我们每一个人的幸福指数。

第一章 自我的稳定性

三种核心信念

一个清晰而稳定的自我，和一个自卑而混乱的自我——自我意识不同，我们的反应也不同。

从孩子出生的那一刻起，我们对他的养育行为开始影响他，每个人跟母体生理上分离后，心理开始发展。心理的发展是跟世界关系互动的结果，一个正常的家庭，孩子最重要的、最初始的活动是跟母亲的关系、跟家庭的关系。

如果他对自己是认可的，他生命力是旺盛的，对世界的态度是积极的，对他人是信任的，他的选择，就会推动他走向更积极的一面。自我意识一直是心理学研究中古老而热门的话题，自我意识是个体对自己的认识，一个人最终会成为他自己，会经历一种整合完整的，但又不同于他人的发展过程，人格的发展与完善，意味着接受自己与集体的关系，意味着实现自己的价值。

一个稳定的自我往往有三个最重要的核心信念——我很好、我能行、我是独特的。

我很好——是满足的自我价值感。从根本上深刻地认为自己就是很好，自己有良好的体验，自己值得拥有美好的东西，在婴儿时期得到良好的照顾，获得亲密的情感链接，会让婴儿形成这种良好的自我感觉。

我能行——是有力量的自我掌控感。相信自己的力量足够强大能够应对挫折，同时拥有我能控制人生的感觉，对于做事能否成功起重要作用，婴儿用行动体验世界，会渐渐体会到，世界不能无条件满足自己，需要自己完善和发展，调试自己，完成与社会的协同合作。

我是独特的——是有意义和价值的存在感。强调自己的想法、情绪、感受和被尊重，有了这种感觉，人的开创性和主动感更强。表现在首先体验到自己和他人是不同的，找到基于世界，属于自己的那一部分功能和价值，自我主张得到实现。

一个孩子同时具有这三种信念，就基本形成一个相对平衡且完整的自我意识。

　　觉得自己是有价值的人，会受到重视和好评，被关爱→自我价值→爱与连接

　　觉得自己是有能力的人，可以"操纵"周围世界，掌控→自我满足→自由与探索

　　觉得自己是独特的人，受到他人的尊重与爱护，被尊重→自我主张→决定与界限

很重要的第一章结语

本书会通过大量案例来解释理论知识，我的目标就是写得简单清晰，大家理解起来容易。会集中讨论自我与教育的关系，话题也会多次涉及"原生家庭"，关于原生家庭，我有话说。

这些年，心理学很火，"原生家庭"这个词也很火。好像不拽几个心理学名词，没有几个原生家庭的创伤，就无法显示自己是有学问的。我个人觉得学习心理学，探究原生家庭是没有错的，其实就是帮助我们更好地探索自己，变得清晰而坚定。只是大家提起"原生家庭""防御""强迫性重复""成长"，态度有时可能变了味。

"原生家庭"并不是心理学概念，而是社会学的一个概念，指自己出生和成长的家庭，包括主要养育人、兄弟姐妹等，一般就是亲生家庭或养父母家庭。当然社会学跟心理学有极大关联，心理学范畴里面相关研究更贴合的应该是"行为遗传研究""客体关系理论"等等。心理学中经典精神分析学派代表人物弗洛伊德曾经强调，童年的经验在一个人的人格形成过程中，占据着极其重要的位置，很多患有心理疾病的人，回溯他们的童年，基本都可以找到一些原因。

随着网络媒体的快速传播，原生家庭的概念火了。火的原因是，你总能从原生家庭里面找到自己过不好的原因。在心理咨询领域大家公认，一个心理咨询师在咨询过程中，如果把来访者的问题引向所谓的"原生家庭"，大谈特谈，那么，大概率，这个咨询师水平非常有限。

把原生家庭当作原罪会让现实生活中屡受挫折的人们对困难采取逃避的态度，对解决问题反而有害。为什么有害，还是这么容易被大家接受呢？因为当人们感觉自己难以应付现实生活中的压力时，会倾向于找一个罪人来背锅，这样可以减轻内心的无力感："你看，我之所以不成功，不是我的问题，是我的家庭的问题。"似乎终于为自己的不幸找到了一个出口，这样内心会舒服一点，不是吗？

如果我们不停地接收原生家庭的各种知识，就会把引发我们相同体验的经历一遍遍重复，这个过程中，很多我们自己原有的感觉偷偷地被替换掉了，扭曲了原生家庭。我们有时候越来越相信是原生家庭给我们带来的痛苦，我们无力改变，人格退化，认知狭窄，就很难接收家庭给我们带来的正面信息。正常思维下，家庭给予我们的应该是有好有坏才对，如果我们觉得家庭带给我们的都是痛苦，那就是很明显的认知偏差了。

不怕我们家庭不幸，就怕我们把不幸当作不上进的借口，自暴自弃。我们必须正视一个事实，世界上并没有完美的父母，也没有完美的家庭。

1955 年，美国夏威夷的考艾岛一共出生了 698 名婴儿，其中 1/3 被划为高风险群体，因为他们当中很多人出生在贫困家庭、父母离异或是关系紧张的家庭、父母酗酒的家庭……

美国加州大学戴维斯分校的沃纳教授率领一众公共卫生专家，自这些孩子出生起，对他们进行了长达 32 年的追踪。随着年龄的增长，这些高风险家庭的孩子确实有 2/3 出现了严重的学习和行为问题，但另有 1/3，负面经历在他们身上几乎没有留下什么痕迹。到了 1987 年，这些孩子成长为自信、成功的成年人，不仅学业有成，还拥有了美好的家庭和积极的社交生活。

不可否认，原生家庭对我们的各种人际关系有一定影响。但这项研究充分说明了原生家庭对我们的影响并不是决定性的。抱怨总是容易的，但是对解决问题毫无用处。了解原生家庭，不是为了让我们停留在痛苦中找借口，而是为了能让我们认识并转化过去的创伤，把这种影响降到最小，同时尽量不把这种没有做好的功课传给我们的下一代，这促进了自我的成长。当然转化不完也没事儿，孩子也会有他自己的成长之路。在转化的过程中，孩子成了我们的一面镜子，通过他们，我们一起见证成长。

　　著名人本主义心理学家罗杰斯说："好的人生是一个过程，而不是一个状态；是一个方向，而不是终点。"

　　所以决定人生方向的，其实并不是原生家庭，而是我们自己。我们即使经历过不幸，依然可以通过各种方式，破除原生家庭带给我们的负面影响，开创幸福美好的人生。任何时候，自己都要为自己的人生负责。

　　在"稳定的自我"小节里，我分享了自己的稳定性，虽然我有很好的处理关系的方式，这些方式有的是后天习得，有的是先天优秀，但是，我并不总是可以处理好关系，我还有很多自己的功课要做。

　　对于本书我澄清几点：

　　1）心理咨询师也是人，也有痛苦，也有自己做不到的地方。没有完美的原生家庭也没有完美的人，谁要告诉你他很完美，嗯，可以多考虑考虑这是一个骗子还是一个神仙，当然也许是自恋。

　　2）家庭教育"专家"也是人，通过学习来成长，且不一定全对，大家理性阅读。

　　3）我尽量分享我通透的部分，但也想分享不是很通透却重要的部分。

　　4）实际生活中只要不是涉及关键性问题，我教育孩子也是很随意的。

　　5）不焦虑，不制造焦虑，是我最想表达的。

　　6）知道自己要什么很重要。

第二章

自我意识的建立

2

以自我为中心

每一个人都是以自我为中心看待这个世界。我们的自我是什么样子的呢？

朋友小郑抱怨："我老公特别爱发脾气！"

孩子积食，难受哭闹，丈夫对孩子的反应是这样的："哭什么哭，不许哭，忍着！你再哭试试！有本事你就别吃那么多，让你不听话！……"

还会把火发到小郑这："你是怎么照顾孩子的，让你别给孩子吃那么多肉，平常说什么你都不听！"

确实，小郑心里很堵，如果关系是两个人的事儿，那……

（平时你跟老公沟通顺畅吗）小郑："看他那张臭脸，还不如不说话。"

"孩子生病的时候，不应该先去照顾孩子的情绪吗？我也累了，我发脾气了吗？"小郑是一个公司高管，工作的时候风风火火，别人对她的评价——很有能力。可是在倾诉过后，当愤怒的情绪消退一些，她又会转向自我攻击，这也是很多人愤怒情绪过后的反应：

"我也想跟他好好说话，谁不想把日子过好呢？我也不是神啊。"

别人说我能力强，你知道我的内心反应是什么吗？他们并不知道真实的我是什么样的，不知道我有多么糟糕。"

当我累的时候，没有一个人关心我（她也承认，周围的人有关心她的行为，只是她觉得远远不够），我怀疑我是否真的有能力，是不是我就那么不被人喜欢？"

丈夫："平时怎么说，你都不听。"他感觉他的意见（不论对错）总是被忽略，感受不到来自妻子的尊重。所以当他面对孩子生病，就失控了。这里面有一个丈夫感受的底层逻辑——我控制不了这件事，我是失败的，我总是失败，真是糟糕至极。于是，愤怒就爆发了。

小郑在孩子生病的焦虑中，丈夫在愤怒中同样出现了这样的感受：我的努力、付出甚至忍耐没有被看到，从没有人关心我，我是一个不被人喜欢的人，悲伤又绝望。

几乎所有的争吵背后都有这样的需求——你要看到我，你要理解我，你要尊重我，你要爱我。因为只有这样才能证明，我是好的。

我们为什么要努力证明我是好的？为什么几件小事就能轻易摧毁我们平静的生活？为什么有的人总是发脾气？小郑和她的丈夫在冲突中都会被自己糟糕的感觉淹没，没法冷静下来沟通，当然大多数人都是这样，也就是说，我们会站在自己的角度，关注自己的感觉，以自我为中心。每个人都是独立的个体，以自我为中心并不是贬义，但是过度以自我为中心，无法多角度思考问题，就很麻烦；或者，我们定义自己是一个"坏"的自我，"坏"的自我统治了我们的思想，无法看到"好"的部分。这两种情况发生的原因，可能是我们的"核心自我"也叫"内聚性自我"过程没有完成。

核心自我

核心自我，是心灵各个组成部分向内聚合，成为一个稳定的整体。自体心理学创始人科胡特有这样一句描绘：在情绪的惊涛骇浪中，有一个核心自我稳稳地在那里。意思就是，拥有核心自我的人，不容易被情绪冲击、淹没，也不会因失去理性而崩溃。

在核心自我形成前，人对身边发生的事情进行反应，他人的评价对自己来

说非常重要，我们调整自己的行为以争取做到他人认同。形成内聚性自我后，身边的事情仍然能激发我们的反应，但很难轻易摧毁我们，我们会拥有从情景中跳出来观察的能力，根据自我需求调整行为。

航哥以前的工作总不着家，一出去就是 10 个月左右，在我的强烈要求下，他做了几年的奶爸、后勤部长、老婆秘书……他有时候也有些苦闷，但是他把他该做的都做好了，不该做的也不会做，情绪稳定，不急躁，不自卑。令人敬佩的核心自我。

自恋

核心自我是怎样形成的呢？它必须建立在"我是好的"这种感觉上。这种自恋感，是一种内聚力，可以将关于自我的各种素材粘在一起。

我记得我姐姐生孩子那会儿，孩子出生后，医生会把孩子放在观察室里观察 2 个小时再抱回妈妈身边。到 2009 年，我生完孩子刚回到病房孩子就被放到我身边了，医生护士还会嘱咐我安抚孩子、尝试喂奶。

这就是医学和心理学共同发展的进步，出生后的几个小时内，婴儿跟母亲之间已经开始产生两个独立生物体之间的交互，影响"自恋"的发展。"这人真自恋"是我们生活中常听到的说法，在心理学中"自恋"是一个概念。一般个体的自恋是健康的，适度自恋也不会对他人有什么影响，过度自恋才是不健康的。

科胡特认为：自恋是人类的一般本质。他解释："自恋是一种借助胜任的经验而产生的真正的自我价值感，是一种认为自己值得珍惜、保护的真实感觉……"

全能自恋是所有婴儿一开始的心理。健康自恋的前提，是婴儿时期"全能自恋"得到满足。

全能自恋，也被称为全能感。心理学精神分析流派认为，小婴儿刚出生，都是活在全能感中的。他们觉得世界浑然一体，不分你我，自己就像"神"一样无所不能，一动念头，整个世界（其实是妈妈或其他养育者）就会及时回应并按照我的意愿运转。这导致了一个巨大的矛盾：婴儿觉得自己是神，但早期婴儿的能力接近于零，他的一切依赖于抚养者的照料。

当抚养者能及时回应，照料好他的吃喝拉撒睡玩，并能给予情感交流时，小婴儿觉得自己像神一般伟大，声音一发出，世界就满足，他会觉得这个浑然一体的世界是好的。这时候，他的意识开始向外延伸，自我意识开始分化，从世界里只有一个意志，分化为妈妈和我有不同的意识，这时分离出来两个部分，"我（所代表的内在世界）"是好的，"妈妈（所代表的外在世界）"也是好的，基于此内在逐渐发展形成"核心自我"，这种自我的主要特征是"我"确定【我是好的】，外在对自我的影响越来越小，也就是不会随意地否定自己。随着年龄的长大，自恋并不会消失，只是变得成熟而健康。

全能自恋不能完成会怎么样呢？婴儿会停留在不被满足的愤怒、恐惧和无助中，判定世界是恶的。

我们可以想象，当成人遇到难以承受的灾难或事件，会有应激性反应，从而引发心理问题甚至是精神疾病。对于婴儿来说，照顾者不回应，就是世界的崩塌。出生至 6 个月大的婴儿都处于 " 全能自恋 " 状态，当抚养者不能及时给予回应，忽视或拒绝了小婴儿的声音时，婴儿会产生强烈的无助感，并会演化成一种心理缺失，致使他在今后的生活中再次追求回到 " 全能自恋 " 的状态，最终形成人格特质——自恋型人格。

> 朱迪斯·维尔斯特在他的《必要的丧失》一书中说道："一个迷恋于摇篮的人不愿丧失童年，也就不能适应成人的世界。"

自恋型人格障碍

《精神障碍诊断与统计手册》（第五版）（DSM-5）中自恋型人格障碍的诊断标准为在以下症状中表现出 5 项或者更多：

1.对于自己的重要性有过度夸大的感受（例如，认为自己有过人的成就和天资，认为应该被当作无人可比而且优于他人的成就）。

2.专注在幻想自己有无限的成就、权力、聪明才智、美丽，或者理想的爱情。

3.相信自己是特别的，唯一的，而且只能够被特殊的、高地位的人（或机构）所了解，也只愿意和这些地位的人在一起。

4.需要过度地被推崇。

5.觉得自己有特殊的权力，也就是没有理由的期待自己应该得到特别有利的待遇，或者希望其他人自动地愿意听从他的期待。

6.在人际上剥削他人，也就是借由利用他人来达到自己的目的。

7.缺乏同理心：不愿意承认或者是认同别人也有自己的感觉和需求。

8.常常嫉妒他人，或者是相信别人会嫉妒他们。

9.常常表现出傲慢和高傲的行为及态度。

关于自恋型人格障碍的成因，经典精神分析理论的解释是这样的：患者无法把自己本能的心理力量投注到外界的某一客体上，该力量滞留在内部，便形成了自恋。也就是说，投注外部失败，转而固着于内部，形成"以自我为客体"的心理特征。

同时，没有得到良好照顾的小婴儿觉得"我"是坏的，"妈妈"也是坏的，然后"神"会"魔化"，不想要这个糟糕的世界，产生毁灭世界的感觉，这就是自恋性暴怒。自恋性暴怒是在自体心理学中非常重要的一个部分，也是我们"人了解自己、了解自己愤怒的情绪"非常精确的一种解读方法。

自恋性暴怒

自体心理学派创始人科胡特认为，每一个个体在其婴儿期都是有自体自大、夸大倾向的，例如婴儿稍稍不得到满足就会大哭等等，在婴儿的心理世界中，他或她是全能的神。当这个神由于被养育者所满足时，则获得快乐。如果不满足，则因为自己的全能感遭受挫折无法实现而暴怒。

偶尔发生这种情况，是正常的，但如果婴儿长期被如此对待，也就是自体自恋总是不被满足，也就无法使其形成自我胜任感的体验。正常来说，个体会期待成功，当个体在实际世界中实践后，会得到反馈，这一反馈则再次输入大脑，然后大脑将此信息与之前期待的形态配对。配对成功，则个体就可能立即获得自我胜任感，如此反复，形成健康的脑回路，逐渐稳定下来；如果反复失败，大脑就会以别的方式替代，也有可能放弃形成自我胜任感的脑回路。而不合适的脑回路可能引发个体自恋的失败感，从而产生焦虑以及暴怒。

科胡特从自体发展的角度认为，微小的伤害引起儿童情绪化的反应是典型的自恋性暴怒的表现。当儿童不小心割伤手指，他立刻大哭起来，不仅是因为身体的疼痛或者对外部世界的恐惧，更是表达愤怒，对夸大性自体不完美的愤怒，对理想化自体客体非全能的愤怒。

自恋性暴怒与成熟个体表现出来的攻击性是不同。自恋性暴怒时自我完全被情绪所控制，成为表达愤怒与复仇的工具。沉浸在自恋性暴怒中的个体无法认识到冒犯他的对象也是一个独立的个体，与他有着不同的目的。就算攻击行为因为对象消失而停止，自恋性的暴怒也无法得以平息。因为自恋性暴怒往往并不是针对某个清晰的对象。

"自恋性暴怒在现象学上可能是轻微的烦躁、偏执的怨恨或者是紧张症似的激怒。个体失去对自己的控制可能暗示其古老的自恋受损且未被修复。而出离的愤怒恰恰是个体为了抚平伤疤做出的努力，只要羞耻感依然存在，目击者未被'灭口'，自恋的伤痕永远无法愈合。因此，复仇的渴望会通过嘲笑、蔑视或者羞辱等行为得到暂时的缓解，他们都是自恋性暴怒的表现形式。"

我们都知道，正常人都会愤怒，但是对于有些人来说，他们的表现就很不一样，新闻中偶见这样的情况。因小口角而导致暴力冲突，"路怒症"，失恋后用极端手段报复前任，等等。

还有的人特别敏感，特别容易被外界刺激并感受到羞耻，随后激发起内心的勃然大怒。咨询室里也经常会见到这样的来访者，"对方就说了几句话，我就完全爆发了，完全不知道自己在干什么，控制不住自己。我不知道我怎么了。"

自恋型人格和自恋性暴怒是心理发展水平最低的一种表现，活在一元世界中，只能感受到自己的意志，而不能感受到他人和自己一样是平等而独立的存在，具有低自尊表现，导致人际冲突、心理问题或精神疾病。如果一个成年人还严重停留在全能自恋状态，会变得非常有杀伤力，因为他的需求和暴怒，都远大于小婴儿，并且成年人的自恋性暴怒一旦变成攻击性行为，易导致严重的破坏。

多数人没有这样严重，但通常在青少年或成年早期存在较多、较明显过度自恋的表现，比如：唯我独尊，过度自我夸大，不合理的权利感，暴怒，缺乏深刻反省自身行为的意识和能力，缺乏共情能力，缺乏自我约束力，爱幻想，爱面子，嫉妒他人，索取型的关系模式，渴望被爱，却没真正爱他人的能力……

婴儿的全能自恋可以概括为：我一动念头，世界就得立即按照我的意愿来运转。成年早期以后随着个体的成熟，自恋会有以下几类常见的表现（崴斯滕和他的同事提出的三种不同自恋类型）：

浮夸型自恋——特点：愤怒、操控狂、渴望权利、自视过高。

脆弱型自恋——特点：权利意识强、对生活不满足、焦虑、孤独。

爱表现型自恋——特点：过度自负、口齿伶俐、精力充沛、性格外向。

会哭的孩子

为什么有人喜欢用哭闹或发脾气的方式解决问题？

为什么有人总是喜欢否定别人或者跟别人对着干？

为什么有人喜欢把"凭什么"挂在嘴边？

如果有人喜欢用哭闹或发脾气的方式解决问题，他或许使用的是婴儿化的行为。一旦他们感觉不安全或不如意，就会发脾气、哭闹，不停地向周围的人索取，完全听不进别人的道理和劝解，这是不是很像一个婴儿哭闹想要吃奶的状态？

喜欢用哭闹或发脾气的方式解决问题，我们可能被卡在 6 个月以前；喜欢否定别人或者跟别人对着干，我们可能被卡在 2 岁半；喜欢把"凭什么"挂在嘴边，我们可能被卡在 6 岁。这里的"卡"是人在发展过程中未被满足造成的"心理固结"。

婴儿是哭着来到这个世界的，对于婴儿来说新世界是惊恐、未知的，但如果有妈妈陪在身边，能够闻到妈妈熟悉的气味，听到熟悉的声音，感受到跟被孕育在妈妈肚子里时部分熟悉的感觉，就会又回归到那种安心的状态里，这种安全状态非常珍贵。在出生大概前 2 个月时间里婴儿处在"正常自闭期"，这期间对外界反应很少，基本就是吃和睡，这时母亲的积极关注和陪伴尤为重要，饿了有奶被喂到嘴里，排便了会有人帮忙照顾，害怕了会有人抱抱，这些照顾安抚行为，维持了孩子的这种安全状态。一般来说能做到这些就基本能满足孩子全能自恋的需要了——即孩子有任何需求都能"即刻"得到满足。

　　曾经与一个三个月大孩子的宝妈聊天，她觉得她的孩子很好带，聊天时，孩子躺在我们旁边的小床上睡觉，一会儿孩子醒了，我习惯性的和孩子说说话，动动他的小手，轻轻地抚摸他，妈妈却说："你不用管了，让他自己躺着就行，要是哭的话，哭一会儿就不哭了。"

我很惊讶，通过了解，这位妈妈的养育是按时哺乳，并且孩子哭就让他哭一会儿，她认为这种方式带出来的孩子很乖。按时哺乳、哭声免疫，对孩子的危害非常大，现在居然还有妈妈这样做。

一个小婴儿在得不到回应时，会不会恐慌？会不会无助？会不会失望？人们常说一些人遇到事总是容易往坏处想，往往是小时候长期得不到温暖回应，进而对世界失望、对自己失望、对亲密关系失望，最终产生消极的观念，深深嵌入精神内部和整个人格特征里。面对焦虑、恐惧等神经症的患者，我们一般都会发现他们的症状背后是对自己、对世界充满怀疑的阴影。这种怀疑根深蒂固，大抵都与他对己对人的信任的内核缺失有关。这种内核实质上就是原始信任。而原始的信任以及原始的不信任基本上在出生后的头几个月里就已形成，这种感觉不是思维的结果，而是一种通过直觉感受形成的信念。所以，在心理矫正的过程中常常发现很多人在道理上真的是十分明白，但就是在感受和行动上无法做到与道理相一致，其症状表现当然就顽固地持续着。

在婴儿时期，如果孩子啼哭 5 分钟还未得到妈妈的回应，他的精神世界可能会受很大冲击，若长期大量积累这种情况，孩子的精神世界会变得破碎，为了不让自己这么痛苦，他或减弱自己对外界的探索和需求，自闭且被动，影响智力和能力的发展；或扭曲自己的认知和思维，发育"被迫害妄想"或"偏执分裂"等神经回路；严重时会在将来遇到挫折时偏激的毁灭一切，发展出连环杀人狂、精神分裂症等最严重的异常行为和精神疾病。

哭声免疫训练法、延迟满足训练法、婴儿独立完整睡眠训练法，核心思想出自行为主义创始人约翰·华生，目的是训练出一个极少哭闹、让妈妈省时省力的乖婴儿，华生倡导对孩子进行哭声免疫训练，即告诉父母孩子哭的时候不要立刻给予回应，应该等他自己停下来，又建议孩子吃奶也需要训练，不能只要哭就满足，而应该让孩子练习慢慢控制自己。

被哭声免疫训练法养育的孩子，长大后轻则睡眠障碍，重则人格障碍，甚至精神分裂，付出了整整一代美国儿童的幸福代价后，终于被反思、摒弃，同时约翰·华生也曾被评为美国人最讨厌的人之一。

华生的悲剧

华生在 1928 年出版的《婴儿和儿童的心理学关怀》一书中倡导，把孩子当作机器一样的训练、塑造和矫正。华生认为对待儿童要尊重，但要超脱情感因素，以免养成依赖父母的恶习，这本书改变了美国整整一代儿童的被养育方式，包括他自己的孩子，也是在这种风格的教养实践中长大。

华生的家庭非常糟糕，他的大儿子雷纳曾多次自杀，后在 30 岁时自杀身亡。另外两个孩子，女儿严重酗酒且多次自杀，小儿子一直流浪，靠华生的施舍生活。华生的外孙女酒精成瘾，多次试图自杀。他的孩子们这样描述华生："没有同情心和情绪上无法沟通，他不自觉地剥夺了我和我兄弟的任何一种感情基础。"

家长疑惑：黄淮老师，我家孩子 3 个月，哭闹的时候有人抱着就好了，可是家里的老人说，别总抱孩子，抱习惯了孩子不好带。我很纠结，总觉得让孩子一直哭不太好，到底是抱还是不抱呢？

一般小婴儿在哭闹时立马被抱抱，就非常满足了，但有的两三个月大的宝贝，确实好像已经离不开抱抱了，这样养育人可能就会累些。我们同时也要考虑，一方面是我们并不知道孩子哪里不舒服，孩子小的时候有些器官发育不成熟，比如肚子的生长痛，孩子不会表达，被抱着他可能会舒服些；另一方面孩子两三个月已经能够用感官感受世界了，当爸爸妈妈抱起他，他会感觉到自己在动，能看到更多新鲜的东西，就会更开心。

我觉得，这里抱不抱并不是关键，关键是能不能够给予及时的关注，如果妈妈实在太累，可以躺在孩子身边，搂搂他，亲亲他，轻轻地对孩子说说话，唱唱歌，喂喂奶，只要让孩子知道，当他不舒服的时候有妈妈陪在自己身边，有妈妈在爱着自己、满足自己就好了。这当然是对抚养人体力、耐力，乃至情绪的巨大挑战。

一位妈妈产后情绪非常糟糕，2 个月大的孩子晚上总是哭闹，怎么哄也哄不好，她有点烦躁："你怎么一直哭啊！怎么那么能哭，你就不能考虑妈妈现在很难受吗？哄你半天了怎么还不好啊！"最后妈妈情绪崩溃动手打了孩子几下。

一个 2 个月大的孩子怎么可能听懂妈妈的话，体谅妈妈的难受呢？一个人有成为自己的需要，也有成为社会人的需要，人的心理是不停向前发展、变化的，每个年龄段有每个年龄段的特点和需要，所以智慧、有责任感的父母会不停地用心给予婴儿关注和回应，直到长大。如果我们教育一个儿童，特别是自我意识还未完全建立的婴儿，就希望他时刻能够像成人一样懂规矩那就太可怕了。

我在家长讲座中，经常喜欢问两个问题：小孩子哭对他自己有害处吗？孩子哭这个行为本身有错吗？有些家长会愣一下，第一反应是从来没有思考过这个问题，奇怪我为什么会问这个，然后大脑里自动跳出的答案"孩子当然不能哭了！"但是为什么不能呢？有些家长常有这样的认知：

小孩子犯了错才会哭。

孩子用哭来解决问题是不对的。

孩子哭得厉害了就上气不接下气的，所以不能哭。

孩子疼了会哭，饿了会哭，困了会哭，犯了错害怕了会哭，委屈了会哭，着急了会哭。你看，哭这个行为本身没有问题，可能是行为的起因有问题，哭只是一种表达。"会哭的孩子有奶吃"，在婴幼儿早期，哭代表孩子的要求，如果压制哭声，我们可能会压制孩子的诉求，令孩子压抑或者叛逆。用哭来解决问题这种方式是幼稚的，我们希望孩子能够有更有效的解决方案，当孩子很大了还用哭闹来表达，特别是有的孩子哭起来容易喘不上气，大多数情况下，反映了我们对于孩子情绪的处理方式是错误的。哭是行为并不是情绪，如果孩子有情绪，不能通过哭声来表达，情绪会卡住：要么卡在身体里，现在大家已经意识到，情绪会伤害身体；要么卡在情感表达上，哭本质上是情感表达的一种方式，被禁止的哭泣，背后可能会有被禁止的情感体验，所以有很多人会情感冷漠、隔离，或者情绪容易失控，都是不正常的情感表达。男性这方面表现尤为明显，从生理特点上看，男性本身会偏向理性思考；从社会环境来说，过多的情感会影响男性理性判断；从小被要求不能怂、不能哭，也会使男性普遍压抑或者拒绝情感的表达。所以我们看到，男性平均寿命比女性短，这是情感压抑的结果；很多妻子抱怨丈夫不关心自己，这是男性隔绝情感的结果。

孩子哭是正常的，哭是释放情绪的一种方式，一个会哭、能哭、被允许哭的孩子，将来的情绪表达、情绪控制、情绪理解都会发展得更好。现代医学已经证实，正常的哭还可以提高孩子肺活量和免疫力。我家二女儿出生后就特别能哭，震耳欲聋……小学体检记录上的"肺活量极大"让人哭笑不得。我想，如果唱歌、吹奏乐器、游泳，她会比别人更有优势吧。

> 有家长说："以前宝宝哭，我偶尔会故意不理，听她哭我会觉得很烦躁，后来我才明白，原来是我小时候经常被漠视，曾经被放在村子路上哭了一天没人理，懂了这个后，我再也不会漠视宝宝哭了。"

很多父母听见孩子的哭声会很烦，无力招架。仔细回想我们自己曾经的哭闹是不是没有被允许和回应。我们出现的一些无法接受的情绪，是因为似曾相识的场景，唤醒了我们隐藏的童年记忆，我们与孩子的情绪共生时，特别容易引发我们的身体与感觉的记忆，所以会感觉烦躁、抗拒。

我和航哥的感情还是很融洽的，但每次他喝醉酒回家我就整个人都不好了，其实他喝醉以后就是迷糊了点，非常老实地去洗澡睡觉，我还是会异常烦躁。当然我知道这个烦躁是哪里来的，小时候我的爸爸经常酗酒，醉酒的爸爸对我来说就是噩梦一场，即便航哥醉酒以后没有令人反感的行为，仍然会引发我童年糟糕的体验。大家在面对同样类似的体验，比如孩子的哭闹时，先让自己能够尽量静一静、想一想，体验一会儿自己的感受，特别是身体和情绪上的反应，然后尝试着慢慢看向孩子，看到他就像看到当年那个哭闹的自己，抱抱他，也是抱抱自己。

我建议朋友小王用高品质陪伴孩子游戏的方式修复孩子的不安全感。她的孩子自控能力很差，不满意就会大喊大叫。小时候孩子哭闹，小王会情绪崩溃；她和丈夫都曾经因为孩子很难管对孩子有过关门外、打骂的行为，训斥、指责是常态；小王和丈夫的感情也很紧张，丈夫觉得小王很难沟通；小王自己也觉得自己非常容易焦虑，情绪状态不稳定。

通过多次沟通，小王慢慢意识到孩子目前的状态是教育的结果，开始接受孩子，陪伴孩子，孩子有了很大的进步。有一天，小王发现一个奇怪的事情："黄老师，昨天我陪孩子做游戏，她想跟我玩生宝宝的游戏，她做妈妈躺在地毯上，想让我当宝宝，趴在她肚子上，我当时很激动地拒绝了她，我被我自己的激动吓到了，后来平静下来想了想，好像我非常非常抗拒这个游戏。"

小王出生后，一直在亲戚家生活。她从小就很乖，努力学习，听话不惹事。"我觉得这样，我爸爸妈妈就会满意，但是……不管怎么努力，他们永远不会把目光放到我身上，我感觉不到他们爱我"。不管是被放在亲戚家，还是怎么优秀都不被看到，小王内心有一个答案："我的出生是被嫌弃的。"所以，孩子要玩生宝宝的游戏时，她内心的痛苦被激发了。

养育孩子也是养育自己的过程，我们经常会看到孩子反映出的问题，其实是家长一直不想面对，不曾拥有或是特别想要的，此时我们需要看到自己与孩子，理解此刻的看到对自己来说意味着什么。我们可能会暴躁、会排斥，也有可能会深爱、会疼惜，不论怎样，我们要尽量多地在自己能力范围内给予孩子温暖的回应。

以婴儿为中心的母婴关系

一位 6 岁跟父母分离，被养父母收留的男性表述他 6 岁前仅存的记忆："偶然间我想起了，我被丢弃在砖块堆旁边，瑟瑟发抖地等着什么，夜晚我裹着一张凉席，卷成了一个桶子一样，我蜷缩在里面，我甚至感觉到耳边吹过的冷风，还有因害怕紧闭的双眼。"发抖、被包裹、蜷缩、冷、害怕形成鲜明的记忆画面。

因为我们成人对 6 岁前的记忆非常少，很多人会觉得小孩子什么都不懂。

假设，你完全不懂西班牙文，给你一本西班牙文的书，你看了，估计留不下什么印象。一年后，你学会了西班牙文，但一年前的那本书，你还能想起写的什么吗？很难吧？因为一年前，你对西班牙文是没有认知的，那时你看到的是符号，现在你再看西班牙文的书，会了解内容形成记忆。婴儿也是如此，他对世界没有清晰的认知，也就无从记忆，或者说只能记住少量的东西，直到他对世界事物有认知了，他就能"记住"。

这段成长经历对我们来说真的什么都没有留下吗？虽然记忆很少，但是我们经历过的情感体验会被保留下来，越是影响深刻的事情，越容易激发我们强烈的情绪和感受。情绪感受不需要认知，他在我们身体内反复被强化，能够被婴儿识别，所以婴儿从抚养人的情感态度、照顾程度得出结论——我是否被这个世界爱着，世界是不是安全的，我是不是好的。这种情感体验在 6 岁被稳定了下来。

三岁看大，七岁看老。这也是我们为什么要关注 6 岁前的儿童心理。

这个阶段孩子能够体验到大部分情感功能。恋父恋母情结，为孩子与父母的依恋与独立做铺垫，体验性别个体独有的情感特征；自我意识敏感期，孩子体验跟父母的冲突，走向与父母的分离而逐渐独立；社交敏感期，孩子从独自游戏，到平行游戏，到两三人的小团体，最后变成七八人的大团体，这个过程中会经历关系的疏远、靠近、受挫与合作的状态，这帮助他认识和处理成人后的人际关系。

孩子们在这个阶段会获得外在世界的整体印象。他看到的外在世界，比如苹果会掉到地面上；体验到的结果，比如做错事情可能会挨训；观察到的方式，父母怎么做，怎么生活……这些都会给他建立基本的世界观。

6 岁前孩子经历的感觉体验会落入潜意识。潜意识不会在我们思考的时候被我们清晰地感知到，却会指导着我们的生命活动。在漫长的人生旅途中我们的喜好、我们的判断都会在潜意识的指挥下做出具有自己鲜明个性的选择和决定。

如果你是一位孕妈，这本书可能对你的帮助更大，因为孩子在妈妈肚子里的时候就已经有了记忆和情绪。日本的一位妇产科医生池川明，对年龄平均 4 岁的 1620 名幼儿进行了一次孩子们的胎内记忆的调查。结果显示，33%（534 人）的幼儿有胎内记忆，另外有 21%（335 人）还保留着诞生过程的记忆。对于这个问题，我问过我家的两个孩子。同样是在 4 岁时，大女儿的回答是"记得呀，我能听见你的声音，也能看到""能听见咕噜咕噜的声音，还能听见爸爸和妈妈说话""能看见暗红色的天空和一些小星星，还有很大很大的房子"，而小女儿的回答是"不记得"。生命中经历的每件事都会形成内在记忆，只是有些被显化，有些看似被遗忘，但身体会全部记得。

恒河猴实验

"第一个（假猴子）母亲是用布做的。它可以喷射高压空气，几乎能撕裂小猴子的皮肤。小猴子什么反应呢？它只是更加紧紧地抓住这假妈妈，因为受惊吓婴儿的本能就是如此。但我们没有放弃。我们做了另一个机械猴子妈妈。它能够猛烈地震动，但小猴子只是抓得更紧。我们做的第三猴子妈妈能够从身体里弹出铁丝网，把小猴子打飞。小猴子打飞后，爬起来，等待铁丝网收回去，然后又爬上假妈妈。我们最后做了一个'刺猬'妈妈。它可以浑身弹出尖刺。小猴子被这些尖刺吓坏了，但是它等到刺收回去后，就回到'妈妈'身边，紧紧抓牢。"

以上是节选自美国心理学会前会长亨利·哈洛和他学生索米在 1970 年的论文。哈洛，美国 20 世纪心理学家，以研究婴儿猴子和母猴之间的情感而闻名学界。在一系列实验中，他把新生的幼猴从母猴身边拿走，在孤立的环境下抚养。这些幼猴没有母亲或者其他猴子作伴，有的只是哈洛做的人造假妈妈。如此成长起来的猴子，没有正常社交的能力，呈现抑郁、自闭的行为。有些甚至在回到猴群后，绝食而死。实验中最具争议的，是他将从幼年起就被隔离的母恒河猴放入群体后，发现其无法融入猴群进而无法受孕，便对其进行了人工受孕。这些母恒河猴对自己的后代忽略、虐待，甚至发生过母猴咬下小猴子的肢体，砸碎幼猴头骨的惨剧。

越是高级的动物，情感被良好回应的需求也越高，为了满足孩子的情感需求，我们需要读懂孩子的生命密码，在孩子出现各种状态时采用恰当的行动。比如婴儿用哭闹来表达自己的需求，这是天生的、自然的反应，没有人教就会，细心的妈妈还能从婴儿不同的哭声中分辨出需求，孩子需要吃奶、排便、睡觉或是其他，就是建立在妈妈天然的爱与了解孩子的基础上的。

就像前面所说，哭了不抱危害极大，如果得不到温暖的回应，婴儿就会在煎熬中累积巨大的恐惧和愤怒。到了儿童期，一些非常小的挫折，可能会让孩子情绪大爆发不可收拾，甚至会对父母拳打脚踢；或者对他觉得陌生的事情惊恐回避，害怕得恨不得躲进地缝里。而正常的儿童面对新鲜事物时，可能有点害怕，但还是会满怀好奇地去探索。

孩子在逐渐适应这个世界的过程中如果接收到的是冷漠、遗弃、打击、不耐烦和不满足，以后在各种关系里会经常心怀恐惧、愤怒，或对爱、对认同有极端的需求，这就是匮乏。匮乏在生活中也很常见。

很多老人，特别是经历过三年困难时期的那一批，对食物会有异乎寻常的关注。他们帮忙带孩子，会想各种办法让孩子吃东西——孩子边看电视边喂、追着喂、一会儿一喂……哪怕孩子吃得太多，哪怕孩子开始厌食，也不能停止老人的投喂。他们也无法容忍把剩菜扔掉，无论多么苦口婆心地讲剩菜如何对身体不好，吃剩菜省不了多少钱，甚至恨不得给他们算笔账：吃剩菜一年能省1000块钱，10年才能省1万，但身体搞垮了，生病就得10万100万的才行……老人不是不懂这个道理，但他们很难平衡节省与健康，那个年代饿怕了，绝对不可以浪费食物。

在非洲的某些地方，当地人在中国企业工作，拿到工资后会很快消失，要立刻花掉这些钱，全部花光才会继续回来工作，这让很多中国企业非常头疼。非洲贫困地区人民的平均寿命大约为40岁，其中有些国家因为传染病的影响甚至只有30多岁。当地人经历了太多的痛苦甚至死亡，在他们的认知里，存再多的钱也是没有用的，朝不保夕，及时行乐才是王道。这种集体行为很难改变，因为不安全感已深深刻进他们的骨子里。

匮乏在心理咨询过程中也很常见。在儿童咨询中，使用沙盘是常见的方式，有心理创伤的孩子最常见的表现是掩埋和填充。比如孩子会选择各种能盛沙子的容器，不管这个沙具是带斗的车，还是杯子，甚至是一个带烟囱的小房子，他们会用沙子不厌其烦地填充进去，再倒出来。沙盘是潜意识的呈现，多数时候体现了一个人心理上的匮乏。

现代精神分析理论核心基础是婴儿与母亲的关系，基于此形成人格。

6个月前，是重要的母婴关系阶段，一个婴儿发出各种信号，希望得到妈妈的回应，如果妈妈视而不见，为了避免不被关爱的痛苦，慢慢地他就会把注意力从妈妈那里撤回到自己身上。孩子越小，越要精心呵护，给予小婴儿及时的回应，尽可能减少他的无助时刻。"好"足够多时，小婴儿会慢慢发现，虽然自己和妈妈都有好有坏，但基本都是好的，他的世界也基本是可控的，他的重要意志可以得到实现，他可以安全、舒适地存活。孩子的安全状态充分满足后，他的心智自然向前发展，逐渐把自己和外部世界分开。他不仅仅关注自己，也开始关注他人。

唐纳德·伍兹·温尼科特是英国客体关系理论中间学派（独立于克莱因学派和安娜·弗洛伊德学派）的杰出代表，其儿童精神分析学在精神分析学界独树一帜，引领了客体关系理论的转向，引导人们用新的眼光看待儿童与环境，他关注的是早期母婴关系中"足够好的母亲"对儿童人格发展的重要性，温尼科特强调母婴环境的观点使他和其他注重儿童内心冲突的客体关系理论学家有显著的区别。

温尼科特先是做儿科医生，然后才成为精神分析师，在这两个领域交叉中近四十年的临床工作，他观察了6万名婴儿，他的理论基于他长期的临床实践。生命早期的发展与母婴关系自然成为他关注的重点。二战期间他作为精神病学顾问，监控旅馆工作人员对无家可归的孩子的护理，这期间英国被疏散儿童的心理问题改变了他关于儿童精神分析思想，他在1939年写给《英国医学杂志》的信《疏散2—5岁的儿童会带来重要的心理疾病》中写道："未成熟即离家的儿童所遭受的远不至于亲身体验的忧伤，事实上达到了熄灭情感的地步。"思考疏散给母亲和孩子双方带来的成长问题，标志着温尼科特的工作的一个转折点。他发现，那些心理定位上被摧毁的儿童，一般是那些原来在家就缺乏好的照料的孩子，而早期照料良好的儿童更能够很好地驾驭环境。他运用客体关系（母婴关系）的观点来解释儿童精神世界的发展。

对小一些的婴儿，特别是刚出生的剖宫产宝宝，容易触觉发展不足，如果父母想为孩子做更多来促进发展，可以给宝宝做抚触，一个月内的抬头练习、两个月后的被动操等，这些具体方法大家可以在网络上搜到；对两三个月大的宝宝来说，抚养人讲宝宝语、为宝宝唱儿歌、做手指谣、脸部躲猫猫或互相模仿的小游戏，这一类的行为都被称为社会性刺激，目的是促进孩子大脑的发展与亲子间情感的维系。需注意的是父母与孩子互动过程一定要注重孩子的感觉感受，观察孩子的反应，判断孩子是否喜欢和享受，在孩子有需求时及时予以反馈，让孩子感受到自己是被无条件喜欢的，婴儿越有能力感受、接受他人的爱，就越有能力表达、给予自己的爱，在情感上也就会越幸福，会勇于面对问题、应对挫折，探索世界，完成自我整合，这类人长大后对生命充满热情和创造力，成为心理学所说"自我实现"的人。生活中，很多人在感受爱意和表达爱意两方面都存在障碍。

> 小冯工作很忙，她办事又极其认真，最近连续加班，身体很累，情绪也很糟糕。一方面她认为工作必须做好，"工作不努力，办事不认真"是她不能接受的；一方面她觉得很委屈，领导根本不考虑她已经超负荷，还在对她的工作加码；再加上跟她配合的同事根本不认真，为了最后呈现出来的结果是好的，她不得不承担更多。
>
> 丈夫陪她加班的时候替她着急："你就不能少操点心？你不能省点劲糊弄过去吗？不重要的地方稍微差不多就行了。"孩子也心疼："妈妈，你的情绪状态怎么那么差，你不是学过了很多心理课程吗？"
>
> 小冯更加沮丧了。丈夫和孩子本意是想表达关心，但却让她的情绪更加糟糕。

丈夫的话语，让小冯感觉到自己不被理解，不但不被理解还被指责了。从丈夫的角度来看，行为上他陪着妻子加班是在表达关心和陪伴，沟通的目的是希望妻子能减少工作量，多关爱自己一点，但语言却是"你就不能……？"的质疑语气，并没有直接表达出自己的关心，想用具体做法的指导，让妻子能尽快完成工作。

孩子也用同样反问方式来关心妈妈，"你不是学了好多课程吗？怎么还调整不好自己呀！"这样的语言，的确会让人心情更糟糕。作为孩子，看到妈妈很辛苦，自己着急却又没办法提供帮助，他也曾经尝试劝说妈妈，但结果是失败的。这时候孩子的无力感转化为愤怒，愤怒变成了攻击。

丈夫和孩子想对妈妈表达关爱，说出来的却是教导和指责，这是一种不一致。关系中的一方，经常用指责的方式表示关心。另一方，无法穿越语言表象看到背后的爱。

小冯在委屈，很难看到他们背后想表达的部分，她看不到丈夫陪伴自己加班所表达的爱，或者看到了，但不被理解的伤心更强烈，所以只能感受指责，无法接受关心。

妈妈对我唠叨："最近怎么又感冒了呀？""有没有多喝水呀？""整天说你也不听！"虽然我也会烦，但从不会觉得妈妈不爱我。我是从小被妈妈宠大的孩子，一直非常确定妈妈对自己的爱，这种确定非常重要。当有人气急败坏地和我说话时，多数时候我能尽量思考对方情绪行为背后有什么，是不是他现在很糟糕？是不是他在用这种指责的方式来关心我？当然也会有情绪，但能够在很短时间里重新回到稳定状态。经常一些来做咨询的二十几岁成年人，有很多"孩子"式的行为，他们的内在自我距离成熟还差很远，他们还停留在反复证明妈妈不爱自己，指责妈妈从不关心自己，总是训斥自己、控制自己这一层面，这种控诉，仍然是寻求关爱行为，同时在表达寻求关爱不得而获得的糟糕感受。

我相信，绝大多数父母都是爱孩子的，但是如果表达方式不对，无法让孩子感受到，孩子在其他关系中也很难顺利感受和接受他人的爱意，爱他人的能力也会低。我们成了父母，才会更懂父母，学会了体谅，内心释然；但更多的情况是，即使知道父母并没有什么大错，还是会愤怒或者难过。

作家王朔在《致女儿书》里写过一段令人心碎的回忆：

"我不记得爱过自己的父母。小的时候是怕他们，大一点开始烦他们，再后来是针尖对麦芒，见面就吵；再后来是瞧不上他们，躲着他们，一方面觉得对他们有责任，应该对他们好一点，但就是做不出来，装都装不出来；再后来，一想起他们就心里难过。"

依恋关系

0—6个月良好的母婴关系是基础，3岁前我们还需要跟孩子建立良好的依恋关系。我们可以通过了解孩子的心理状态来配合他，帮助他拥有良好的自我体验，形成"我很好"的基础信念。

依恋理论最重要的宗旨是，幼儿需要与至少一个主要的照顾者发展一种关系，以便正常发生社交和情感发展。该理论由精神病学家和心理分析家约翰·鲍尔比提出。依恋关系不仅提高婴儿生存的可能性，而且建构了婴儿终生适应的特点，并帮助婴儿向更好适应生存的方向发展。在鲍尔比看来，依恋系统在实质上是要"询问"这样一些根本性问题：所依恋的对象在附近吗？他接受我吗？他关注我吗？

如果孩子察觉这个问题的答案为"是"，则孩子会感到被爱、安全、自信，开始探索周围环境、与他人玩耍有更多交互行为。如果孩子察觉到这个问题的答案为"否"，就会体验到焦虑，并且表现出各种依恋行为：从用眼睛搜寻、主动跟随到呼喊。这些行为会持续，直到孩子重新建立与所依恋对象足够的身体或心理亲近水平，或者直到孩子"精疲力竭"，后者会出现在长时间与母亲分离或母亲"失踪"的情境中，在这种无助的情境中孩子会体验到失望和抑郁。

母亲或者抚养人有不同的对待婴儿的方式，比如对婴儿需求的是否敏感，对婴儿是否忽视等，无形中都会对婴儿的心理产生某种影响。婴儿每天在与抚养人的这种相互作用中形成了对成人的预期，这种预期渐渐发展为一种"内部

第二章　自我意识的建立

043

工作模式"，最后转变为一种无意识、自动化的行为模式。这种行为模式具有很强的永久性倾向，其本质是儿童对自我、重要他人以及人际关系的一种稳定认知，在婴儿的潜意识中起作用，以无意识方式运行，它决定着儿童的行为方式，并对儿童的各种社会人际关系都产生影响，更会对其成年以后的人际关系包括婚恋产生长期的影响。这时个体倾向于用己有的"内部工作模式"理解新的信息，它会引导个体思考自己应该得到什么样的对待和关注、是否对他人信任和支持、对他人的需要怎样回应，以及在亲密关系中的交往策略，等等。如果孩子的依恋需要没得到满足，他就会对自己形成一个不好的印象。

一个不受欢迎的孩子不只觉得自己不受父母或其他抚养人欢迎，而且相信自己基本上不被任何人欢迎。相反，一个得到爱的孩子长大后不仅相信父母爱他，而且相信别人也觉得他可爱。

1944年，精神病学家和心理分析家约翰·鲍尔比进行了一项关于44名少年小偷的研究，首次激发了他研究母子关系的兴趣。随后，他开展了一系列"母亲剥夺"的研究并指出：在个人生活的最初几年里，延长在公共机构内照料的时间和/或经常变换主要养育者，对人格发展有不良影响。由于幼儿期的关系会影响整个生命周期中的人际关系，因此依恋理论已被用于特定犯罪的研究，特别是那些倾向于在亲密关系中发生的犯罪。

儿童期的依恋模式中断已被确定为家庭暴力的危险因素。童年时期的这些干扰可以阻止建立牢固的依恋关系，进而对健康的应对压力的方式产生不利影响。在成年期，缺乏应对机制会导致激烈的冲突，从而导致暴力行为。鲍尔比的功能性愤怒理论指出，儿童会向照料者发出信号，无法满足他们的依恋需求时使用愤怒行为，这已经扩展到理论上为什么会发生家庭暴力。持续经历不安全依恋的成年人可能会使用肉体暴力来表达其伴侣无法满足的依恋需求。其他预测因子被称为儿童期母爱缺乏，自尊心低下。

现在多数家庭是父母、老人或者其他照顾者轮流或者共同养育孩子，孩子依恋关系的对象并不一定是母亲，也有研究表明有更多的稳定抚养人对孩子来说，会拥有更多的关系经验，从而形成多角度看待世界的能力。不是父母不重

要，相反，父母给孩子传递的情感信息更容易被幼儿接收到，父母出问题，幼儿也更容易出问题。不管有几个抚养人，我们都可以对应一下自己孩子的依恋关系是否健康。

在西方文化中，子女主要由母亲单一抚养。拥有一个单一的、反应迅速且敏感的照料者（即母亲）并不能保证可以产生一个安全的、情感上娴熟的孩子。以色列、荷兰和东非的研究结果表明，拥有多名照顾者的儿童不仅长大后感到安全，而且"从多种角度看待世界的能力得到了增强"。这种证据更容易在猎人－采集者社区而不是西方日托环境中找到。

在猎人－采集者社区，母亲是主要的照料者，与不同的异体母亲共同承担着确保孩子生存的母体责任。因此，尽管母亲很重要，但她并不是孩子的唯一机会。几个小组成员（有或没有血缘关系）互助抚养孩子，分担育儿角色，可以成为多重依恋的来源。有证据表明，整个历史上的这种公共育儿"将对多重依恋的发展产生重大影响"。

印度的家庭通常由3代人（也有小部分4代人）组成，默认情况下，一个或多个孩子有四到六个看护人，可以从中选择"附件"。孩子的"叔叔和姨妈"也有助于孩子的心理社会充实。

尽管已经争论了多年，但研究表明依恋理论的三个基本方面是普遍的。假设如下：

1. 安全连接是最理想的状态，也是最普遍的状态；
2. 母体敏感性影响婴儿的依恋方式；
3. 特定的婴儿依恋会预测以后的社交和认知能力。

依恋关系包括四种类型：

一是安全依恋型。这种依恋关系表现为孩子对世界非常信任，在这个基础上开始大胆探索，对他人和世界不会怀有敌意，趋向接近和连接，更自由、更弹性，他的人际关系相处模式第一反应不是抗拒，因为抚养人就是这样对他反应的。我们可以判断一下：自己是否比较容易融入集体？是否比较较轻松与他人建立稳定的关系？是否容易在亲密关系里保持善意？如果答案是肯定的，那么人际关系相对会比较好，而一个好的人际关系会让人各方面更健康。

二是不安全依恋－回避型。表现在主要抚养人在不在身边对孩子来说都无所谓，孩子会自己做自己的事情，表面看起来很和谐，但孩子对关系是疏离的，成年后很容易孤独。婴儿需要依恋没有满足，为了避免恐惧、痛苦的情感经历进行防御，自己主动隔绝了与抚养人之间的依恋关系，形成回避型。这些孩子一般送幼儿园时，很轻松地和家人说再见，看上去离开家人对他来说没关系，只要在新的环境中玩就可以了。其实他们总是有一种他人可能会随时离开自己的预设，成年后人际关系中同样会有不确定感，甚至可能会出现无意识破坏关系的行为。

在疫情防控期间，很多孩子与妈妈相处的时间突然增多，这时他们会启动修复程序：一种是黏着妈妈，确定妈妈的爱；一种是通过攻击来判断妈妈会不会再次离开。如果孩子攻击后得到的是训斥或抛弃，孩子就会认为果然关系是脆弱的；相反，如果不论孩子怎样攻击、怎样表现不好，妈妈依然温暖，孩子就会重新获得安全感，得出结论关系是牢固的，妈妈上一次的离开不是抛弃那个不好的自己，孩子会重建信任。

三是不安全依恋－反抗型。孩子时刻警惕抚养人（多数情况下是母亲）离开，哭闹不安，抚养人返回却也反抗抚养人的安抚。这种反抗安抚的现象跟回避型通过攻击行为获得修复相似，虽然这时抚养人可能会出现既担心又难受的复杂情绪，但此时孩子的反抗表现也是修复的时机。

反抗型依恋关系需注意，因为孩子在妈妈离开时会大喊大闹，我们可能会使用这样的策略——让家人转移孩子注意力，自己偷偷地离开，这是十分伤害孩子的。

孩子发觉妈妈不见后，认为自己没有看住妈妈，会内疚、自责和自我攻击，他们会像警觉的小猫或灵敏的雷达一样时刻搜寻妈妈的身影，安全感更难重建。所以即使心疼孩子哭闹，也应该在每次离开时与孩子正式道别，这样孩子会慢慢接受妈妈的离开和安心等待妈妈的回来，不告而别只能使孩子陷入一种与妈妈分离的恐惧里，无法获得分离与重逢等正常的经验。

我家孩子1岁时，每次出门前我都会对孩子讲清楚妈妈要去做什么、去见谁、去多久，妈妈在外面的时候会想她，同时告诉孩子可以在家里做些什么事情。那时她的语言能力不足，我也不在乎她能不能理解我的描述，但坚持做到离开时正式道别，也会努力按照我们的约定回家。回家后第一件事就是抱住孩子，告诉她我有多么想她，今天我出去做了什么（与离开时的话相一致），这样反复多次，我再出门孩子的反应就平静多了。随着年龄的增长她终于明白，妈妈出门只是有事，妈妈一定会回来；妈妈离开自己的时候依然是爱着自己、想着自己。父母不能觉得孩子听不懂就不与孩子沟通，也不能因为担心孩子哭闹就回避这个场景，越不与孩子沟通、越回避，孩子建设自己的可能性就越低。

> 跟朋友约好一起吃饭，坐着朋友的车，我给孩子打电话："宝贝，今天妈妈不回家吃饭了，要晚一点回去。"
>
> 电话里突如其来的大喊："啊啊啊啊啊啊啊啊啊……妈妈，我要你回来……"
>
> 我："哦，你想妈妈了是吗？"
>
> "呜呜呜呜，我想你，我要你快点回来……"
>
> 我："我知道你想妈妈了，妈妈也想你。"等孩子哭了一会。
>
> "呜呜呜，妈妈你为什么不回来啊？"
>
> 我："妈妈跟朋友一起吃饭呀。"
>
> "呜呜呜呜，我要你回来。"声音小多了。"你为什么不能陪我吃饭啊。"
>
> 我："妈妈也需要朋友啊，妈妈想跟你在一起，也需要跟朋友在一起。"
>
> "那好吧，那你早点回来。"还带着小小的吭吭声。
>
> "好的，我跟朋友吃完饭马上就回去。"
>
> 朋友笑："要是我，我就告诉孩子在加班。"
>
> 我也笑："孩子的信任可是奢侈品，得好好保护，本来也是朋友很重要嘛。"

四是不安全依恋 – 破裂型。在实际工作中还发现一些孩子的行为不符合以上三种类型的任何一种，且这些孩子曾有被虐待与被忽视的经历。

青青从小被送到奶奶家生活，每年只有过年时才能见到爸爸妈妈一次。过年，家里当然就会准备很多好吃的。青青幼儿园中班才回到父母身边，她对食物异常渴望，因为她的潜意识里食物代表着来看她的爸爸妈妈，所以吃得越来越毫无节制。

青青是焦虑的，回到父母身边无疑很开心，但是她心中的不安却一直存在：是不是因为自己不好爸爸妈妈才不要我？我是不是爸爸妈妈的负担？爸爸妈妈会不会随时抛弃我？父母也很纠结，长时间没有一起生活，觉得青青有很多的毛病，同时也有对孩子愧疚的心理。

青青父母一开始没把孩子的暴饮暴食当个事儿，后来青青越来越胖，他们发现根本无法劝阻青青停下来。到十几岁时，青青已长到了 180 斤，同学和周围人都笑话她是个胖子。青青自己也认为自己很丑，立志减肥。她通过控制饮食瘦到了 90 斤，大家都夸她越来越漂亮了。但她对食物的需求依然存在，因为节食这种需求更猛烈了。很想吃，又不想再被别人嘲笑，她就用不停地吃－催吐的方式保持身材不走形。频繁的催吐，让青青的身体形成了习惯，一吃东西就会自动吐出来，慢慢地变成了神经性呕吐，让青青的生命遭受到了严重威胁。

每一个人的成长经历都是一种塑造，或成就或破坏，未来不可知，但如果可以选择的话，无疑每位父母都希望成就孩子。**如无绝对必要，请不要让孩子三岁前离开父母。**孤儿院的孩子和留守儿童出现心理问题和品行问题比例相对较高，这与依恋有着密切的关系。

海海是个孤儿，亲戚们轮流抚养，安全感极低，每当海海从一个亲戚家到下一个亲戚家时，他感觉又被遗弃了，海海排解压力的方式是偷东西。亲戚为了防止他偷东西会给一些零花钱，他会立刻花干净，这是他心理上的需要。他需要买东西满足自己，他没有办法让自己等一等，无法规划自己的零花钱，也没有办法向别人倾诉和求助。对他来说，偷可以"立刻满足自己"，不必等待。

没有安全的依恋关系，就没有安全感。孩子的安全感未被满足，会深度焦虑，促使孩子通过寻求外在的满足来弥补，成人或多或少也会有这样的行为，比如抽烟、喝酒、暴饮暴食、疯狂购物、唠叨等。可能很多人并未意识到唠叨也是一种发泄焦虑的方式。如同训斥孩子一样，很多家长明知道孩子做错事时要和颜悦色，要忍一忍脾气，但就是不能自控。实际上人在焦虑的状态下，思维被情绪干扰，内心被恐惧抓住，必须做一些事情来舒缓。

总之，整个婴幼儿期都是在帮助儿童建设一种重要的信念——这个世界是可以被信任的，请宝贝不要怀疑。良好的依恋关系会形成孩子良好的人格特征，而有问题的人格特征加上外界环境的刺激容易让孩子产生心理问题，所以良好的依恋关系应该是父母教养孩子早期最重要的方向之一。

安全型的依恋关系会为成人后的高自尊水平打下基础，这类人丝毫不会怀疑自己是一个有自尊的人，往往拥有信任而持久的人际关系，善于寻求社会的支持和乐于与他人分享，不论物品、感受还是爱。大家可以思考一下自己与父母的关系是亲密的吗？

我们能不能主动对他们表达内心的爱意？

有没有更倾向在责任感下照顾父母？

有没有特别想弥补的童年缺失？

是否仍然特别想被父母认可？

有没有什么事情，特别想得到父母的一句"对不起"？

有没有与父母之间仿佛隔了一道墙，墙的两边都有爱，但就是无法沟通？

如果答案是"有"的话，那么你跟父母的依恋关系就不是安全型的，这种与父母缺失的亲密可能会影响到以后的夫妻关系和亲子关系。

小陈跟丈夫三天没说话了，来找我的时候愤愤不平，用了挺长时间说她付出了多少，丈夫多么不关心她。她说："你看我现在感冒了。"边说边擤着鼻涕，看起来感冒是挺严重的，她有点抱歉地离我远了些："他都不问问我。"

这时候，手机收到信息响了，她看了一眼，非常生气地用语音回过去："不用你管！"然后给我看信息，原来是她当医生的丈夫的消息："你吃点××（一种感冒药的名字）。"

在我看来，小陈用语音回丈夫的消息，语气虽然是凶巴巴的，感冒沙哑的声音里却藏着她自己都没有觉察到的委屈。一边抱怨"他都不问问我"，另一边老公的关心"你吃点××"来的时候却要说"不用你管！"，像极了反抗型的依恋关系。当然，丈夫的这句话作为旁观者来说是一种关心的表达，不过确实没有做到情感表达的作用。

小褚和丈夫之间的感情最近越来越冷淡，她开始意识到不对头，以前丈夫下班都开开心心的，这几个月却像变了一个人，小褚感觉丈夫在回避她。丈夫每天也按时回家，却总冷着脸能不说话就不说话。她意识到，长久以来丈夫对她的好，她都是理所当然地接受着，对丈夫的关心却不多，她估计自己可能伤害到丈夫了，她有意识地表示对丈夫的关爱，但丈夫的反馈令她很挫败。当她关心丈夫的情绪时，丈夫的回应是"不用你管，你有病吧！"当她关心丈夫的生活时，丈夫的反应是"你是不是想买什么？"她很郁闷。

小褚虽然意识上想要突破亲密关系的隔阂，但情感上还没有做好充分准备，一旦被攻击就陷入了另一种痛苦的境地，"我都这么努力了，怎么还是得不到回应？"如果我们能够意识到丈夫攻击自己的背后，是其长时间缺少关爱，他受伤了，自己应该用持之以恒的关心来抚慰丈夫。

小褚的丈夫觉得，"你现在想起来了，早干什么去了？你现在做这点事儿就想让我跟以前一样对你好，心已经冷了，不想再回应"。这也跟回避型的依恋关系相类似。当努力尝试受挫后，这种"自己一定得不到满足"的模式会立即启动。亲子之间也会因为这种关系中爱的不确定性出现矛盾。

　　小卫描述自己孩子最近脾气特别暴躁，稍不如愿就大声喊："你是个坏妈妈！你就是个坏妈妈！"她通过学习开始使用同理感觉情绪、表达爱的方法，可以说是有效果的，孩子会闹，但稍后会平静下来。但几次之后她坚持不下去了，在一次孩子没有像她想的那样平静下来的那一刻，她产生怀疑"这根本没用！"重新开始吼孩子。

　　爱是一切的源泉，小卫并不确定拥有爱是什么样子的。她向我表达她的担心："如果我一直对孩子太好，孩子会不会更糟糕，他根本改不掉坏习惯。"

　　我回应："与孩子有亲密的感觉、一直爱孩子总不会错的。我们在担心孩子不能改正缺点的同时也可以反思下自己，是不是我们也改不掉自己大吼大叫的习惯呢？"

　　模式一旦形成确实难改，但对于亲子关系，父母不能要求孩子先表现得好，自己才能改掉吼叫的习惯，一定是自己先改掉不良习惯，孩子才能有所改变。"自己的选择和做法真的有用吗？"这种内心的怀疑恰恰是因为我们小时候没有被父母如此对待过，而产生的不确定感。

口欲期

一般来说，3 个月的宝宝不但学会了翻身，还学会了吃手的本领，孩子会频繁地把手放进嘴里，6 个月左右宝宝能抓握了，会把身边所有的东西都放进嘴里。这些都是儿童发展中的一个重要时期——口欲期的表现。

"口欲期"是指一岁前儿童处于一种完全不自立的状态，依赖母亲或其他养育者生活。他基本没有行动能力，口是他生活的中心和兴趣的中心。吃奶是用口，饥饿或者不舒服的时候，用口哭叫；愤怒的时候，用口咬母亲的乳头，抓到东西都往嘴里塞，这是他的唯一认识外界的手段。

在口欲期里，他快乐的源泉来自嘴巴的满足。其中两点特别重要：一是对婴儿来说，吃奶获得满足，不仅仅是饱腹，而且是与母亲连接最重要的方式；二是孩子想要"口"的满足，需要他的手和身体配合，让手参与到自己的生命活动中来，这个过程中，能力得到锻炼，为进一步探索世界做好准备。

吃手同吃奶一样，是先天加载好的程序，同样需要被良好满足，所以当孩子处于口欲期，完全不需要把手从孩子的嘴里拿出来，否则对孩子的心理、动作和智力发展都有影响。当然孩子不会无休止地用这种行为满足自己，因为心智会一直向前发展，就像孩子不会总用爬行来移动，他会尝试站起来一样，孩子在吃手的时候父母完全不用过度担心孩子会把手吃破皮或成瘾戒不掉，如果父母没有在口欲期过度干涉，他会很快健康地度过这一阶段。

开始吃手，对孩子来说是一个伟大的时刻，代表孩子可以主动地获得自我满足了。孩子从妈妈无微不至的关爱里获得满足，但也无时无刻体验着挫折，再细心的妈妈也不可能完全满足孩子，婴儿所希望的"妈妈即刻满足自己"与现实中的"妈妈尽量满足自己"之间会有小小的时间差，这个时间差是等待被满足的时间，此时孩子会有焦虑的情绪，这种焦虑是正常的也是难以避免的。这时孩子能够体会到挫折，当他把手放到嘴里，发现吃手可以获得与吃奶相似的体验，通过自己的动作同样能安慰自己，有了初步满足自己的能力，这种发现无疑会给婴儿带来极大的鼓舞。这种自我满足，帮助婴儿逐渐形成应对挫折的能力。婴儿的身体和心理都需要慢慢与妈妈分离，在他的成长过程中，有很多对挫折进行自我调节与自我满足的阶段。

5个半月的孩子会反复把玩具扔到地上，让抚养人捡回来。不清楚原因的家长会认为孩子在淘气，其实孩子想通过这种方式来获得掌控感，同时享受被抚养人照顾的愉悦感，还会获得一种很重要的体验，体验物品与自己分离的过程。

对于婴儿来说，他和妈妈的分离是不受自己掌控的，与3个月的婴儿吃手满足自己相比较，5个半月的孩子多了一个技能，他能主动掌控让东西离开自己，主动掌控分离，增加分离的体验，这也是一种巨大的进步，他在体验挫折，在练习对抗挫折的方法。抚养人帮助把玩具回到婴儿手里，婴儿创造分离，抚养人完成回归，这个过程会让他愉悦又满足，他会认为"我跟妈妈（或其他物品）的分开也是安全的，可控的"，他更容易接受这种分离的挫折。孩子的世界会自然地从一元关系向着二元关系前进，跟母亲形成两个独立个体的过程也会变得顺畅，同时自我意识、主动性、抗挫折能力都会有很大提升。

有些1~2岁的孩子也会做同样的事，例如扔自己最喜欢的娃娃，然后再自己捡回来，更大点的孩子也可能会有这样的行为。

3岁半的莉莉最近的奇怪行为引起妈妈的注意。她从卧室里把门打开，把自己的青蛙玩偶扔到客厅里，扔的时候会说："妈妈不要你了！"然后回到卧室把门关上。过一会，她会跑到客厅把玩偶捡起来抱在怀里："你还是妈妈的好宝贝，妈妈永远爱你。""你是不是饿了？……"边说边走回卧室。不一会儿卧室门又打开，莉莉再重复这个过程。妈妈很疑惑，孩子这是怎么了？

莉莉最近上幼儿园了，她一点都不想去，就想跟妈妈在一起，可是妈妈必须去上班，她也必须去幼儿园。我们可以观察到她不但用语言和行为模仿了分离，而且模仿了重逢，与 5 个半月的孩子相比，莉莉可以自己重逢，这种有情景的演练，说明她的心智更成熟了。

"为什么我不可以跟妈妈在一起？妈妈是不要我了吗？"对于莉莉来说，妈妈的离开是恐惧的，不想让妈妈离开，想让妈妈永远陪在自己身边，但又不能决定妈妈的行为，这是一个真正的挑战。这种分离焦虑对孩子来说当然很痛苦，为了扛过去，她用手中喜欢的玩具来模拟这种痛苦，自己能控制最爱的东西离开、回来就会舒服很多，一方面分离的焦虑情绪有了一种合适的渠道去表达，另一方面通过掌控获得了安全感。

从 3 个月的吃手，到 5 个半月的扔东西，再到 1 岁扔自己心爱的玩具自己捡，这是一个连续的过程，孩子的心智正在悄无声息的成长。父母需要知道的是，孩子前一阶段发展被阻碍，后一阶段的发展就会受到影响。比如口欲期固结中，阻碍婴儿尝试自己吃饭，长时间被喂饭的孩子，是被动的，自己的需要和饥饱的感觉与自己的行为不适配，没有婴儿自己满足口欲的过程，心理发展不完全。

---

1 岁以后的一段时间内，是儿童学习自我控制的时期。这时，大多数儿童开始独立行动，因自我意志的要求与自我主张的表达，儿童的自我控制常常与家长要求相对抗，心理逐渐向前发展。但遇到抚养人对这种意志与主张限制过多，儿童会心理停滞甚至退行到"口欲期"，因为常被限制，害怕被指责，令他们的思想和意愿建立失败，而这个影响会延续到他的一生，精神分析学称此现象为"口欲期固结"。

发展受挫后，为了弥补这一时期缺乏的关爱，他们会寻求直接或替代性满足，没有"母乳"的支持，这种替代性满足大量地体现在与"口"有关的行为，比如吃喝无度，隐含的意义是为了储备脂肪、渡过饥荒，这是人类遗传下来的动物本能；再比如吃手，隐含着吃奶的感官满足。

很多孩子零食不离口、吃手、咬嘴唇、咬衣领、咬被子，需要吸着妈妈的肉肉睡觉……这些和嘴巴有关的习惯，包括很多成年人的暴饮暴食、抽烟、唠叨、喝酒等，这些都是口欲期固结的表现。

> 一次讲座中，我讲到儿童的口欲期，有一位妈妈问我，她的丈夫有吃手的习惯，现在还能改吗？她的孩子已经上大学，我猜测她丈夫的年龄应该在 45 岁左右。据她描述，丈夫看手机或者没事的时候就用嘴吸着大拇指关节，手指被吸的地方已经变形，这就是口欲期固结的一种表现。在了解到她老公不抽烟不喝酒后，我回答："估计很难改，要不让你老公多吃点零食吧。其实改不了也没什么，毕竟比起抽烟喝酒，是不是吃手还更能让人接受一点？"

1 岁半是孩子自我意识的萌芽期，是客体自我初步建立、自我意识分化的时期，此时孩子内心承受着巨大压力；3 岁左右，孩子进入了自我意识的第一个飞跃期，性格变得很"执拗"，跟父母的冲突也会带给他更多的压力；被管教过于严苛、搬家或更换扶养人等也会造成孩子的紧张，这些压力再叠加上口欲期没有过渡好而形成的口欲期固结，孩子就会退回到口欲期的状态来进行自我满足，这就是前一个时期没有满足，后一个时期进行补偿的结果。

口欲期里与孩子形成良好的互动很关键，除非是会带来安全隐患的行为，父母尽可能不要阻止孩子吃手、啃咬东西，应尽可能充分地满足孩子的需求，创造轻松愉悦的情感体验，因为这些动作不仅仅满足了孩子现在的需要，更会有益于未来精细动作与大动作的发展，促进感觉与智力的发育。

可以说，孩子先用嘴巴发现这个世界，因为经常使用，他嘴巴感觉的敏感度更高。大家也可以自己尝试一下，只要不是非常炎热的天气，用嘴巴触碰手机屏幕感觉温度要比用手触摸手机屏幕更凉一些。当孩子开始扩展活动范围，探索和发现身边的物品，通过手反馈回来的感觉来形成对世界的认知。手刚开始使用，在孩子大脑里面并没有手部感觉对应的储存信息，孩子要通过手拿着东西，放进嘴里，用嘴巴的感觉来感知物品，同时手也在体会着感觉，进行感觉配对。逐渐地，手可以不需要借助嘴巴也可以判定，拿着的这个物品是什么感觉。

感觉是智力的基础，婴儿对周围感觉越丰富，脑神经被激活的区域越多，智力活动越会被很好地启动。所以，我们不但不要阻止孩子的啃咬，还要准备不同感觉的物品帮助他完成感觉对应。比如：毛绒的玩具和丝绸表面的玩偶，粗糙与平滑；一个软木塞和一个不锈钢盖子，温与凉、轻与重；一个方形的积木和一个半圆的积木，形状不同；等等。（要注意安全与卫生）

弗洛伊德关于性本能的理论，被称为"泛性论"，他认为，人天然有性本能，而且性本能是生物性能量，会随着年龄不同，生理和物质基础上的变化，有不同的快感中心，根据人快感中心的变迁，一个人的人格发展可以划分为五个发展阶段：

1.口欲期，0~1岁，快感中心集中在口腔部位；

2.肛欲期，1~3岁，快感中心集中在肛门部位；

3.性器期，3~6岁，也被称作俄狄浦斯期，来自希腊神话中俄狄浦斯的故事；

4.潜伏期，6~12岁，进入潜伏期，更重视和同性交往；

5.生殖期，12~20岁，一个人的心理和生理都趋向成熟，最终做好了生殖的准备。

肛欲期

口欲期结束进入肛欲期，肛欲期与口欲期相似但又更高级，因为它从感受自己的身体，与外界建立联系发展为对人的主动控制，当然这都是无意识的，排便就是一种有效地控制自己，控制和对抗家长的载体。

　　我家孩子在两岁半以前已经能够在成人的提醒下去自己的小马桶排便了，有一次，她喝了一包奶，又吃了一些梨，我提醒她："宝贝，该去尿尿了。"

　　"我没有尿。"但是她扭来扭去，明显要憋不住了，我再次提醒她，她仍然回答我，"妈妈，我没有尿。"

　　"那你扭来扭去的干吗呢？"我问。

　　"妈妈，我在跳舞呢！"说完没一会儿她就尿在了裤子里。我知道，哦，这是孩子的肛欲期表现。

肛欲期明显的表现阶段是两岁左右，标志性表现有两种，一种是孩子憋着不排便，尿床或尿裤子；另一种是每隔十分钟、二十分钟就想去厕所。不管是孩子憋便还是频繁的排便，都有生理和心理的满足感。

1 岁以前孩子是反射性排便，需要成人或者生物钟的提醒，他的泌尿神经系统还不成熟，感觉不到自己的膀胱是否充盈，不能很好地自主把握排便时机。

两岁半以后，影响泌尿系统神经的髓鞘逐渐成熟，神经开始变得敏感，传递的信号也更清晰。髓鞘形成后，来自生殖器的刺激可以完整地传递给大脑，刚开始发生这种改变时，孩子并不能精准地控制自己，不能很好地把便意和排便行为联系起来，需要通过身体的更加成熟和不断的练习，从反射性排便发展为自主性排便，憋便→寻找憋便临界点→便在裤子里是其中的一个过渡阶段。两岁半恰好又是孩子的执拗敏感期，这时的突出表现是，家长越说什么孩子越不做什么，这是孩子发展自己独特性的必经之路。

这时孩子会意识到自己不但可以控制与反抗，还可以创造！对他来说，这当然是一种伟大的进步，若再能得到抚养人正常的回应，他会有很强的自主感和坚定感。

如果这时孩子练习控制排便的过程被强行干扰，自我控制的优越感被打击，就会产生强烈的羞耻感，孩子的控制体验和自我满足体验就会遭到严重的破坏，形成肛欲期固结。幼儿期的表现为，孩子遇到压力事件或无法纾解的情绪可能出现频繁尿床、尿裤子的情况，甚至在四五岁出现类似成人的性自慰行为，比如夹腿、抚摸自己的生殖器并伴有满脸通红、全身出汗，来获得心理的满足和对压力的缓解。成年后，可能会在考试、面试、公众场合演讲等关键时刻紧张而反复去厕所；部分人会对性生活有羞耻感，自我压抑，很难获得夫妻生活的幸福愉悦体验，严重影响夫妻关系；严格、要求高、追求完美，不断检查，强迫行为、思维；强烈的掌控欲；攻击性；以及非黑即白的偏执。

在弗洛伊德人格发展学说中的肛欲期，幼儿主要通过粪便的保留和排除以获得快感，肛欲期的发展障碍可以对以后的精神发育产生广泛影响，例如强迫人格就被称为肛欲性格。

约 18 至 36 个月大的时候，孩子开始能在一定程度上控制自己的大小便，大便的积累及通过肛门，对于儿童来说不仅会产生难受的感觉，也能带来高度的快感；他们可以通过排便表达对环境的积极服从，也可以憋便表达不肯屈服；另外，对婴儿来说，大便是他身体的一部分，排出大便相当于做出"贡献"或献出"礼物"。因此，大便在某种意义上变成了孩子与抚养人（主客体）保持关系的某种工具，孩子们感受到他能在一定程度上影响周围的人和环境。此时母子二元关系逐渐开始解体，孩子体会到了自主性。

　　肛欲期的结束，标志着孩子的性心理向着下一个阶段——生殖器期迈进。

羞耻感

5 岁的皮皮在大便问题上令父母头疼不已，妈妈说："我看到他的腿像麻花一样绞在一起，有时候憋不住了还会使劲跺脚，甚至使劲蹦一下。"……"闻到臭味我就知道他快憋不住了，应该是放了个屁或者有一点粑粑粘在裤子上了。"……"把他按到马桶上都跟我犟。"……"看到他这样我就很崩溃，发脾气，甚至打他。"

我观察到，很多家长在这个重要时期的做法很有问题。处于肛欲期、执拗期的孩子和父母之间容易发生冲突，这时孩子与父母反着来，父母提醒孩子——孩子坚持拒绝，如果这种情况频繁出现，大部分家长会很崩溃。有的觉得孩子不听话，有的认为孩子喜欢惹麻烦，可能会对孩子使用讽刺性语言，"尿裤子怎么回事儿？你故意的吧？"甚至打骂孩子，容易造成儿童肛欲期固结或者肛欲期训诫，从而引发心理问题。

孩子将大小便排在裤子里是否会感觉不舒服？会，但这种不舒服是可以被忽略的，此时追求清爽舒服不是他真正的需求，他真正的需求是可以主动控制自己的排便和反抗控制父母，对孩子来说这些显然更重要，更能唤起自己精神上的愉悦。

肛欲期训诫也是一种创伤性体验，这种创伤性体验的核心是羞耻感。著名的埃里克森人格发展八阶段理论表明孩子 1 岁前需要克服怀疑感，获得信任感；1.5~3岁需要克服羞耻感，获得自主感。所以此时孩子体验控制、获得自主是最重要的功课，当然控制排便一开始大多数时候会失败，如果失败时得到的反馈，特别是从父母这里得到的反馈是安全包容的，孩子就不会陷入羞耻感里，会更加积极主动地控制自己。

皮皮妈妈了解肛欲期知识后，不再对他的排便进行控制，也不再暴躁，皮皮终于"赢了"妈妈，几个星期后，他排便变得规律了。

肛欲期中的欲代表着一种欲望，即从肛门和泌尿系统的排便中得到的满足，它与人们成年以后的性有很大关联。童年肛欲期时如果被多次训诫，可能会造成未来性生活不自信、不舒展、不享受的结果，很多成人在性生活里羞于启齿、不愿表达自己的感受和需求，这不仅会导致夫妻关系质量的下降，也会严重影响一个人基本生理需求的满足，性根本上与吃、喝、拉、撒、睡是相同的，是一种很正常且必要的需求，当人基本的生理需求得不到满足会产生空虚和匮乏。人们通过性获得亲密感和繁衍感，当然对于处在肛欲期的孩子来说不涉及成人头脑中"性"的问题。

性是一种正常健康的欲望，金钱也是。肛欲期过得好，除了能获得成年后的亲密感之外，人的生命力也会更加绽放。有些孩子小便后会把自己的尿液涂抹开，让自己的尿液占据更多的位置，跟动物占地盘差不多；小男生们比较谁尿尿更远，感觉自己很厉害；两岁多的宝宝喜欢观察自己的排泄物，他可能会回头观察一会儿，甚至上前去闻一闻，很好奇；还有的宝宝蹲着拉一小坨粑粑，站起来往前走两步回头看一下，再拉再看，很惊喜，他们发现了自己神奇的创造。自己如此会创造，创造物如此"优秀"，会让他成年后跟金钱的关系很融洽，没有羞耻感的干扰，他的开拓性会很强，事业也更容易成功。

事实上，排便行为在孩子心里最开始是没有负面感觉的，反而他们觉得好奇、满意、惊喜而自豪。撒尿和泥捏小人，接住刚放的一个屁，喜欢说"屎尿屁"，都会让孩子快乐。但成人却认为它是脏的、臭的，是一种不得不收拾的麻烦。这种感觉上的不对等，使成人的指责、埋怨，甚至羞辱性的话语对孩子的冲击变得非常有杀伤力。

小蒋跟我倾诉："我跟会员谈续费的时候，总是有一种难以启齿的感觉，是不是自卑，'不想向他人索求'的感觉在作祟呢？"

我："你认为你的机构提供的服务质量如何？"

小蒋："我很肯定自己非常用心，为会员提供了很有品质的教育服务！"

我："你提供了场地和服务，这方面你并没有自卑感。既然如此，为什么会觉得这是'索求'呢？你害怕什么？"

"谈钱会让我觉得很难受，但请别人帮助却不会。"经过讨论，小蒋才明白，"谈钱"才是她害怕的部分，这会让她羞耻。

内心对自己创造物的态度，决定自己对金钱是否接受和容纳。"金钱"是我们对创造物价值的衡量，对创造物的羞耻感，会转移到"钱"上，引申到"钱"也会带给我们羞耻的感觉。

平衡的"自我"

肛欲期的孩子观察着环境，也在适应着环境，开始遵守一些简单的社会规则，比如饭前需要洗手，书应该摆在书架上，垃圾应扔在垃圾桶里，能够分辨物品的归属问题，等等。如果孩子还是经常排便在裤子里，按照社会规则来看是不被允许的，这会在一段时间内存在冲突，即孩子自然发展的需要与社会规则要求的冲突，我们家长看着难受，孩子要立马改变也不是件容易的事儿。平衡这个冲突不仅是使他能掌控自己的排便，还有更重要的心理意义。

弗洛伊德的人格结构理论中，人格由本我、自我和超我三个部分构成。"本我"遵循着快乐原则，个体需要被满足，是利己的，比如人吃到美食感觉很快乐、玩游戏感觉快乐；"超我"是理性的我、道德的我，是利他的，根据社会期待、道德规范要求自己成为一个好的人、受欢迎的人，比如守时、奉献；而"自我"是用来调节"本我"和"超我"的。

一个自我意识比较强大、稳定的人，既可以满足自己的需求又可以遵守社会的规范，是自如、柔软、弹性的。举个简单的例子，我们都想要舒适的生活，想要旅游、吃好吃的、住温暖的房子，这就是"本我"，满足这些要求需要钱，怎么办呢？抢劫是不对的，买东西不付钱也是不对的，"超我"在告诉自己：这不符合社会规范。这时，"自我"蹦出来，它有了一个好主意：我努力工作赚钱吧！这个主意既满足了"本我"，也满足了"超我"，从而达到平衡。

如果一个人小时候"本我（快乐的我）"不被满足，会因"本我"匮乏或压抑产生超越本身的需要，但是我们也不能只遵循快乐原则。曾经看到一位老人拿着空饮料瓶在公共餐厅的餐桌旁给孩子接尿，虽然孩子年龄不算大，但这种过分宠爱孩子的行为，会使孩子过度以自我为中心，也会影响人格的形成，容易出现偏执或反社会型人格，"本我"被过度夸张的满足，长大后很难很好的遵守社会规则，成为一个受欢迎的人，在亲密关系中也很难照顾到他人的感受。这时，"本我（快乐的我）"占了主导地位。

> 我小时候的一个场景，到现在都让我难以释怀，当是我也是个孩子，感觉很恐惧。
>
> 五六个孩子围在一起踩一只小奶猫的尾巴，小猫的尾巴肯定断了，被踩成扁平的样子……（不具体描述了，想起来就感到不适）

反社会型人格障碍

反社会型人格障碍的基本特征是一种漠视或侵犯他人权利的普遍模式，始于儿童或青少年早期并持续到成年。通常表现为敌意－攻击性，欺骗和操纵也是主要特征。在许多情况下，敌意－攻击性和欺骗性行为可能首先出现在儿童时期：伤害或折磨动物或人；参与敌对行为，如欺凌或恐吓他人；不计后果地无视他人财产，比如放火；经常从事欺骗、偷窃和其他严重违反法律或道德标准的行为；经常将自己置于危险或冒险的境地；经常冲动行事而不考虑后果。

反社会行为的模式持续到成年，他们可能冲动、控制困难，导致失业、事故、法律纠纷和监禁；常常欺诈或操纵他人；通常冲动地做出决定，也有可能存在反复旷工、突然变换工作、住所或人际关系；可能进行有伤害性后果的高风险行为或物质使用；可能不支付债务，忽略或未照顾好孩子，而置孩子于危险中；可能有很多的性伴侣，但可能永远无法维持单一的关系，在性关系中不负责任，并有剥削性；比起普通人，反社会型人格障碍个体更有可能因暴力手段早逝（例如，自杀、事故、他杀）。

患有反社会人格障碍的人通常不会对他们给别人造成的伤害感到真正的懊悔。然而，当对他们有利的时候（比如站在法官面前），他们会变得非常擅长假装懊悔。他们对自己的行为几乎不愿承担任何责任。事实上，他们通常会责怪受害者"导致"他们的错误行为，或者活该受害者的命运。

反之，如果"超我（道德的我）"过高，"本我"被压抑，也许会形成强迫型人格，过度追求完美，行事比较刻板，也很少愿意尝试和突破；还有可能会形成强迫行为，频繁洗手，关门要确认好几次；还有可能形成强迫性思维，管不了自己的想法，又觉得这样是不对，自己极端痛苦，身边的人也很痛苦。

朋朋，男孩，初二，学习非常好，曾经是年级第一。有一次考试不是很理想，之前不如他的同学在这次考试终于超过了他，同学倚着课桌，得意扬扬："哎呀，某人这次怎么回事？考的还没有我好呢！"朋朋觉得受到了侮辱，但是他又不知道该怎么回应，只能低着头把自己埋在课本里。

他非常沮丧，内心很痛苦，一边觉得自己怎么能考这么差呢？一边觉得，同学说自己的时候，为什么不敢回应？为什么这么怂？他觉得没有处理好这件事，同学说的话，同学的动作表情总是在他脑袋里回放，当天晚上这种回放已经无法控制。第二天开始他无法继续学习，上课无法专注听讲，作业也写不下去。

朋朋觉得这样下去不行，他努力地想要学好，用各种方法，甚至用笔尖插自己的大腿，试图用疼痛来让自己注意力集中，但是仍然无法自控。脑袋里糟糕声音和画面无限循环，他无法应对。后来，他在网络上搜索自己的情况，想找到解决的办法，无意间浏览到手机上被禁止的那种网站，他无法控制地点进去，感觉到了久违的轻松和愉悦。他也知道这样是不对的，但是完全无法控制自己，他管不住自己的思想，哪怕不看手机电脑，脑袋里面还是不停地出现两种场景：一个场景是同学嘲笑他的语言和画面，另一个场景是限制级的图片和影像。这时候，他的思维无法自控，形成强迫性思维。因为"自我"无法平衡，朋朋陷入了巨大的危机。

强迫型人格障碍

强迫型人格障碍是人格障碍的一种类型，患者做事往往谨小慎微，希望所有事都能做到尽善尽美，如果症状不是十分严重，往往可在工作中取得比较大的成就，但有时会因过分注重细节、墨守成规，反而影响工作效率。在生活中常会用严苛的尺度衡量周围事物，使自己和身边的人陷入紧张、焦虑的氛围。

强迫行为

强迫行为往往是为减轻强迫观念而引起的焦虑，患者不由自主地采取的一些顺从性行为。如：强迫检查、强迫询问、强迫性清洗、强迫性意识动作、强迫性计数。

强迫思维

强迫思维指以刻板的形式不随意地反复闯入个人脑海的观念、表象或冲动。这些思想、表象或意向对患者来说，是没有现实意义的，不必要或多余的。患者意识到这些都是他自己的思想，很想摆脱，但又无能为力，因而非常苦恼。如：强迫怀疑、强迫性穷思竭虑、强迫联想、强迫回忆。

多数时候，我们不会达到强迫型人格障碍或者强迫症的程度，但是"本我"和"超我"的冲突一点也不少。

如果我们"本我"稍微高了一点那还好，最多是让别人感觉这个人怎么这么自私，但是我们自己并不难受。比如，你是一个非常爱惜书的人，当你借了一本书给别人，在他还书的时候，你发现书弄得很脏，角也折了，甚至还有食物残渣的痕迹，你会非常的愤怒，觉得这个人一点都不顾及别人的感受，但是他呢，不会有什么感觉，因为你也不大会当着他的面骂他一顿是吧？

但是如果"超我"稍微高了一点，难受的就是自己了。还是说借书，为什么你不骂他，是因为你觉得骂人是不对的，虽然你很愤怒，但你还是会笑着、忍着把书接过来，甚至还会说："下次如果有需要再来找我借。"当然如果他真的再来借书，你可能会告诉他，哎呀不巧，这本书借给别人了，或者说我没有这本书。但是你真的这样说的时候，你内心还是不安的，你觉得欺骗了别人，你看"超我"高的人活的是真累。

如果"超我"再高一些会发生什么呢？如果别人把你的书弄脏了，你不好意思说他，但是如果是你的伴侣、孩子把书弄脏了，你肯定是要爆炸的，你会发脾气，要求伴侣和孩子把书整理好，如果他们没有整理好，你就会更加愤怒，觉得他们不配合，甚至觉得他们本身就是一个不好的人。你觉得书应该被保护好，他们就是不对的，最后会上升人格上的攻击："孩子都是跟你学的，一点素质都没有。"认为他们太没有道德感和原则。而且这种攻击在你自己的心里是理应如此，不接受反驳。如果你的伴侣接受了你的观点还好，说明他尊重你，那你们的关系应该还是不错的，但是如果你的伴侣在这一点上也很执拗，他觉得你太较真了，他根深蒂固地认为："不就一本书吗，难道比关系还重要？"虽然伴侣看上去对物品很不在乎，但是他对于你的观点不能接受，就会发生很多的冲突。

　　小沈生产完，身体恢复得很慢，虚弱、疼痛耗尽了本就不多的体力。出院没几天，丈夫销假回去上班，这时问题就来了，白天婆婆经常煮一锅粥，煮一锅鸡蛋，到饭点往粥里放点青菜，放点肉丝，扒个鸡蛋就是一顿。晚上丈夫回来，饭菜立刻丰盛起来，但很多不是小沈能吃的。白天婆婆做好饭，要么倒垃圾要么买东西，一出去就很长时间。晚上，孩子闹腾，丈夫又睡得叫不起来，小沈又累又委屈。跟丈夫聊，没说几句，丈夫打断了她："我妈不容易，怎么能这么说呢？晚上你累你不会叫我吗？既然这么累了，还不赶紧睡觉，说这些没用的。"

　　她心里憋着一口气，白天吃着不可口的食物，晚上强撑着自己照顾孩子，越来越沉默，老公竟然一直没发现她不对头。一天晚上，她对老公说："晚上孩子醒那么多次，你也照顾不上，要不你去书房睡吧，省得我弄孩子还让你睡不好。"老公揉着眼睛说好，就离开了卧室。小沈心碎了，她的本意是想引起老公的关注：我关心你，你也关心关心我吧。

　　对这些，小沈丈夫和婆婆一无所知，甚至婆婆还说，"你看你媳妇，天天被伺候还板着个脸。"看着他们娘俩总有说不完的话，小沈更觉得自己是个外人，是多余的那个。

　　小沈没有做错什么，但是她沉默、忍耐、疏离、自己扛，这样的选择也是在伤害自己。潜意识里任何决定都是有好处的，小沈这样做有什么好处呢？看到这个故事，相信很多妈妈都会愤怒，觉得丈夫婆婆很糟糕，会同情小沈，你看这就是好处。小沈在委屈自己以后，可以从道德的制高点上获得胜利：你们没有好好照顾一个产妇，我为孩子付出了太多。这时候"超我（道德的我）"占上风，压抑"本我"，忽略身体的不适和需求的表达。在这件事里，我们并不是回避沟通，而是无法接受自己表达需求后，他人不会给予回应的**羞耻感**，这种羞耻感是信念的叠加:【我表达了也不会得到回应】+【你不回应我，是因为我不值得】+【我不应该表达需求】。

小时候的需求不被回应，我们可能就会形成以上三种信念，一方面自我难以协调那些未被满足的需求，另一方面他人甚至是自己容易给自己贴上"幼稚、不成熟"等负面标签，进行自我攻击，从而形成恶性循环。

我们分析一个成人的心理，有时候会追溯到他的童年成长经历，前面部分是帮助大家弄明白孩子成长中几个重要的节点，自恋、口欲期、肛欲期都是人格形成的重要阶段。孩子们通过我们的照顾，获得对世界的信任和自主感。

埃里克森是美国著名精神病医师，新精神分析派的代表人物。他认为，人的自我意识发展持续一生，他把自我意识的形成和发展过程划分为八个阶段，这八个阶段的顺序是由遗传决定的，但是每一阶段能否顺利度过却是由环境决定的，所以这个理论可称为心理社会阶段理论。埃里克森的人格终生发展论，为不同年龄段的教育提供了理论依据和教育内容，任何年龄段的教育失误，都会给一个人的终生发展造成障碍。

1. 婴儿期（0~1.5岁）：基本信任和不信任的心理冲突，具有信任感的儿童敢于希望，富于理想，具有强烈的未来定向。反之则不敢希望，时时担忧自己的需要得不到满足。埃里克森把希望定义为"对自己愿望的可实现性的持久信念，反抗黑暗势力、标志生命诞生的怒吼"。

2. 儿童期（1.5~3岁）：自主与害羞（或怀疑）的冲突，把握住"度"的问题，才有利于在儿童人格内部形成意志品质。埃里克森把意志定义为"不顾不可避免的害羞和怀疑心理而坚定地自由选择或自我抑制的决心"。

3. 学龄初期（3~6岁）：主动对内疚的冲突，当儿童的主动感超过内疚感时，他们就有了"目的"的品质。埃里克森把目的定义为"一种正视和追求有价值目标的勇气，这种勇气不为幼儿想象的失利、罪疚感和惩罚的恐惧所限制"。

4. 学龄期（6~12岁）：勤奋对自卑的冲突，当儿童的勤奋感大于自卑感时，他们就会获得有"能力"的品质。埃里克森说："能力是不受儿童自卑感削弱的，完成任务所需要的是自由操作的熟练技能和智慧。"

5. 青春期（12~18岁）：自我同一性和角色混乱的冲突，"这种统一性的感觉也是一种不断增强的自信心，一种在过去的经历中形成的内在持续性和同一感（一个人心理上的自我）。如果这种自我感觉与一个人在他人心目中的感觉相称，很明显这将为一个人的生涯增添绚丽的色彩。"随着自我同一性形成了"忠诚"的品质。埃里克森把忠诚定义为"不顾价值系统的必然矛盾，而坚持自己确认的同一性的能力"。

6. 成年早期（18~40岁）：亲密对孤独的冲突，埃里克森把爱定义为"压制异性间遗传的对立性而永远相互奉献"。

7. 成年期（40~65岁）：生育对自我专注的冲突，在这一时期，人们不仅要生育孩子，同时要承担社会工作，这是一个人对下一代的关心和创造力最旺盛的时期，人们将获得关心和创造力的品质。

8. 成熟期（65岁以上）：自我调整与绝望期的冲突，如果一个人的自我调整大于绝望，他将获得智慧的品质，埃里克森把它定义为"以超然的态度对待生活和死亡"。老年人对死亡的态度直接影响下一代儿童时期信任感的形成。

肛欲期遇到执拗期，精神独立的需求让孩子希望在坚持自己想法的同时，依然能够得到父母的关爱。父母尽量不要对孩子的排泄物表现出厌恶，也不能对孩子探索排泄物的行为显示不屑和进行阻止。正常情况下，孩子从反抗执拗到愿意到马桶里排便，只需要两三个月。

我们可以提前告诉孩子尿尿要在小马桶里，但不需要总是提醒，那对孩子来说是一种羞辱。更需要注意的是，提醒孩子只需要用正向的语言。例如，"尿尿请尿在小马桶里"，而"不能尿在地上"的说法是不恰当的，因为"不能做某事"是一种禁止和限制，也是一种否定，并没有给孩子正确的指向。就如同有人教我们炒菜，只告诉我们第一步不要放盐，那么我们很难弄明白真正第一步要做什么。

孩子频繁尿裤子，父母只需要说："裤子湿了不舒服是吗？我们换一条吧！"就可以了。既可满足孩子心理被照顾的需求，又可满足孩子身体感觉的需求。如果我在进行一场讲座，讲到这里，我会有一些担心，大家表示懂了，可是实际用的时候却……

"裤子湿了不舒服是吗，我们换一条吧。嗯。换一条就舒服了吧，那以后不要再尿裤子了。这里不是有马桶吗，你看别的小朋友是不是都尿到马桶里去了啊？爸爸妈妈也在马桶里尿尿啊。是吧，尿到马桶里就是好孩子，我们当个好孩子好不好。"

认真地说，"嗯"字以后的话都是废话，而且会让孩子有羞耻感。

"换一条就舒服了吧" = 挖苦"让你不听我的"

"不要再尿裤子了" = 无效禁止 + 否定

"你看别的小朋友" = 比较"我不被喜欢"

"尿在马桶里是好孩子" = "我是个坏孩子"

一天早上，二女儿醒了坐在床上半天没动。我好奇地看着她，问："起床吃饭吧？"

她小声地说："妈妈，被子湿了。"她带着颤音，紧张地看着我。

我立刻感觉到她的紧张："哦，被子湿了不舒服是吗？"

她："嗯，我不知道为什么湿了。"

我："嗯，被子湿了我们把它晒一晒，床单和被套放到洗衣机里去。"她轻轻地舒了一口气。

我开始整理："来把这个床单放到洗衣机里。"她立刻从床上爬下来，拖着床单去了阳台。回来开始拖被套。我帮她加洗衣粉，她用已经学会的操作洗衣机的方法按下开始键。

这里，孩子紧张是显而易见的，我们要传递一个感觉，如果我们尿床了，会让我们不舒服，然后，我们把被子处理一下。事情发生了，并没有那么糟糕，这样孩子在"我可以为自己负责"的态度里，既放松又感觉自己有能力，为主动性做准备。

压力源

孩子稍大些可能会有一些让家长不解的行为，除了口欲期、肛欲期固结产生的问题，还有抠肚脐、闻妈妈的睡衣、抽动等情况，这些都是早期依恋关系、口欲期、肛欲期受挫，跟现在持续的压力源共同作用的结果，总的来说，是孩子产生了较严重的焦虑。

其中抽动多发生在 5~10 岁，男孩较女孩多一些，行为表现多是挤眼睛（常被认为眼睛发炎了）、皱眉、皱鼻子、发出清嗓子的声音（常被误认为嗓子不好）、转动手腕、耸动肩膀、扭动脖子、肚子上下起伏或脚趾频繁向下勾等，经过医院检查没有器质性病变，孩子自己也无法控制。

抽动

一种不随意的、突然发生的、快速的、反复出现的、无明显目的的、非节律性的运动或发声。抽动不可克制，但在短时间内可受意志控制。包括以下几种：

1. 简单运动抽动：突然的、短暂的、没有意义的运动，如：眨眼、耸鼻等。

2. 复杂运动性抽动：稍慢一些的、持续时间稍长一些的、似有目的的动作行为，如：咬唇、刺戳动作、旋转、跳跃、模仿他人动作、猥亵动作等。

3. 简单发声抽动：突然的、无意义的发声，如：吸鼻、清咽、犬吠声等。

4. 复杂发声抽动：突然的、有意义的发声，如：重复特别的词句、重复自己或他人所说的词或句、秽语等。

引起孩子焦虑，让他感到压力的事件或者环境称为压力源。先找到压力源，再修复与孩子之间的关系才能彻底根除这些外显行为。不解决压力源，孩子的异常行为很难消失，有时候外显行为好似消失，比如抚摸隐私部位的孩子，大多在 7 岁的潜伏期，这个行为消失了，但是压力源不消失，随着孩子长大，它会以其他方式爆发。多数青少年、成年人的心理问题也有六岁前压力源的原因。

我把压力源分成四大类。

1. 来自环境变动的焦虑

婴幼儿时期频繁更换抚养人或生活环境可能会让孩子产生压力。比如由奶奶照顾后转交给姥姥（这跟依恋关系中提到的多个抚养人共同养育孩子与经常更换抚养人是不一样的）、经常搬家、妈妈出差，幼儿园里最喜欢的老师或小朋友的离开等，都可能让孩子产生焦虑。并不是说孩子有压力就一定会产生问题，孩子面对挫折时，家长需要学会得当的处理方式。对于来自环境变动的焦虑，父母需要做到两个方面，一是提前告知，二是情绪陪伴。

孩子对更换环境一般都会很敏感，但是不同孩子的适应力是有差别的。有些孩子适应性相对较弱，接触新环境时脾气暴躁或谨慎小心，要很久才能融入，所以提前认真告知很重要。比如，要带孩子出门旅游，父母可以提前告诉孩子去哪里、去多久、与谁去、去了以后那里可能会有什么、可能会发生什么问题、会怎样解决、住在哪里、何时回来、乘坐哪种交通工具等一切涉及的情况。

"宝贝，明天我们去中山公园玩，首先我们要坐地铁，然后转公交车去中山公园，成人要买门票，一张票是 N 元，你不需要买票，进去以后我们先去荷花池，再去动物园，荷花池里会有很多花，现在荷花开得正漂亮，还有一些小鱼，我们可以带一些馒头渣渣喂它们，从荷花池到动物园要走着去，20 分钟左右，动物园里有猴子、老虎和其他动物，当然也会有很多游览动物园的人，中午我们去饭店吃点好吃的，休息一会儿就去海边走一走，大概待 30 分钟，海边可能有很多海鸥，当然也可能没有，如果没有的话我们走一走就回来，回来时还是要坐公交车和地铁，累了的话还可以在上面睡一会儿，到家里可能就要到晚饭时间了，我们可以先吃饭再洗澡，然后你可以讲一讲你都看到了什么，这就是我们明天的行程啦！"

如果父母能够用这种方式来向孩子描述第二天的行程，那么孩子内心是愉悦的、期待的，他有一晚上的时间给自己提前做心理准备。告知的时候还要把可能会突发的情况加进去。

原本照顾孩子的奶奶离开，换成姥姥来代替，家长同样要认真地告知孩子奶奶的去向和详细介绍姥姥，可以说：

"奶奶要回老家了，坐公交车然后倒火车回去，回去以后跟爷爷在一起，爷爷腰扭伤了，现在特别需要照顾，奶奶照顾爷爷的时候就和照顾你一样，给他做饭、帮忙洗衣服，奶奶明天走，然后姥姥会来照顾你，姥姥就是妈妈的妈妈，妈妈小的时候姥姥这样……照顾我，姥姥来了以后会……你可以……妈妈会……"

当然刚刚更换照顾者，孩子暂时无法适应，还是会焦虑，可能会表达自己喜欢奶奶，排斥姥姥的想法。这时很多家长会很着急，"奶奶要回去照顾爷爷，不然爷爷没人照顾呀。"或者安慰，"姥姥也很好啊，还给你买了很多好吃的。"暗示孩子应该接受姥姥。但这两种表达都不是一个处在焦虑情绪中的孩子能够接受的，他的焦虑的焦点是不接受姥姥，想让奶奶在身边，我们的语言让他的焦虑雪上加霜。

"哦，你很想奶奶是吗？你想奶奶什么呀？哦，你喜欢奶奶给你唱的睡前歌，喜欢奶奶讲的故事，喜欢吃奶奶炸的小鱼丸。哦，我知道了，鱼丸很好吃是吗？我也想念奶奶炸的小鱼丸。"

父母可以用这种方式与孩子的需求在一起，孩子会很快得到"爸爸妈妈懂我"的安慰，父母复述孩子与奶奶在一起的愉快时光，孩子会有重温情景的愉悦体验，我们并不需要消除孩子对奶奶的想念，相反，父母和孩子一起想念奶奶，可以用自己做支点帮助孩子更好地体会挫折。

另外，父母可以帮助孩子如何与姥姥相处，注意千万不要直接告诉孩子姥姥有多么好，孩子觉得这不是他的想法，会抗拒。我们可以说："我们请姥姥也给我们炸个小鱼丸好不好？姥姥炸的和奶奶不一样是吗？嗯，妈妈和姥姥一起问问奶奶是怎么给你炸小鱼丸的。"这时奶奶也会有很愉悦的体验，自己的孙子女在想念自己，自己做的东西很好吃。一般奶奶会很详细地跟妈妈、姥姥讲述自己制作鱼丸的过程，这个过程也是一种交接，奶奶的爱通过电话、视频传递到了家里，传递到了姥姥身上，这是一种非常优秀的处理方法。

这两种处理方法都可以满足孩子的需求，因为有爸爸妈妈在和自己一起。日常生活中，哪怕给孩子换一条床单、床换个位置、玩具区挪动一下，最好都跟孩子提前沟通，这样孩子会感觉自己的物品和情感都被尊重了，也能做好充分的心理准备。

如果妈妈要离开孩子好几天，很重要的一句话一定要对孩子讲，"妈妈不在你的身边也爱你。"如果妈妈因为工作离开，除了"依恋关系"章节里提到的正式道别外，还可以告诉孩子妈妈工作的时候做什么，休息时第一件事就是想他，猜他会在家里做什么事情、有没有吃得香睡得好、有没有玩得开心等。同时可以问问孩子，"你什么时候想我呀？想我的时候，你会做什么呢？"这样的情感表达会帮助孩子缓解很多压力。

在环境变动的压力源下，孩子出现的哭闹也好，"不要姥姥要奶奶""就不要妈妈去上班"也好，实际上是孩子宣泄情绪的一种方式，很多孩子还会用饭不好吃、坏妈妈、坏姥姥等看起来像"找事儿"的方式宣泄情绪，所以一定要理解孩子并不是真的要攻击谁，他只是太焦虑了，跟"我再也不跟你一起玩了"一样，他并不真的这样想，家长更不必当真。

家里多了弟弟妹妹也是家庭变动，而且对孩子影响很大。在家长咨询的时候，我会询问一些基本资料，判断孩子的问题根源。"你的孩子有没有弟弟妹妹？家里排行老几？"几乎是必问的问题。

"妈妈给你生个小弟弟或者小妹妹好不好？"

"等弟弟妹妹出生了，你把你的玩具分享给他，好吗？"

"妈妈忙着呢，弟弟妹妹需要休息，你看不到吗？"

"你都多大了，弟弟妹妹都没你这样。"

以上都是能令老大受伤的语言，当然不只这些，真心心疼老大。如果父母能够看到孩子的焦虑、失落、难过、委屈等情绪，能够在焦虑的源头做到真诚的陪伴，这对孩子来讲无疑是非常有支持力的。

2. 创伤性体验

创伤性事件或创伤性经历会给孩子留下创伤性体验，形成一种严重的压力源。"一朝被蛇咬，十年怕井绳"说的就是事件和经历会对人的心理产生巨大影响。

如前面所说，孩子（特别是3岁前）被迫或因为不可抗力的原因离开父母，会产生不安全的依恋关系，最基本的需要"爱与连接"被阻碍，是一种创伤性的遗弃感，生活在孤儿院和处于战争中的国家的孩子这种表现尤其明显。

孩子经历了让自己感觉恐怖的事件，会产生创伤性恐惧感。比如孩子曾经被独自关在电梯里、锁在车子里、被反锁在家里或被关在门外等，这时的他们无法获得成人的保护与关注，不论怎样大声哭喊都得不到回应。得不到回应的时间稍长些，孩子会体验到巨大的恐惧，造成心理创伤。这种感觉类似抑郁症患者所描述的：自己无法感到快乐，如何做都没用、得不到回应、没有人理解自己，哪怕有人告诉自己会尽全力提供帮助，但内心的体验仍是无助、孤独和恐惧，像一个怪兽吞没了自己。

创伤性体验还包括孩子小时候做过手术或反复住院带来的绝望感或异类感。

谭谭在3个月到1岁之间，因哮喘不得不反复住院输液治疗，每个月要在医院度过一半的时间，父母以为这么小的孩子应该不会受什么影响。但是反复打针，住在不熟悉而紧张的医院里，孩子处在了极度不安全的状态下。同时因为担心孩子，父母在生活上也特别关注，有一点风吹草动，就会特别紧张、恐慌，父母焦虑情绪也严重影响了孩子。谭谭总是黏在妈妈身上，啃着手指，到了新环境很难自在地融入，跟别的小朋友也很难建立关系。

关于住院和手术的问题，当然要遵医嘱，不过我建议如无紧急必要，尽量在孩子 3 岁前避开，因为 3 岁前是孩子生理自我建立的关键期，给孩子做手术严重影响他对自己身体的完整感和爱护感，进而产生心理创伤。等孩子能明白手术是什么，再进行更好一些。

生理自我

生理自我是社会心理学中的一个术语，奥尔波特等人对个体生理的自我的发生做了详细的研究。生理自我是自我意识最原始的形态，是个体对自己身躯的认识，包括占有感、支配感和爱护感。这些认识能使个体体会到自己的存在是寄托在自己的身躯上的。

研究表明，自我意识中生理的自我，从婴儿出生以后第 8 个月开始，到 3 岁左右基本成熟。这一阶段的自我意识，是以躯体需要为基础的生理自我。儿童一周岁末，开始将自己的动作和动作的对象区分开来，把自己和自己的动作区分开来，并在与自我的交往中，按照自己的姓名、身体特征、行动和活动能力来看待自己，并做出一定的评价。

这时他们会积极观察自己与他人的异同，看到自己被缠着纱布的身体会感到极端恐惧，容易认为自己是不好的、异于他人的人，自我认知被破坏，从而形成创伤性体验。我接触的孤独症儿童中，有一部分有 2 岁左右的手术经历（磕掉牙被绑住治疗、肠疝气手术、拇指畸形修复，等等）。

3 岁的丹丹不得不做了一次手术。术后醒来他看到自己缠着纱布，立刻大喊大叫，情绪非常激动，挥舞着小手要把纱布撕掉。妈妈一直抱着他，丹丹终于在三天后平静了下来，这时丹丹妈妈的胳膊和腰已经没有任何知觉了，但这无疑是值得的，令人敬佩。

如果身边重要的人生病或去世，孩子也会感觉恐惧，感知到生命的脆弱，他不懂死亡是什么，他会陷入弥漫性的焦躁不安："我会不会死？爸爸妈妈会不会死？我是不是要跟爸爸妈妈分离？"

正常情况下，孩子在 4 岁 3 个月左右进入怕黑、担心死亡的恐惧依恋期（后面有详细介绍），如果在这之前接触到死亡或哀伤的事件消息对于孩子的心理状态来说，是一种提前的唤醒，也就是说，孩子的心理还没有成熟到准备好接收这种信息，他可能会频繁做噩梦、喜欢紧黏着家长，如果出现这种情况最好能够寻求心理咨询师的有效干预。

另一种需要专业心理咨询师干预的创伤性经历是孩子遭遇了性侵或猥亵，给孩子带来自罪感，这种压力源孩子自己极难消化，它对一个人的心理影响巨大且深远。

3. 父母不当的教养方式

（1）遗弃感

"再不睡觉，大灰狼把你叼走啦。"
"你再不听话我就不要你了。"

这种话很多父母都在用，因为好用。大家有没有想过，为什么好用呢？曾经有一则关于留守儿童的新闻，孩子跟着继母生活，继母多次在女孩父亲外出工作时虐待她，身上有被铁丝穿过和被烙铁烫过的痕迹，她并没有被绑住手脚，仍然不逃跑，因为对小孩子来说家比自己的生命更重要。

一个心智未发育成熟的儿童甚至成人都可能会认为"某些事情比生命还重要"，比如那些高考结束成绩不理想无法面对的学子，工作中压力大到出现自杀行为的成人。虽然生命中的确有难以承受的压力出现，但心智成熟的人更不容易做出极端行为。

谈到遗弃感，朋友跟我分享了她的经历：我们住的房子隔音效果不太好，不记得从什么时候开始，我们在次卧（跟邻居一墙之隔的房间）总能听到邻居家孩子的哭声，接着就是妈妈的呵斥，"哭什么哭？知道错了吗？"可换来的却是孩子更大声地哭，在呵斥哭泣的交织中就听着哭声由隔壁房间转移到了门外，"你再哭就别进来了！""砰"的一声门被重重关上。这时孩子就会一边跳着脚捶门，一边撕心裂肺地大喊："妈妈开门，开门！"虽然我也会批评孩子，但总觉得邻居把孩子关门外这种做法不太好，一度想冲出去安抚孩子，我妈妈却拦住我说，每个人的教育方式不同，你能帮她一次，但别人的孩子你能管一辈子吗……后来过了很久，小女孩就会拍着门哭喊着："妈妈开门，我知道错了，再也不敢了……"哭喊几遍，她妈妈会把门打开，大声说："还敢不敢了？"小女孩没有声音，我猜肯定是摇头了。那这时孩子真的是知道自己怎么错了吗？我认为并不是，她只是被吓住，害怕妈妈不要她了，为了能回家而承认错误，并不理解为什么这样做是错的，从而真正纠正自己的错误，所以自此之后，她家的哭声并没有停止，反而越来越频繁了。

父母恐吓或威胁性的语言会令小孩子感到害怕，用听话的方式来满足、讨好父母，只有这样才可以留在父母身边。但同时"自我"也会慢慢消失或受挫，从此以服从父母意志为准绳，一旦他有自己的想法，就会觉得背叛了父母。可能自己对自己好一些就会感到不安，也不相信自己很好，认为自己必须服从他人指令，否则会被全世界遗弃，形成一种固定的情感体验。

我们常常能见到游乐场里玩得兴奋不愿离开的孩子和一个愤怒无奈急于离开的家长之间的较量。"再不出来你就在这儿吧，我先走了。"家长带着自己的衣服假装往前走，然后转到拐角处躲起来让孩子看不见，让孩子以为自己真的离开了。这时很多孩子就会"哇"的一声，哭喊着叫妈妈，甚至光着脚从游乐场里急切地跑出来。是的，看上去成人的目的达到了，但孩子这种创伤性的体验也就此埋在了心里。

有时候，我们还会开些玩笑，看到自己孩子跟某个阿姨特别亲密："你去阿姨家生活吧，阿姨家有好多好吃的。"

遗弃感带给孩子的体验是"我随时都会失去最重要的关系"，孩子会一直生活在紧张不安中，这种感觉对孩子的伤害，远远大于打骂。

> 小韩看到丈夫就心烦，觉得没办法在一起过日子了，丈夫很迷茫，夫妻之间没有什么原则性的问题，为什么两个人就过不到一起去呢？小韩做过几次投资，每次都是兴冲冲地一头扎进去，觉得肯定能成功。但是一遇到困难，不想如何改善只想立刻结束，哪怕立刻结束的损失非常大，她也不想再面对那种糟糕的感觉。小韩跟爸爸的关系很好，初中时候爸爸去世，突如其来的分离，让小韩无法承受，对小韩来说，她选择主动提前放弃，就不用面对被抛弃的感觉。婚姻也是，她的结婚的决定很仓促，但也一起过了几年，还有了孩子，当她突然感到糟糕，她只想逃离，潜意识里"这种糟糕的感觉"意味着不好的结果，"我不想被别人遗弃"，所以主动放弃。其实从婚姻的开始，小韩总是有意无意地把事情往糟糕的方向推动：丈夫给她买礼物，她说："净整这些没用的。"丈夫看她不喜欢也就不怎么给她买了。不仅在结束关系上她主动而迅速，潜意识里的害怕也让她把事情往糟糕的方向推动，"看吧，不是我的错。"

有抑郁情绪或自杀倾向的父母，也会给孩子带来遗弃感，孩子小时候容易焦虑，青春期则容易出现抑郁情绪。

（2）负罪感

"你再不听话，妈妈就不要你了"，会让孩子受到心理上的伤害，带来遗弃感，还有很多语言会给孩子带来负罪感。

"你再这样，我就生气了。"

公园里，一个 5 岁左右的孩子想荡秋千，但秋千上已经有一位大姐姐在玩，孩子过去抓住秋千的绳子想让大姐姐下来，大姐姐拒绝了。一开始孩子的妈妈在旁边一直没有说话，孩子抓着绳子不松手、晃来晃去，看样子像要把大姐姐晃下来，弄得大姐姐很烦躁。大姐姐看了孩子的妈妈一眼，这时候妈妈开口了："哎呀，你别动这个秋千了，你看姐姐都生气了！"

这是生活中很常见的表达方式，但它有很大的问题。成人制止孩子打扰他人，原因应该是"这个秋千是姐姐先选择的，如果你想玩可以和姐姐商量一下，问问姐姐现在同不同意让你玩？如果姐姐不同意我们需要等待，等姐姐不玩的时候我们再玩"。

而这位妈妈使用的理由是：因为别人生气了，我们不能惹她。如果经常如此，孩子也会习得这种解决问题方式，别人生气时自己才需要退让，孩子会误以为应以别人的情绪为界限而非客观规则为界限，孩子界限不清晰。

生活中很多类似的语言，"你动作快点，烦死了""你犯了错，所以我生气了"也是如此。

家长疑惑：我家孩子跟滚刀肉一样，叫他出门时，第一遍温柔，"宝贝，咱们得快点，快迟到了。"没反应；第二遍急躁，"你干什么呢？怎么还没穿衣服？"还在那不知道干什么；第三遍，我的尖叫能掀翻屋顶，"你给我快点！"他着急忙慌地 2 分钟就出门了。为什么我家孩子好好说不听，我这边着急上火，他就是磨磨蹭蹭，什么时候我"嗷"的一嗓子，他立刻就能快起来，现在我一看见他磨蹭我就上火。

一些磨蹭的孩子平时不紧不慢，只要家长咆哮起来，他会立刻速度翻倍，为什么？因为孩子通过识别家长情绪来控制时间，约束自己的行为，什么时候家长开始吼叫，标志着时间真的紧张，自律性就不存在了。

父母经常用情绪来控制孩子还会导致另一种糟糕结果，就是孩子不会使用合适的方式和语言对别人表达自己的界限，遇到事情时孩子下意识的第一反应就是发脾气，也会误认为发脾气越凶表达的界限越明确，这将直接造成孩子常用发脾气的暴躁方式表达诉求。

"都是你的错。"

朋友养了一只小猫，特别可爱，夫妻俩跟宝贝似的。一天她上班的时候，丈夫给她打电话说不小心把小猫踩死了，朋友特别特别难过，忍不住愤愤地说，你怎么那么不小心呢？它那么小你就不会看着点吗？……

我们可以想象，丈夫踩死小猫的悲痛应该不比妻子小，还有自己是肇事者的心慌，这时候妻子的埋怨让他更难受。同样，我们的孩子做错了事，他本身也是非常害怕的，如果这件事后果比较严重，我们会愤怒，忍不住把错误都怪到孩子身上，情绪也发泄到孩子身上，这对孩子来说是难以承受的。这时候我们传递给孩子的是，都是因为你，事情才会这么糟糕。

很多情况会给孩子带来这种负罪感。比如，在没有回避孩子的情况下，夫妻因孩子上辅导班的问题吵架，孩子会觉得都是自己的错，如果爸爸妈妈不是为了自己，就不会吵架了。孩子没有分辨能力，这种负罪感对他来说是非常深刻的。有些家长可能更严重，会把自己和伴侣的情绪直接发泄到孩子身上，"你看都是因为你，我才跟你妈妈吵架"，甚至是"都是因为你，我丢了我的工作"，"都是因为你，我才跟你这个讨厌的爹结婚……"他可能一生都将活在负罪感里。

"我是为你好。"

在我看来，"都是你的错"与"我是为你好"功效基本差不多。相信咱们很多人都体验过父母的这种教育，"我当年省吃俭用把你养大""我当年放弃了什么工作升迁、身材、朋友等等，就是为了你"，会不会让你有深深的负罪感或者内疚感呢？如果父母要求我们付出相应的甚至是超出我们能力范围的回报，而我们又无法做到，这时我们的内疚就会在父母的指责和埋怨下消失。为了降低愧疚感，我们会启动心理防御机制（后面章节会有扩展解释），转化为愤怒："谁让你对我那么好？我根本都不想要！你们总是按照你们想的来安排我，如果能收回，你们拿走吧。"当我们的爱带着目的性，那就变成了一场交易，感情就变成了压力。

"你这样对得起我吗？"

还有很多父母喜欢说："你这样对得起我吗？"让孩子产生负罪感。孩子们会把父母的痛苦，看成是自己的责任，把父母的命运背在自己身上，这对孩子来说是一种吞没的状态，如果他无力改变父母或者是自己，就会选择忠于自己的父母，表现为自己不能比父母还快乐，推动自己的人生往糟糕的方向发展。

小杨跟丈夫结婚有了孩子，可没多久就离婚了。小杨的母亲看不起父亲，觉得父亲没本事，父母从一开始争吵到母亲基本上住在姥姥家，再到小杨有孩子后，母亲干脆直接住进小杨家，给小杨带孩子。小杨的印象中，父亲一无是处，这是从母亲对父亲的数落中得出的结论。她只要稍微反抗母亲，母亲就会反复提醒小杨，是母亲对小杨的照顾和帮她做的决定才让她现在有了好的社会基础，如果不是母亲，小杨不会选现在的工作，孩子也不会被照顾得这么好："我都是为了谁？还不是为了你，你还不领情。"看着母亲痛哭的样子，小杨觉得，母亲太不容易了。在小杨家，母亲说一不二，小杨跟丈夫冲突中，母亲开启"战斗模式"，小杨也觉得母亲说的对，丈夫太过分了，逐渐地小杨的丈夫越来越沉默。在一次母女俩集体把丈夫炮轰一顿后，丈夫摔门而出，再也没有回来。

（3）羞耻感

"别给我丢人。"

不但前面提到的肛欲期，容易让孩子形成严重的羞耻感，我们对孩子的打扮、行为的评价也容易让孩子产生羞耻感。

阳阳有点胖，还特爱吃，每次爸爸妈妈带阳阳出去吃饭，看见餐桌上的肉，他就忍不住了，一大桌子菜在转盘上，他会着急地把肉转到自己面前，直接下手抓，父母觉得他很丢人，尽量不带他。阳阳看到爸爸妈妈要出去吃饭，就会吵闹着要去，父母会冷冷地说："带你出去干吗？去丢人吗？"因为叠加的羞耻感，他口欲期问题更严重了。阳阳变得平时沉默，情绪暴躁，更加能吃。

很多爸爸妈妈对女孩子的教育是要保护好自己，但如果我们对此有攻击性偏见，比如：你这什么衣服？这么暴露，真不知羞耻。这样给孩子带来的羞耻感不一定会让孩子学会保护自己，造成的结果更可能是性保守、性冷淡或者性开放。

"让你不听我的，吃亏了吧？"

公园里，一位生气的爸爸提着扭扭车，边走边训孩子："跟你说过了，公园里有很多好玩的，不让你带（扭扭车），不让你带，哭着喊着非要带，带来了又不玩。你就想折腾人是吧？"后面3岁左右的小姑娘低头哭着牵着妈妈的手，妈妈也沉默地走在后面。

走到公园长椅上，爸爸生气地坐下，扭头不看孩子。妈妈开始小声地劝："早跟你说了，爸爸会生气，你这孩子怎么非得这么犟呢。"孩子哭得差不多了，抬起头，茫然地看着四周，眼神没有焦点。

（4）压抑感

　　朋友小朱说起孩子的脾气大，聊着聊着就聊到了他觉得媳妇对孩子很凶。2岁8个月的儿子经常因为跟其他小朋友发生肢体冲突，被他媳妇揪回家，劈头盖脸地训。儿子一旦哭闹喊叫，他媳妇的声音就会更高。小朱只能躲出去："整个楼道都能听见媳妇训孩子的声音，我还没办法管，我要管，媳妇就说我拖后腿，说我一插手，孩子就更不听话了。"

　　我们需要管理和教育好我们的孩子，这是我们的责任和义务。很多家长教育的短期目标往往停留在孩子是否"听话"上。我到社区或者学校讲座，最受欢迎的话题之一就是"如何与孩子沟通"，每次我都会讲："我猜大家想听的内容是，怎样才能让孩子听话。"

　　我们一味地要求孩子听话，沟通很难实现，真正有效的沟通必定是一个双向的过程。如果孩子一直很听话，那将是件很可怕的事情。听话的孩子在青春期容易遇到两种危机，一种是抑郁，一种是叛逆。即使青春期没有遇到危机，那他成年后也无法形成优秀品质。没主见、没担当，胆子小、回避错误、推卸责任、自怨自艾、容易自我施压都可能成为"乖"孩子的特征。养成了听话的习惯，成年后听领导的话其实还好；夹在妈妈和媳妇中间不知道听谁的就麻烦了；对事情没有理性判断，容易被别人欺骗那更可怕。

　　但是对于很多家长来说，日常生活真是糟糕透顶：孩子吃饭把饭菜撒一地，到处乱跑大喊大叫，乱动不该动的东西，一哭哭半天，着急出门他耍小性子，该睡觉不睡觉，这边越忙那边越叫。如果没有帮手就更难了，看着身边玩手机不管孩子的"猪队友"，我们会立马变身"超级战士"，恨不得跟全世界宣战。

　　孩子失控会引发我们的愤怒，这种愤怒可能源自于疲惫和无力。但是我们不能只用训斥来管孩子。如果孩子听到的大部分都是否定、训斥，甚至我们看孩子什么都不顺眼，那我们真的就成了一个严苛的父母。

　　训斥、催促、要求必须分享、想哭要憋回去、"不行！""你还敢不敢了？"这样会泯灭孩子的自我意识或者引发自我意识的反抗。孩子需要成为自己，需要有自己的想法，不断被要求听从父母的指令、满足父母的期待，那么孩子自己就会被严重压抑，从而产生焦虑。

父母对孩子的过度保护同样会令孩子感到窒息和压抑。

有的父母对孩子的关注格外细致，吃的要精致，衣服不能脏，课程要排满，等等。看见孩子趴在地上数蚂蚁，"宝贝，不要趴在地上，地上脏。"孩子在看书，一会儿喂水果，一会儿提醒喝水。父母无时无刻不在关注孩子在干什么，有什么需求。还有的父母对孩子非常紧张，孩子咳嗽两声马上提醒加衣喝水，吃饭比平时少了一点就唠叨或者动手喂。

这些行为都会影响孩子自我的整合，也会影响思维与专注力，他们的思维因总是被频繁打断形成思维中断模式，影响思维的连贯性。

　　妈妈对甫甫喝水特别在意，就算甫甫上了幼儿园也要提醒老师每天一定要让他喝足水，甫甫对这种提醒异常反感，喝水就像上刑一样。如果哪天放学妈妈观察到甫甫的水壶还剩很多水，就会对他很凶并且对老师的脸色也不好，弄得老师也非常紧张。甫甫并不在我指导的幼儿园，我询问了他在幼儿园里的情况。他说，在幼儿园里老师一直让他喝水："甫甫，喝水了。喝一点吧，喝水对身体好，妈妈说了，你要是不喝水，容易拉不出粑粑来，再说，要是妈妈来接你的时候，知道你没喝水，妈妈会生气的。"说到这，小小的孩子浑身是紧绷的。实际上孩子根本放松不下来，家里在妈妈的管控下要喝水，幼儿园里老师们也会因为妈妈的介意而紧张他，这种紧张包裹着孩子，就会产生严重的焦虑情绪。

其实少吃一口饭、少喝一口水真的会对孩子有极其严重的影响吗？并不会，父母和老师更应该做的是通过绘本或视频以及自己良好生活习惯的展示，让孩子了解喝水对于人类身体的好处，用愉悦的感觉去引导孩子养成好习惯，孩子专注于游戏或在室外玩耍时间稍长时，没有喝水是可以理解的，也请家长们放松自己的同时给予孩子自由的空间。

还有一种唠叨的父母也很常见——有一种冷叫妈妈觉得你冷。

"宝贝，穿件衣服吧，外面很冷。"

"不冷，我一点也不冷。"

"穿吧，如果不多穿点万一感冒还得去医院，打针多疼啊，吃药多苦啊，是不是？"

如果孩子不听，此处可能还有 500 字，父母频繁提醒孩子穿衣服的同时，还恐吓孩子，不但孩子有压力，还增加了恐惧的感觉，会退缩和烦躁。

很多多胎家长会有这样的体会，"老大照书养，老二照猪养。"这是我们看待教育的心态不一样了，新手爸妈可能会比较紧张，如果孩子发生了什么让我们担心的事情（生病除外，生病要问医生），我们可以多问一问身边的家长，他们的孩子小时候有没有这样。还可以问一问二胎家长，在放松状态下养育的二胎是不是比老大很多地方发展得要更好一些？

还有父母可能太以孩子为主，尤其是全职妈妈，将自己所有精力都放在孩子身上的同时，孩子也成了我们的作品、业绩，或者说孩子成了我们生活的全部。照顾孩子的忙碌的确会令自己比较充实，不过孩子快乐自己才快乐，没时间也没机会经营自己的生活，把所有的眼光都看向孩子，那么，小事情也就变成了大事情。

这种照顾下的孩子会容易焦虑，因为孩子的自我空间被挤压了，家长们无微不至的照顾让孩子很有压力，甚至很多父母的过度关爱会形成一种难以改变的习惯，延伸到孩子的未来，干涉孩子本应自我选择的婚姻与工作。

还记得我小时候是这样长大的：在冬天，一起玩的小伙伴中很多都挂着大鼻涕，要么哧溜一下吸进去，要么拿自己的袖口豪迈地一抹；跑得摔倒了，碰得青紫甚至流血，只要不严重立刻爬起来仍然愉快地玩耍。在这种环境中，孩子的抗挫折能力、社交能力、处理问题能力都会获得长足发展。可是一个被过度保护的孩子，他的自我会被无限弱化，就像被一圈圈温柔的棉布渐渐缠绕，有一种被密不透风的爱层层包裹住的窒息感。

有严重焦虑情绪的父母容易给孩子这种压抑感，从而产生焦虑，引发行为问题。

（5）孤独感

一个严苛的家长有时也会伴随着冷漠，会阻碍孩子接收父母的关爱。很多长大后误认为父母不爱自己的人，多数是儿童时期父母严厉的指责、冷漠、控制、代替的结果。

过度冷漠的父母管孩子、陪伴孩子的频率极低，亲子关系非常疏离。与父母因为忙碌陪伴孩子时间少，但跟孩子是连接的、温暖的情况不同，冷漠的父母可能平时并不在意孩子做了什么，但孩子犯了错却表现出异常的关注。

二胎中的老大可能经常处于这种环境中，父母会有惯性认知——老大应该懂事了，小的现在更需要照顾，但事实上老大也还是个孩子，弟弟妹妹的到来让自己本来拥有的一切发生了颠覆。在老大看来，父母围着老二团团转，自己是被忽略的，这时候老大的心理变化极大，更需要关注和关爱。但在生活中，只要老大没有捣乱，有些父母会忙得忘记老大，忽略情感连接，而老大一出状况，父母就会把眼光看过来，但这种眼光是含着责备，很少了解前因后果，很少关注孩子在想什么，遇事直接管教，甚至吼孩子。

在一次线上讲座中，我讲到我的两个孩子对我的触动。

我的两个孩子只差两岁两个月，老大4岁多，发生了这样一件"小事儿"。

一次外出，我像往常一样，心情平静，带着孩子们上车。两个孩子是坐后排的，我打开后排的车门，对她们说："上车。"我站在那里，看着老大手脚并用地爬上车，接下来我把跟在后面的老二抱起来，轻轻地放在后排座上，关上门去了驾驶座。正在我系安全带的时候，听到老大从后排悠悠地说了一句："妈妈，我想要以前的那个妈妈。"

那一刻，像500米外的一根标枪扎进我的心里。我一下子意识到，我培养老大独立性，常常会忽略她的年龄也不过才4岁多，在老大做很多事儿的时候，我会站在旁边，看着她自己解决问题。我仔细地想了想，我抱着老二上车一定是温柔带笑的，而老大上车，我却是面无表情地旁观。在老大眼里，我一定是冷漠而疏离的。

因为是直播，公屏上立刻有家长回应："对，就是经常面无表情。"这次的直播是关于二胎的话题，正好讨论到为什么有的家庭老大会对弟弟妹妹发脾气，为什么不让着弟弟妹妹，甚至部分孩子对弟弟妹妹有严重的攻击行为。

因为缺少温暖的感觉，不安、愤怒、委屈会充斥孩子的内心。被忽略的孩子有时会用捣乱行为来吸引他人的注意，比如越让他安静，他越大喊大叫，这是孩子与他人情感连接需求的强烈表达，只是他使用了错误的方式。孩子采用错误的方式寻求连接，是因为如果再乖巧再懂事也不能够引起家长的赞扬和关注，他会获得一个经验，不捣乱是不能引起关注的，爸爸妈妈永远不会把目光转向自己。孩子把自己放在一个非常危险的境地，哪怕明知道这样是错的，会被训斥，也要努力维持与家庭的连接、与父母的连接，他们潜意识里认为即使父母训自己、打自己、骂自己，也要比不管自己好得多。

一次，在幼儿园院子里跟家长聊天，奈奈骑着扭扭车，故意地撞到我腿上，他看着我，挑衅又有点赌气。我遇到过很多这样的情况，知道这是孩子特别想让我关注他，于是我蹲下来："奈奈，我看见你啦。"

他做了一个鬼脸，去玩了。过了一会儿，他拿着他的玩具恐龙过来，想要用恐龙打我。我接住恐龙："你想跟我一起玩是吗？"

旁边老师走过来："奈奈，我陪陪你吧。"然后奈奈用手打了老师好几下。

老师抱住他："你有点无聊是吗？我陪你一会儿吧。"

奈奈这才开口说话："我想让你陪着我，让你陪我100个小时。"然后他紧紧地抱住老师，坐在老师腿上，像小宝宝那样撒娇。

我第一次见到奈奈的时候，他已经5岁半了，是转园生。他总是破坏规则，还会推搡小朋友；面对跟他讲规则的老师，他会故意反着来；对他表现出善意的成人，他又具有很多攻击性的行为，比如冲撞、拍打，像一个小兽，张牙舞爪到处攻击。经过老师一个多月的陪伴，他终于开始柔软下来，当然，这种柔软在其他人眼里可能还是很奇怪，一会攻击一会脆弱。

孩子是不成熟的，曾经受伤的经历使他并不知道该如何表达，内心又极度渴望温暖，总是做出令人不舒服的举动。改变这样的外在行为，必须是让孩子一遍一遍地确定，他是被爱的，一遍一遍地愿意说出，他想跟我们一起玩，长时间里，感受爱，学会正常地表达。

奈奈是幸运的，遇到了特别理解他并知道如何跟他相处的老师，家长也及时明白了，孩子只是用不成熟的态度来对待他人，他需要爱与连接。

不只是儿童，很多成人也会有类似的举动，明明想要对方的关心，却不停地指责、攻击，"你再不回家就永远也别回来了。"这其实是延续了我们的童年：当我们曾经被忽视、被指责，童年的感觉涌入我们的身体，指挥我们用"作"的方式面对问题，面对关系。如同小时候的我们期待的那样，如果我这样你还一如既往地爱我，那么我会确定——"你是爱我的"，我们会获得"我是被爱的"情感体验。只是，成年人的期待更容易落空，因为大家会觉得，都是成年人了，你不应该那么幼稚。伴侣之间，常常在一次次的"作"中，消磨了彼此之间的感情。

有时被忽略的孩子也会让自己被迫接受这种冷漠，安安静静地做一个旁观者，认为自己无法融入集体，有强烈的孤独感。还有的时候，孩子变成一个无边界的讨好者，为了不失去关系，可以任意地伤害自己。

娜娜跟妈妈哭诉，她喜欢的小彩绳全部送给同学了，她很难过。妈妈奇怪地问："为什么你要都给别人呢？"娜娜说："我担心她们不跟我玩。"

4. 家庭关系不和

（1）夫妻关系冲突

有了孩子，生活琐事突然增多，家庭关系中的各种矛盾也容易显现出来，比如夫妻矛盾、多胎矛盾、隔代教育矛盾，隔代教育矛盾最终指向的也是夫妻关系。

父母关系不和时，孩子的内在焦虑是非常严重的，甚至会把撮合父母的任务背负在自己身上，也有些孩子表面看起来亲密的与妈妈在一起，偏向妈妈攻击爸爸，因为孩子与母亲早期是共生的关系，但实际他对于与父亲的连接也有特别强烈的需求，孩子看见父母吵架，会产生家庭破碎的感觉，这种感觉令他极度不安。

每一个孩子都希望父母是恩爱的，一个安定的家庭会让孩子感觉安全、舒服，能更好地发展自己。孩子需要对母亲和父亲两方都认同，才能完成良好的二元、三元关系的分化，否则分化就会出现困难。

　　小秦的童年是在父母吵架中度过的，每次父母吵架，她感觉像天要塌下来一样，她经常躲在被子里哭，因为担心爸爸妈妈，上课总容易走神儿、注意力不集中。虽然后来也凭着自己的努力过上了很不错的生活，但在她的婚姻中，强迫性地重复了一部分父母关系的影子，她与丈夫不停地处在控制与被压制的权力交替中，遇到家庭矛盾时会脾气失控。

孩子在成年后会强迫性重复自己童年的创伤体验，人需要修复自己，要不断地回到那个需要修复的点上重新经历那种过程、那种情感，如果结果有所改变，人就会成长，这种重复虽然令人痛苦，但也是我们成长的契机。

一些孩子因为担心父母的关系故意装病、受伤，让自己变得糟糕，认为这样可以吸引父母将注意力放到自己身上，在这一刻父母都来关心自己，看起来一致了、和好了，很明显这种做法产生的效果只能是暂时的。

　　美美上初二，住校，每三周回家一次，在一次返校时跟父母说不想上学了，被父母老师好一顿劝说，终于返校，但第二天就在学校喝了一瓶碘伏。老师很担心就让家长把美美接回家，美美到家以后很正常，父母都觉得没有任何问题，这样过了三天美美又被送到学校。美美非常抗拒，是被几个同学拉进教室的。当天，美美回到宿舍就喝了84消毒液。美美妈妈哭着打电话给我，她不知道发生了什么，孩子为什么会这样。

美美第一次不想返校时，美美的父母发生了很严重的争执，打算离婚，但因为美美在家，父母装作没事的样子，但紧张的氛围让美美很不安，她很明显感到父母出了大问题，但又不清楚事情的原委，也不敢问，觉得自己没有能力解决，于是用这种伤害自己的方式强行让父母在一起。

（2）理念不同的父母

"爸爸（妈妈）管孩子特别粗暴或者特别纵容，妈妈（爸爸）不得已必须多上心"——家庭共育的平衡。在孩子教育的问题上，多数母亲更积极，更关注细节，主动学习更多的教育方法，就会产生跟父亲不同的教育理解，很多妈妈希望我教育一下她们的"猪队友"。

> 一位妈妈倾诉："有次孩子没考好很难过，我觉得孩子需要安慰，这时候爸爸却说：'平时不用心，就想拿到好成绩？你自己考成这样，还好意思哭？'我真想上去掐死他！都是他平时总是打击孩子，孩子都没自信了！"

家庭中也有能量守恒定律：

爸爸严厉，妈妈柔软；爸爸柔软，妈妈严厉。

爸爸妈妈都纵容，孩子嚣张跋扈；爸爸妈妈都严厉，孩子自卑敏感。

> 小尤在孩子四岁时曾因为丈夫的教育方法很愤慨：
>
> 小尤报名了一个农家乐的团，准备周末带孩子体验一下。出发前突然接到单位通知要开会，只能临时让爸爸带孩子去。开会回来的路上，她接到团长电话，"孩子跟爸爸闹别扭……他俩在车上不下车，没参加活动，等我们活动结束，他们跟车回来了，跟您说一下。"她心里腾地一下冒了火，一路上给自己做心理建设，回家别发火别发火。
>
> 回到家，丈夫在沙发上看电视，孩子跑过来很委屈地说："妈妈，爸爸不让我看电视。"（这里大家可以思考一下，孩子为什么不提农家乐的事儿呢？）
>
> 本来小尤就压着火，一下子被点燃了，对着孩子爸爸："你说你这么

大一个人了，凭啥你能看电视，不让孩子看？"

丈夫坐在沙发上，两个胳膊交叉在胸前，听到这话嗷地一嗓子，"我看电视怎么了？我是他爸！"

小尤怒："有你这么当爸的吗？"哐的一声，丈夫把椅子扔到电视上，电视被砸坏，孩子吓哭了。当晚小尤带着孩子离开了家。

小尤边开车带着孩子在外面转悠，边想后面怎么办，她跟孩子商量："今晚咱去姥姥家睡吧？"

"不，我不要去姥姥家，我想回去看看爸爸还生气吗？"

我们带着思考来看这个过程。

1. 孩子为什么不提农家乐的事儿？
2. 妈妈的火气来自哪里？
3. 爸爸为什么会有这么激烈的反应？

我想大家都有自己的答案。这个案例中的每个人可能都有愧疚的部分：

孩子觉得因为自己农家乐没玩成，爸爸要气多久？妈妈会不会失望？
丈夫也觉得很失败，怎么就弄成这样了呢？
小尤会觉得没有陪孩子，好好的一个周末成了这样。

也有委屈的部分：

孩子觉得我也想玩，可是我想妈妈。
丈夫觉得我也陪孩子了啊，孩子不配合关我什么事儿？
小尤觉得我工作了一天很累。

还有愤怒的部分：

> 孩子觉得妈妈为什么没时间陪我？爸爸凶什么凶？
> 丈夫觉得小尤把孩子养得太娇惯，男孩子这样养就废了。
> 小尤觉得丈夫太幼稚，脾气不好。

很多时候，我们有情绪却又不会表达，我们会抓别人的小辫子来攻击，这样我们就可以回避自己身上的问题了，孩子如此，丈夫如此，小尤也是如此。

丈夫对小尤的教育方式不认同，对过分宠溺孩子很有意见，想通过自己严厉的方式中和，帮助孩子形成规则和基本的人生观世界观；小尤对丈夫的教育方式也不认同，觉得孩子小的时候需要给他建立安全感，建立同理心，建立温和处理问题的良好方式，夫妻双方的教育观念出现冲突。

父母本来就是两个不同的人，去掉不认同的部分，我们会发现，他们其实可以成为很好的同盟。妈妈可以给孩子更多温柔体贴、情感连接、生活细节的照顾，为孩子展示感性美；爸爸可以给孩子勇气、界限、幽默、目标等力量感。按理说这是一种非常完美的互补，但问题往往出现在一方总是认为另一方做得不对，希望对方按照自己的教育方式来。

互补的教育对孩子来说是非常好的，可以为孩子展示更多的可能性、更多的角度，孩子在爷爷奶奶面前可能展现的是顽皮、淘气的一面，而在父母面前可能就会顺从一些，这时孩子用自己的智慧，根据环境调整行为，有时察言观色和"看人下菜碟"也是一种能力。

孩子的反应也提醒我们，即使爸爸发了这么大的脾气，他仍然关心自己的爸爸。只要父母都爱自己，而且父母的关系很好，即使爸爸稍严格些也不会伤害孩子，反而会起到建设作用。但是如果父母关系不好，爸爸教育孩子的时候，妈妈越护着，爸爸就会脾气越大、声调越高、情绪越失控，里面包含很多对妈妈的指责和排斥，反之妈妈也是如此。孩子呢，要么选择被迫站队，赞同爸爸或者妈妈，失去吸收另一方教育营养的机会；要么做和事佬，失去发展自己的机会，这很容易让孩子分裂，产生焦虑。

　　以上四种压力源如果不处理，孩子的外显行为问题很难得到改善。随着孩子的长大，有的外显问题可能会消失，但是它要么转移要么隐藏，心理问题的隐患是不会消失的。

关系的分化

1. 多元关系

夫妻双方教育理念不一致并不是有害的，关系不好才是。夫妻双方的不同，有利于孩子在二元、三元关系分化过程中有更多的体验，二元关系、三元关系是什么？

一元关系：是指一个人只看到自己的意志，只感受到自己的感受，他希望别人都来配合他的意志，关系中，只能是他说了算。

二元关系：一个人意识到另一个人是和自己一样的独立存在，有自己的感受和意志，他能共情对方的感受，也能尊重对方的意志。

三元关系：是指一个人能意识到关系的复杂之处，在复杂的关系中，他能同时看到"我""你"和"他"三个人的感受和意志，并尊重这个复杂的三元关系中的竞争与合作。

一元关系

一元关系阶段：共生、剥削。一般产生于孩子0~6个月时期，这个阶段婴儿处于共生期，觉得自己和妈妈在身体上和心理上都是一体的，也认为世界是一体的，没有你我之分，我可以肆意使用。习惯被剥削也是一元关系，是把自己放在母亲角色的"圣母情节"。

二元关系

二元阶段阶段：控制、彼此忠诚。时间段为 6~36 个月，从 5~6 月开始孩子陷入矛盾，他一方面觉得妈妈和自己是一体的，同时又发现，越来越多的事实显示他和妈妈是两个人，意味着孩子和妈妈分离的开始，一方面是身体的分离，一方面是心理上的分离。孩子会说话后，孩子会特别急于表达"不"，这是孩子在划清界限，以捍卫自己的独立性。到孩子差不多 3 岁，是心理独立的里程碑，会把妈妈内化在心中，心中住着爱的人，形成自己个性，这些都具备后，孩子形成了基本力量。

三元关系

三元关系阶段：竞争、合作。3~6 岁，孩子充分意识到，除了"我"、"你（妈妈）"，还有"他（爸爸）"的存在，也就是孩子觉得这个家庭有三个中心，孩子会充分意识到关系的复杂性以及他内在心灵的复杂性。三元关系，是一切复杂关系的源头。

美国心理学家詹姆斯将自我分为"主体自我"和"客体自我"。客体自我由三个要素构成：物质自我（或者称为身体自我、生理自我）、社会自我和心理自我，这三个要素都包含了自我评价、自我体验以及自我追求等侧面。他认为，三种客体自我都接受主体自我的认识和评价，对自己形成满意或不满意的判断，并由此产生积极或消极的自我体验，进而形成自我追求，即主体自我要求客体自我努力保持自己的优势，以受到社会与他人的尊重和赞赏。

主体自我是人类认识自我的过程和对自己行为的调节机制。客体自我是主体作为客观存在的个体所认识到的自我，是个体在与环境、他人之间的作用中产生的，是主体通过客观反映和评价而认识的自我。

婴儿在 8 个月以前属于无我阶段，他们在 5~8 个月月龄期会对镜子感兴趣，但并不能很好地将镜子里的自己理解为"自己"，此时孩子是没有"我"这个概念的，前面说的自恋就是一元关系时期。

9~12 个月的婴儿显示出主体自我的认知，比如此时婴儿会对着镜子做些感兴趣的动作，能够将自己和镜子里的人相匹配，说明孩子认识到了镜子里那个人就是"我"，自己是活动的主体。

1 岁 3 个月左右，孩子的主体自我继续发展，能够分清自己的行为与他人行为的不同。

2 岁前后，自我意识开始萌芽，孩子与母亲的混沌关系开始变化，虽然还不能清楚地意识到改变的发生，但可以分辨出自己之外的东西，比如看见镜子里自己头发上带了个发卡，它在我头上，但它不是我的一部分，是在我之外，这就是客体自我的形成，孩子对自己和世界是分离的有了初步的认识。这时孩子会陷入矛盾，一方面他觉得妈妈和自己是一体的，但又发现，越来越多的事实显示他和妈妈是两个人，意味着孩子和妈妈心理上的分离开始了。

孩子在 1 岁半时喜欢说"不、不、不"，这是孩子在划清界限，表示自己的独立。2 岁的孩子能够意识到自己的特征，能从照片录像中认出自己，这时候孩子已经具有明确的"客体我"的自我认知。再后来，我们观察到孩子的语言从"宝宝的椅子""妈妈的椅子""爸爸的椅子"转变成了"我的椅子""你的椅子""他的椅子"，这个现象说明个体自我的分化成功，即孩子把自己与世界分开，也可以认为是孩子把自己与母亲分开。孩子差不多到 3 岁，会形成自己的个性。

从一元关系到二元关系首先完成的是心理上与妈妈的分化，它一定要建立在良好的母婴、依恋关系的基础上才能让孩子更有安全感和力量感。对婴儿来说，妈妈代表着整个内部世界，在分化的过程中，一个好的或者坏的"妈妈"住到婴儿的心里，他借此判定形成的主体自我是好的还是坏的。当分化完成，妈妈来到外部世界，他跟妈妈分开，以形成的"主体我"跟世界互动。不管是成人还是儿童，在被分化好的二元关系里，我们意识到他人和自己是一样独立的存在，有自己的感受和意志，能共情对方的感受，也能尊重对方的意志。

如果二元关系没被分化好，孩子会退回到与母亲的共生里，无法真正成熟。比如很多母亲与孩子过度亲密，常年跟孩子一起睡，丈夫被排斥在外，这时候，孩子与母亲形成了过度融合的关系，甚至有的孩子在这段关系中是被吞噬的。婆媳关系很糟糕，表面上看是丈夫做不好调解工作，核心是丈夫与婆婆过度融合，或者跟妻子不够亲密；有些妻子对娘家毫无底线的帮助，也是过度融合。

如果说妈妈代表着孩子的内部世界，爸爸就是整个外部世界。3~6 岁的三元关系阶段，是一切复杂关系的源头。跟妈妈关系好的孩子，容易在双人关系中保持舒服的亲密感，跟爸爸关系好的孩子，更有勇气和开拓精神，与家庭关系以外的关系交往有更强的亲和性。被分化好的三元关系中，人能意识到关系的复杂之处，在复杂的关系中，他能同时看到我、你和他三个人的感受和意志，做好准备以应对接下来世界关系的复杂性，学会竞争与合作。

2. 恋父 / 恋母期

"爸爸 / 妈妈，我要跟你结婚。"

三元关系的分化，孩子要完成对性别的区分和认识。孩子与妈妈分开后就发现了爸爸，开始进入恋父 / 恋母时期，是孩子性别认同最重要的时期。

正常情况下，女孩会对爸爸有一种类似恋爱的情感产生，如果父母夫妻关系没问题，孩子会在这个阶段与爸爸有着格外亲密的关系，而且并不会排斥与爸爸亲密的妈妈，有时甚至令妈妈"嫉妒"（比如我）。此时孩子基于认同了妈妈的女性身份，将自己同样作为一个女性对男性进行连接和认同，这个过程中与爸爸的亲密关系也会令孩子有一种完整感，这也是孩子未来恋爱的基础。

男孩会对妈妈产生"男 – 女"的亲密，与爸爸"敌对"，这种敌对也是男性特质的一部分，含有保护地盘和掠夺的属性，如果爸爸妈妈是亲密的，他可以更好地完成与妈妈的分离，且并不受挫，眼光转向外部。

孩子就这样既认识了男性、女性，又认识了基本家庭单位中爸爸的角色、妈妈的角色，完成了基本的家庭框架搭建，然后孩子顺利进入社交敏感期，开始与其他小朋友社会交往，发展多元关系。

恋父 / 恋母期

弗洛伊德将性心理发展分为五个时期，第三个时期——性器期（3~6 岁），也称为俄狄浦斯或恋父 / 恋母期。

在这个时期，幼儿并不懂性是什么，但是他们有了性意识。在这种驱动下，他们开始寻找身边的异性目标。家长既强大完美，又经常在一起，还喜欢自己，所以异性家长自然成为了幼儿最好的目标，恋父/恋母期就这样开始了。于是幼儿将异性家长视为"自己的"，同时男孩把父亲看成敌人，并想取代父亲在父母关系中的地位，女孩也以为母亲干扰了父女之间的感情，侵占了她应占的地位。

在"占有"异性家长的过程中，幼儿发现，在妈妈/爸爸的身边，总是有一个比自己强大的多的同性（爸爸/妈妈），自己的"竞争力"明显不足。在经过多次尝试后，幼儿最终放弃了与那个强大的同性竞争。可是，他们无法排解自己被抛弃的恐惧，所以，他们选择了替代性方案：模仿自己的同性家长，以期待用这种方式讨好自己的异性家长。

律律是一名初中女生。因为一件小事与爸爸发生了非常激烈的争吵，爸爸前所未有地生气，冲进她房间把墙上的偶像海报全部撕坏并丢进了垃圾桶，从此两人就变成了"陌路"的"仇人"。吃饭时间如果爸爸先坐下，律律就跑回房间等爸爸吃完后才出来吃；如果律律在客厅看电视，爸爸也不来客厅；如果在不经意之中相互遇到了，两人也保持尽量远的距离……总之彼此关系冷到冰点。

妈妈说，其实引起争吵的事情很小，父女的关系怎么会转变得如此快速和恶劣？

我们排除了父亲脾气暴躁的原因，他平时很温和，只是这次情绪太激动了才做出了这样的行为；也排除了母女关系的问题，律律跟妈妈感情很好；也排除了父母关系不和的原因。

通过跟律律妈妈的交谈，了解到这位父亲平时在家里整天乐呵呵的，的确脾气很好，但是什么事都不管是甩手掌柜，妈妈对此也完全没有意见。无论大事小事都是妈妈在负责，包括交水电费、东西坏了的维修、买房买车还贷款、财政大权，虽然爸爸妈妈没有表现出争执，但女孩通过观察父亲进行对男性角色的认识方面产生了严重问题。

孩子在青春期虽然不一定会谈恋爱，但或多或少会对某个异性产生萌动的情感，当我问律律有没有喜欢哪个男孩时，她表示谁也不喜欢，追问为什么不喜欢，律律答"喜欢他们干什么？一个个长得跟豆芽菜似的，什么用都没有！"

看到这样的回答，我们想到了什么？"长得和豆芽菜似的，什么用都没有"就像在描述她眼中的男性形象。律律心中的男性形象塑造是变形的，在青春期时对自己未完成的情结进行代偿，潜意识里想要激起父亲的男性特质（愤怒），重新与爸爸（代表的男性）建立关系，形成男性认知。像前面说的那样，有时候孩子对家长的挑衅和攻击行为是在寻求心理连接，不要被孩子表面的异常行为蒙蔽，我们需要了解孩子背后的需求。

异性关系

朋友的孩子考上大学，升学宴上朋友谆谆教诲女儿，"先学习，大三以后再谈恋爱。"我提醒："大三才允许开始，万一大三没找到合适的，大四忙于找工作，就会错过 18~22 岁这个恋爱关键期。如果你家孩子将来'恋爱困难'，就很麻烦了。"

孩子与异性的情感发展一共分为 4 个阶段：第一阶段是 3 岁的恋父 / 恋母时期，孩子需要跟异性家长有深度的连接和对同性家长的认同；第二阶段是 6 岁左右的婚姻敏感期，这时孩子会有想与另一位异性的小朋友结婚的想法；第三个阶段是青春期，这时孩子需要对某个异性朋友有一些萌动的情感；第四个阶段是成年 18~22 岁，他有了爱和亲密的需求，这时请父母允许孩子大方地去谈一场属于自己的甜蜜恋爱。

在孩子恋父 / 恋母时期，家长亲密的夫妻关系会对孩子将来的异性情感发展打下良好的基础。很多家长觉得都是老夫老妻了，在孩子面前回避，甚至两人空间也会对拉手、拥抱、亲吻的行为感到羞涩或者没必要，这些行为其实是情感表达形式，要让孩子看到亲密本来的样子。

在这段时间里，女孩会与爸爸有天然的连接，而男孩会对爸爸有天然的排斥。

在一些夫妻关系紧张的家庭，一方在孩子面前有意无意地抱怨另一方，把孩子当做自己的同盟，让孩子被迫站队，孩子为了维持跟妈妈的连接，要么跟妈妈一起排斥爸爸，要么替妈妈讨好爸爸，过度察言观色。

如果这时候孩子进入了恋父／恋母时期，多数孩子因为跟母亲更亲密，很容易站在妈妈的角度排斥爸爸。对于女孩来说，不仅对自己作为女性这个角色产生悲哀感，还会对男性有失望感。而男孩子对父亲的敌意升级，以保护妈妈为己任，越位成为家庭中"丈夫（母亲的伴侣）"的角色，无意识吸引妈妈把对"异性"的关注放到自己身上，在以后的发展中，跟妈妈界限不清，停留在二元关系甚至退回到一元关系，很难发展出跟其他人清晰的界限，也很难完成健康的男性认同，"妈宝男""暴力者"都是由此而来。

一次亲子活动中，所有的家庭席地而坐，一个男宝宝坐在妈妈怀里，刚好需要纸巾给孩子擦嘴，爸爸越过妈妈伸手拿放在妈妈另一侧的包，看起来像是半搂着妈妈。儿子突然皱着眉头推了爸爸一下，"不要爸爸，不要爸爸，妈妈是我的。"

爸爸觉得有点尴尬，妈妈却很开心地笑了："嗯嗯，不要爸爸。"转过头来还对爸爸开玩笑："你看，儿子都不要你。"

这时候儿子着急中加了点得意，开始不停地推爸爸："不要不要，不要爸爸。"妈妈笑嘻嘻地看看，爸爸觉得孩子这样吵闹也不太好，就离妈妈远了点。

男孩可能会有与爸爸争夺妈妈的表现，因为爸爸对男孩来说既是保护者又是竞争者，男孩以爸爸为榜样，同时又有挑战、超越爸爸的想法。"要妈妈，不要爸爸"是家庭中很常见的场景，妈妈会觉得这很有意思，妈妈的"鼓励"会让孩子觉得自己的行为是对的。作为家长，虽然并不用特别强调"你不可以推爸爸""我是你爸爸，你干吗呢"，但是要知道做好三元关系的建设，需要妈妈对孩子不训斥，对爸爸仍然亲密，为社交做准备。

人所有的关系都起源于家庭，如果一个人与母亲的依恋关系好，那么对世界就更加倾向信任和亲和；如果一个人的父母关系亲密且和自己之间的三元关系很好，那么他以后也会更开放、更会处理和协调复杂的人际关系。

婚姻敏感期

6 岁左右孩子有一段独特的经历，想跟喜欢的小伙伴结婚。在孩子的世界里，他或她认为婚姻关系长久而稳定，想要跟喜欢的异性小伙伴一直待在一起，当然要结婚。这是一种非常纯洁的情感，只有性别意识层面的异性连接却没有性冲动，孩子会出现跟成人一样的情感行为。

桂桂是一个很阳光帅气的 6 岁小男孩，在幼儿园里非常受大家喜欢，琳琳也喜欢桂桂，跟大家宣布，桂桂是她"老公"。琳琳喜欢追着桂桂跑，但桂桂却感觉琳琳"可有可无"。有一天，幼儿园的院子里放着欢快的音乐，一个 5 岁的小姑娘随着音乐翩翩起舞，桂桂眼前一亮，跑到这个小女生身边，跟着她的节奏陪她跳舞，眼睛一直没有离开这个小女生，小女生没有感觉，但是桂桂好像"恋爱"了。

琳琳看到这个场景，非常难过，她跑过去拉了拉桂桂的衣角，桂桂追随着那个小女生跳着舞没有看她，琳琳很伤心，走到旁边小声地哭泣。这时，琳琳的"闺蜜"走到她身边，小声安慰她。

我不止一次地观察到孩子在婚姻敏感期中类似成人的情感表现，这些情感练习，开启他对情感的认识和体验，成年后能更成熟地处理好两性关系。

这时候，成人千万不要污化孩子的情感，就像在肛欲期成人不要让孩子对排泄行为产生着耻感一样，婚姻敏感期里一样不能对孩子的情感指责、笑话和侮辱，类似的语言"哎哟，小小年纪还会谈恋爱呀！""你懂什么呀？"是会让孩子产生着耻感的。

父母可以正式、正常地与孩子讨论，同性别的家长参与就更好了，比如"你喜欢××吗？你喜欢他什么呢""你希望和他在一起做什么呢？"……

有位爸爸找到我，问了一个很"有趣"的问题，他6岁的儿子想要跟喜欢的女生亲吻，这位爸爸问："我该怎么回答呢？"

"孩子进入婚姻敏感期了，我们要慎重对待，可以这样跟孩子讲，你们身体还没有完全长大，菌落没有发展好，对着嘴亲的话可能会影响你们的健康，如果想亲亲的话，可以亲亲额头，但是要经过对方的同意哦，还需要经过她和她爸爸妈妈的同意，当然也需要经过我的同意。"

"如果你儿子真的去问她爸爸妈妈，最好提前跟对方家长沟通一下，让他们正式地不带敌意地拒绝你的儿子，会给你的儿子建立很好的边界。"

这也是孩子最早的对婚姻态度的体验，很多人莫名其妙地恐婚，可能就会有婚姻敏感期被打击的原因。有些适龄男女找不到对象，不会谈恋爱，可能是他看到是父母关系的紧张；在性别认同关键期缺乏与异性父母的连接；在18—22岁谈恋爱被阻止，以后可能在恋爱婚姻、亲密关系方面出现低能的表现。

不但孩子有敏感期，成人也是有的，三十而立，30岁左右是成家立业的敏感期，我们特别想拥有一份自己的事业；四十不惑，40岁时人们会深刻地思考自己的人生。

敏感期

敏感期一词是荷兰生物学家德·弗里在研究动物成长时首先使用的名称。后来，蒙台梭利在长期与儿童的相处中，发现儿童的成长也会产生同样现象，并将它运用在幼儿教育上，对提升幼儿的智力有极卓越的贡献。

自然有赋予正在发育成长的生命以特有的力量。蒙台梭利指出助长幼儿发展的主要动力有二：一是敏感力，一是吸收性心智。其中的敏感力是指一个"人"或其他有知觉的生物个体，在生命的发展过程中，会对外在环境的某些刺激，产生特别敏锐的感受力，以致影响其心智的运作或生理的反应，而出现特殊的好恶或感受，这种力量的强弱，我们称之为"敏感力"。

当敏感力产生时，孩子的内心会有一股无法遏止的动力，驱使孩子对他所感兴趣的特定事物，产生尝试或学习的狂热，直到满足内在需求或敏感力减弱，这股动力才会消失。蒙台梭利称这段时期为"敏感期"，有一些教育家则称为学习的关键期或教育的关键期。

错误的提醒

压力超过孩子能承受的上限，会让孩子产生外显的行为问题或内在的心理问题，如果孩子真的有异常表现，父母除了检查消除压力源，也需要正确的引导方式。

孩子常见的吃手和尿裤子问题，是当孩子焦虑的时候，因口欲期固结、肛欲期固结，儿童退回到固结位置，寻找安全感的补偿和缓解，在矫正中特别需要注意，家长不要提醒孩子。

小区门口，一位爸爸带着孩子从外面走进来，爸爸推着小区门，让孩子进，结果一低头看到孩子把手放在嘴里，门都顾不上推着了，一把拿住孩子的手，啪啪地打了几下，训斥道"让你吃！让你吃！和你说多少次了不许吃手！"

如果孩子吃手，我们会发现这种方法不但没有任何作用，反而会加剧孩子的异常行为，这种频繁的提醒为孩子创造了一种新的压力源，家长皱起的眉头，比平时尖锐高亢的声音，对孩子焦虑的否定，使孩子又感受到新的压力。同时，就像我们失眠的时候，越想睡越睡不着，提醒使孩子关注的焦点集中在他现在想做的事情上，起到完全相反的作用，是一种负向引导。

请大家跟我一起做个简单的小实验：请大家不要想一个盒子，不要想一个方方的盒子，不要想一个方方的金色的盒子。

现在你的脑海里在想什么？是不是一个盒子？正方体，金色的。人们在接收到语言信息后，大脑会采用画面或文字的形式收集信息。对孩子来说，语言中的明确信号在脑海里形成画面，越是被反复地提醒，画面的形象就越深刻。所以频繁提醒孩子不要吃手、不要总是挤眼睛、不要再尿裤子，反而会强化孩子的负面行为。

读这本书的时候，其中的描述唤醒了我们日常生活中某个场景，这时我们信息录入的方式是画面记忆，其他的可能是文字记忆，也可能两种方式在共同起作用，很显然，跟大家生活经历有关的，有画面感的记忆会更加深刻。6 岁前的孩子几乎没有文字记忆，他的思维逻辑也还没有发展好，大脑中形成的画面对他们的行为更有指导性。不但孩子如此，生活中我们也常见到被负向引导的情况。

我们小区地下停车场电梯间门口有一个角落，偶尔会被某些人乱扔一些车上整理下来的垃圾，比如一点纸巾、几个饮料瓶、几个塑料袋。物业不堪其扰，就在这个角落一米多高的墙上贴了一个牌子："此处禁止倒垃圾！"

结果呢？没贴牌子之前，只是偶尔有一点，贴了之后，成包的垃圾开始出现，后来越堆越多，有人甚至会从家里坐电梯到地下停车场，顺手把生活垃圾放在这里。"此处禁止倒垃圾"的警告牌在人们脑中形成了图片印象，"哦，原来有人在这里倒垃圾"，出于方便的原因和"反正大家都放"的想法，就把垃圾堆放在这里。

父母除了寻找、解决压力源，不进行负向提醒，简单的转移注意力也没什么用，最好的做法是"无视"异常行为，心里默念看不见、看不见。

我的父母经常吵架，对童年的我来说是有很大压力的。但那个时候我很自由，可以随心所欲地去山上、小河边跑一跑、玩一玩，身边也有许多小伙伴，这些压力在玩耍和独处中消化掉了大部分，当然现在的社会环境不允许孩子像我们当初那样安全自在地玩耍，亲子互动类游戏就很重要了。儿童天生喜欢游戏，游戏是最好的解决此类问题的方法，是孩子缓解压力最重要的途径，互动类的游戏还会大大增加亲子之间的情感连接。

对于吃手的孩子，我还建议家长放宽对零食的限制。因为零食可以让孩子获得安全感（满足口欲），零食被过度限制的孩子容易感到紧张，越禁止越想要，当他看到别的孩子吃零食时，会有疑问，为什么自己就不可以？进而产生责怪父母或者"我不配"的想法。对孩子放松零食限制我们会遇到一些麻烦，在后面章节里面会详细跟大家聊一聊关于零食的话题。

吃手是相对较轻的异常行为，尿裤子、抚摸生殖器较重，抽动则更严重一些。仅粗暴的制止行为，可能会使孩子焦虑表现转移。我曾经就接触过本来吃手的孩子，被家长打骂的不敢吃手，发展成抽动。还有一些行为随着年龄的增长消失，比如尿裤子到 8 岁才消失，但是焦虑的源头没有解决，会在其他方面显现，比如社交退缩、神经性紧张或抗挫力不足，等等。

即使我们帮助孩子解决了焦虑，孩子的异常行为可能也要经过三个月左右消失，如果孩子年龄比较大了，时间可能会更长，这就需要耐心的等待。

依恋物

一些孩子在焦虑情绪下，还会出现一种特别的现象——依恋某个物品，这种物品通常被称为"依恋物"，它可能是孩子喜欢的一张小毛毯、一个小玩具、一个奶嘴等，我见过的最"奇特"的依恋物是一个电水壶。

这些依恋物一般在孩子成长过程中具有特殊意义，所以他们会抱着、摸着、舔着，甚至咬着它们，为自己带来安全感。它们对于孩子来说非常重要，家长千万不要粗暴地将它强制拿开、丢弃或清洗，有时仅仅是依恋物变了味道，对孩子们都是一种严重的打击。

如果父母认为依恋物影响了孩子的正常生活，应该解决孩子缺乏安全感的问题，当孩子不能把依恋投注到人身上，他们就会投注到物品上，当孩子能够把依恋重新投注到父母身上，才可能真正意义上放弃依恋物。

也有孩子的依恋物不是某种物品，而是妈妈的耳垂、头发、脚，等等。

　　我家大女儿 2 岁的时候，有段时间必须抓着我的头发才能睡着，当时我正怀着老二，跟孩子分床了一小段时间。孩子能够接受分床，但是当看到孩子蜷缩在自己的小床上，没办法抓着妈妈头发只能抓着自己头发睡，我心都碎了。又想到大女儿这么焦虑，老二出生后，她看到弟弟妹妹和妈妈在一张床上该有多难过，焦虑的情绪肯定会更严重。于是我又邀请她回到了我们的床上，也同意她抓着我的头发睡。平时我也会很注意陪她玩耍的质量，老二出生后也特别关注她的需求，后来孩子抓头发的行为就消失了。

在孩子 6 岁前发现这些依恋行为其实是一种比较好的现象，依恋物的出现，使孩子焦虑得到缓解，是重要的过渡客体（代替对妈妈的依恋）。如果孩子与依恋物的关系超出正常的安抚陪伴，往往代表着有巨大的创伤存在，这种创伤很难自我修复，这时可以求助于专业的儿童心理咨询师进行干预。

关注儿童心理健康

孩子需要父母的帮助来建设自我，他会从父母无微不至的关爱和认可、欣赏中建设出一个真的自我，一个受欢迎的自我。

20 世纪初，库利和米德提出了著名的"镜映自我"理论，即个体是通过接受他人的评价而形成自我评价的，他人评价是认识自我的一面"镜子"。

"镜映"这个概念在自体心理学上是指养育者需要像镜子一样对孩子的价值、成绩和成就做出适当的反应，孩子在养育者的经年累月的'镜映'作用下，能够逐渐完成从"外部肯定"转变为"自我肯定"，从而孩子以自信和高自尊的方式去展示自己健康的自恋。

孩子不能建设一个假的自我，因为假的自我会以他人的喜爱为转移，跟自己真正的需求分离；孩子也不能建设一个过于理想化的自我，自我过高的道德标准要求，使理想自我和现实自我产生矛盾；孩子当然也不能过度以自我为中心或过度以他人为中心。

父母在孩子的成长过程中一定要留心关注孩子的自我是否发展得好。本章的内容，不论是良好的母婴、依恋关系，口欲期、肛欲期的顺利度过，还是跟父母良好的关系分化，都是围绕给孩子建立一个基本的人格信念"我很好"而展开的。

　　至少，我们的孩子跟别人闹矛盾的时候，能分析问题，而不是纠结"他觉得我不好"；遇到挫折的时候，能知道困难是短暂的，而不是"我是一个没用的人"；找对象、找工作的时候，能积极争取，不会冒出这样的想法"我配不上"。

　　这很好，不是吗？然后，孩子需要觉得"我能行！"

第三章

『我』的力量

3

力量感

家长当然不希望自己的孩子弱小又无助。一个有力量感的人，会对世界充满好奇心、勇于探索，具有直面、解决问题的能力。

朋友小许，父母小有家业，自己长得漂亮，在国企工作，开着30万的车子，丈夫赚钱也不少，可是她很困扰："马上就要岗位调整了，我很担心，换个科室人家都有自己的位置和资源，我去了别的科室，还得重新适应领导，不知道会不会考虑给我降级？如果领导能把我留在原来的科室就好了。"

（有没有做一些帮助自己留在原来岗位的事情？）"不行，领导想把你放哪就放哪，你又决定不了。"……"我没法跟老公沟通，他这个人就有病……孩子我也管不了，每次老师因为他在学校里又捣乱来找我，我就特别沮丧……"

我们梳理了一下，她发现了自己的反应模式。她总结道：

我遇到问题的第一反应：退缩。
我退缩的原因：①这样比较简单；②不用承担责任；③不愿意发生冲突。
为什么不前进呢：我需要想到解决问题的办法，我觉得我想不出来。

仔细想想，我更怕我努力了会失败。

总结起来，小许在处理事情的时候有三个关键词：不愿意、没办法、怕失败。也就是说：缺乏动力，缺乏能力，缺乏抗挫力。这也是我们大多数人无法幸福的原因。航哥有一个教育观点，我也深以为然：

> "教育就是为了让孩子知道他想要什么，然后为之努力。他得了解自己，也要了解目标——这个目标适合自己吗？自己现在具备什么？自己与目标之间还缺什么？怎样一步一步去实现？"

当一个人了解自己，他就会格外清楚自己的能力和不足，会合理地制定自己的目标，不会盲目冲动，不会自负，也不会自卑，而是会客观地从自身出发，一步一步地实现自己的目标。这个时候，他的每一次发力都是精准有力的。

这就是力量感——主动掌控的人生和面对困境的勇气。

前面主要讲了我们要带给孩子"我很好"这样的体验，形成核心自我，不会被关系或者事情轻易摧毁。这一章我们重点聊聊，孩子的力量感是怎样发展起来的，如何形成"我能行"的内在体验。

改变的意愿

家长求助：孩子初一，刚开学三个星期就不去上学了，就是要待在家里。他觉得听写太难了，作业太多了，老师太凶了，同学会耻笑他。他在家里常常发脾气，觉得爸爸妈妈对他不好，不能体谅他的心情，不能帮他找个好的班级和老师，"连一天三顿饭都不好好给我做"。在家里待着，如果有手机，就一整天看手机，如果不让看手机，就随便看会什么书。如果爸爸妈妈说几句，就干脆什么也不做，躺着发呆，迷迷糊糊地睡觉。

"学习那么累，我不想学。"跟前几年相比，厌学的孩子越来越低龄。询问厌学孩子家庭环境，有个几个共通点：分床太晚、不做家务、父亲在教育中缺位。分床太晚意味着孩子有强烈依赖感，自主性不足；不做家务的孩子责任感低，主动性不足；父亲在教育中缺位，源于父亲的目标方向感无法传递给孩子。孩子过度以自我为中心，没有为自己负责的态度，没有明确的目标和方向，也就是说，他经营自己生活的驱动力消失了。

人类都生而具有发展自我的潜能，和实现与发展自己潜能的强烈愿望。

——人本主义心理学家马斯洛

人天生就有驱动力。促使人产生行为的驱动力有多种。

有内在驱动力，很多敏感期就是内驱力：由饥饿、繁衍等生理需要而产生的内驱力称为第一内驱力，这是基本的、原始的或低级的内驱力。由责任感等后天形成的社会性需要所产生的内驱力称为第二内驱力，又称社会的或高级的内驱力。一般说来，高级内驱力对低级内驱力起调节作用。对孩子来说，喜欢照顾自己；模仿家人照顾环境；为自己、为他人负责，形成社会责任感，由低级内驱力发展到高级内驱力。一个生活上必须依赖父母照顾的孩子，原始内驱力过于满足没有动力，高级内驱力又很难产生，没有斗志。

也有外在驱动力：金钱的需要以及被重要的人赞赏的需要这类驱动力是外在驱动。

大家一定能体会，每天做饭很辛苦，但想要填饱肚子就得做饭，这是内驱力。我做饭的时候很有成就感，因为家人对我做的饭赞不绝口，别人喜欢并且需要我，这是外驱力。内驱力与外驱力共同作用，使我们有很多积极的行为。

消失的内驱力

1. 习得性无助

小何抱怨说："我最近跟丈夫冷战一个星期了，我不知道为什么这样，现在关系越来越冷淡。我只是想在我难过的时候他能陪陪我，但他却不能理解我为什么会难过，他觉得现在生活挺好的啊。我希望他安慰我，他却觉得我无理取闹。我现在看他哪里都不顺眼，都不想理他了。"

这是一种常见的情况，我们都希望关系中对方主动一点。反过来讲，为什么我们不愿意主动？可能因为我们有一个经验，主动也不会得到好的回应。抑郁倾向的人看什么都很糟糕，因为他总是有糟糕的经验。长期学习成绩差的孩子也曾想要努力，但是总是无法付诸行动，也是因为他有糟糕的经验。

习得性无助

习得性无助是指因为重复的失败或惩罚而造成的听任摆布的行为，通过学习形成的一种对现实的无望和无可奈何的心理状态。"习得性无助"是美国心理学家塞利格曼 1967 年在研究动物时提出的，他用狗做了一项经典实验，起初把狗关在笼子里，只要蜂音器一响，就给以难受的电击，狗关在笼子里逃避不了电击，多次实验后，蜂音器一响，在给电击前，先把笼门打开，此时狗不但不逃而是不等电击出现就先倒地开始呻吟和颤抖，本来可以主动地逃避却绝望地等待痛苦的来临。

父母在 6 个月前满足孩子的全能自恋，2 岁前与孩子建立好的依恋关系会减少无助感，获得最基本的爱与归属的满足更有助于孩子心智的向前发展。因为他总是被很好地回应，所以他对外界的感觉是安全与好奇的。

即便如此，如果成长过程中被控制过多，孩子也会陷入无助感中。

六六 6 岁了，妈妈带他来找我，因为孩子注意力非常不集中。六六确实很好动，一刻不停地戳戳这弄弄那，过一会无聊就跟妈妈要手机。我跟他待了一会发现他很矛盾，一方面跟母亲不停地冲突，甚至对母亲说脏话，达不成目的就冲妈妈发脾气；另一方面，他胆子又很小，听到大一点的声音就很惊恐，看见我家的小猫我能感到他的好奇，又能明显得看到他非常非常害怕，躲在妈妈身后，紧紧地抓着妈妈的衣服。从这个屋去另一个屋，也必须妈妈陪着。

观察了一会，我发现妈妈对他控制非常多，却很无效。"你别喊，这样很没礼貌。""咱不是说好了晚上才能玩手机吗？""你这样喝水不就会撒一地吗？""哎哎，你别抽那么多张纸。""你把裤子提一提。""你动什么呢？快放下。"妈妈语速又快又急，话还特别多。

了解了孩子的成长史，再结合母子相处的状态，不难看出，外显问题上，孩子注意力不集中，跟手机接触过多有关，也跟孩子被控制过多以致被压抑的能量使他有些失控有关。其实还有家长看不到的内隐问题：孩子的恐惧感。

不能动这个有危险，不要碰这个脏，不能拿会破坏东西，不能出门外面太冷，不要跑会摔倒，不能在海边待太久会晒伤……当孩子的世界有太多的不行、不能、不允许，他对世界的印象是什么呢？恐惧会很多吧。很多的讨好型和完美型的人在做事前的多思多虑，过度反复斟酌他人的感受也是一种无助的表现。

第三章 「我」的力量

小吕的工作方案被领导否决了，感觉特别痛苦："领导说不行，我现在感觉简直太糟糕了。"

"提出这个方案之前，你只想了这一种吗？"

"不是的，这几天想了十几种方案，左思右想我觉得我现在的方案是最优方案。"

……

"你是否有一种感觉，方案被否决就觉得自己整个人都被否定了？"

"嗯，是这样。"

方案还是有的，事实上当时十几种方案里面，至少还有几种的方案可以尝试，但是方案被否定产生的巨大挫败感，导致严重的心理落差，在没调整好之前，没办法进行新的一番梳理和思考。

回避和退缩，假装问题不存在或者遇到问题就躲开，出现问题倾向于指责、攻击，都是无助的表现。关系中经常会出现因一方迫切想解决问题，急躁而控制；另一方却沉默或为避免更多的麻烦而敷衍，让事情变得更棘手。无助感还可能是自我攻击，认为都是自己不好，自己是一个没办法解决问题的、低能的人，觉得自己无法改变，因为自己整件事、整个世界都变糟了。

2. 有条件的爱

一位年近 60 的母亲向我哭诉她跟女儿之间的故事，女儿快 30 岁了，没有对象，开了一家公司。前段时间公司面临检查，妈妈帮助她联系检查人员，布置检查场地，提醒检查流程，女儿突然崩溃了，冲妈妈大喊："这是我的公司，我才是法人，你给我滚出去。"

女儿和妈妈之间有一种奇异的紧张。

女儿想要跟妈妈亲近，母亲节给妈妈买了非常贵的名牌包包，妈妈嫌弃女儿乱花钱，苦口婆心的劝说把包退回去，两个人为此大吵了一架。

女儿特别想成功，想独立于妈妈，但又会要求妈妈给自己买车，还总是从妈妈那里拿钱，可妈妈觉得自己也不是那种做生意的有钱人，这种索要让妈妈感觉无力负担。

从小妈妈跟女儿相依为命，妈妈是个好强的人，给女儿安排好所有的事情，总是要求女儿按照她的安排来。女儿听话，妈妈会非常开心。如果不，妈妈就会指责她："你这样会吃亏的。"

在妈妈的描述里："女儿想干这干那，但是根本没有成功过。"

女儿愤怒的情绪背后，是坚持自我与服从重要他人之间的摇摆，这种摇摆使她陷入了巨大的无助中。"我爱你，你不听话，我会生气"，这是高级情感控制。只要是控制就可能会造成无助。

你要不听话，公交车司机就不高兴了。

你要不听话，警察叔叔把你抓走。

你看妈妈都生气了，你得……

到底是孩子表现好，我们才爱他，还是我们爱他，不管他是什么样子的呢？

无条件的爱并不是无条件的满足。无条件的爱，是情感的满足。我们常说的满足，其实更多的是物质的满足，满足孩子想要的东西，这样会物化与孩子之间的感情。养育孩子，我们必须认识到一件事情，孩子需要一种能力：分享爱的能力。如果他没有获得过爱，就很难拥有爱的能力。对他人是敌对的，回避的；或者，过于期待爱，恐惧失去爱，是讨好的，这也是无助的状态。

妈妈与嘉嘉约定，只要嘉嘉完成自己的任务就可以得到一张心愿卡。每张心愿卡都可以让妈妈满足一个愿望。起初心愿卡很好用，比如让妈妈陪读一本故事书、让妈妈陪自己出去玩。但是后来，妈妈却因为心愿卡烦恼起来。孩子会利用这张卡满足自己不想吃饭，吃零食或破坏原本约定好一周只买一次玩具的规则，母子间就开始了各种冲突。

有一天嘉嘉在听写的时候错了很多，就跟妈妈说："我要买很多本子。"而在这之前，妈妈跟她约定的是一次只能买5个本子，这一次她非得要7个本子，一定是7个本子，跟妈妈哭闹了很长时间。

如果与孩子的情感已经被物化，当孩子有情绪的时候会在物品上用突破界限的方式来满足自己的心理需求。

错误的外驱力

1. 奖励

用无条件的爱来养育孩子，他会更加拥有爱的能力。爱和自由的环境中，我们更赞成有规则的自由，或者是说有责任的自由。但一些家长和老师或多或少地会使用奖励和惩罚的策略来管理孩子。

　　有位老人，对噪音特别敏感，但是，有一群孩子一连几天在他的房前踢铁桶，"哐哐哐"的噪声让老人烦躁不安。老人很想把这群小孩赶走，但门前毕竟是公共区域，老人也知道，越是赶这些孩子走，他们会越不走。怎么办呢？老人想了一个办法。他对这些小孩子说："孩子们，你们踢桶的声音很热闹、很好玩，如果你们使劲踢，我每天给你们一块钱！"这群小孩子喜出望外，于是第二天孩子们又来了。过了几天，老人说："我现在收入减少了，今天不能给一块了，只能给五角。"孩子们有些不悦，但是也接受了。又过了几天，老人说"孩子们，我最近没有收入了，今天你们踢铁桶，不能给你们钱了。"孩子们一听今天没有钱了，纷纷说："那怎么行，一分钱不给，谁会为你卖力表演？"老人的目的达到了。

他成功地把孩子们来玩的理由从"喜欢"变成了"金钱"，再把"金钱"拿走，消灭了他们来玩的欲望。孩子具有"自我发展的潜能",具有与生俱来的主动探索世界的欲望,如果这时成人把孩子探索的表现与奖励挂钩,孩子就会逐渐把自发的探索乐趣转移到对金钱的追求上,欲望从情感化变成了物质化,这就是被物化。

大家有没有过这样的体验,因为感觉孤单,找一大群朋友玩耍,聚会时超级开心,散场后心里却空落落的,更加寂寞、难受。人类是一种高级动物,精神世界的要求也相对较高,如果人们得不到精神上的满足,内心匮乏,就会感到非常痛苦,虽然物质可以带来一时的欢愉,但精神的愉悦才能带来更长久、更深层的满足。内心富足的人倾向选择自己喜欢的工作,内心匮乏的人会选择挣钱多的工作,其实没有好与不好的区分,但从长远来看,如果一个人心理是匮乏的,钱并不能真正意义上填补空缺,只能暂时缓解内心焦虑。而且,如果长时间处于不愿意但又不得不工作的状态,人的精神就会疲劳、情绪压力大,身体也容易出问题。心理相对健康的人更愿意为了自己的喜好、成就和实现自我价值而工作,精神会愉悦,也会坚持得更久。

做着自己喜欢和擅长的工作是幸福的,同时能够从中得到社会的认可和物质上的满足,这一定是建立在看清自己需求、了解自己愿望、掌握自己实力的基础上,凭借自己坚强的毅力和不断的自我激励才可以完成和达到的理想状态。

奖励和惩罚恰恰会影响人们看清自己内心真实的需要,自我激励变成了外部刺激。有些家长会把家务与奖励挂钩,孩子擦一次桌子 2 元、洗一次碗 3 元,这种用金钱奖励孩子做家务的结果,大多以孩子很快放弃而告终,除非父母提高奖金的数额或换一种奖励方式,否则孩子就不愿继续再做了,它只是一种短效行为。

为什么我们会经常使用短效行为?因为短效行为能立马见效。在美国社会学家霍曼斯的社会交换论中,有一个著名的"成功命题":

个体的某种行为能得到相应的奖赏,他就会重复这种行为,某一行为获得的奖赏越多,重复该行为的频率就越高。

短时间内，我们采用奖励孩子的做法达到我们期待的结果，"成功命题"是理论依据。奖赏带来行为，2块钱会让孩子快乐，所以，他会洗碗。大家有没有注意到我用了"短时间内"这样一个表述，在霍曼斯的社会交换论中，还有一个命题是"剥夺－满足命题"：

个体重复获得相同奖赏的次数越多，该奖赏对个体的价值越小。

当我们用相同数额的金钱重复性奖励孩子，这些金钱在孩子眼中的价值就越低，逐渐就觉得没有意思了。也就是说，我们需要增大对孩子的奖赏，才可以保持孩子的行为满足我们期待的教育结果。2块钱让孩子洗碗，第6次，孩子不干了。你把钱提升到10块，孩子又开始洗。而且"金钱"这种奖赏对孩子来说越来越没有吸引力。可能大家不知道的是，同样，在霍曼斯的社会交换论中，还有一个命题，这就是"侵犯－赞同命题"：

当个体行为没有得到期待的奖赏，或者受到出乎意料的惩罚时，他可能产生愤怒的情绪，从而出现侵犯行为，此时侵犯行为的结果对他更有价值。

如果孩子习惯了这种外在奖励的刺激，把家务跟金钱挂钩，金钱成了"驱动力"，当"金钱"奖励消失，正如前面老人的例子，孩子会拒绝进行家务活动，还会很愤怒。洗碗你给我10块钱，不给我肯定不会洗的，同时，我觉得扫地擦桌子都得应该给钱，不给我钱想让我干活："凭什么？""怎么，你还训我？""我讨厌你！"

通过上述三个命题，我们会发现：我们对孩子的物质奖励真的有效，但是长期来看，孩子对物质奖赏要求会越来越多，如果有一天，我们达不到孩子对奖赏的期待，孩子很容易产生愤怒或者抵触的情绪。对于孩子来说，3~6岁是建立主动感的关键时期，如果我们更多地用外物外力影响孩子，孩子的主动性就不会发展得很好，他的情感、他的好奇、他的兴趣爱好、他的想象力和创造力，就有可能被抹杀。

看到这里，有的家长可能会为自己没有用金钱奖励过孩子而庆幸，但是物质奖励可不仅仅指金钱。

"如果你去幼儿园，放学就给你带一颗棒棒糖"，"如果你乖乖的，你会获得一个小粘贴"。如果家长的这种奖励"勾引"成功了，孩子获得棒棒糖时，原本对棒棒糖本身的期待和愉悦，因为我们上面说的话，就变成了上幼儿园的"补偿"，越来越希冀用棒棒糖来满足自己。这时大家要小心，当孩子会用"糖"来应对"分离焦虑"时，将来遇到其他"挫折式焦虑"，就可能会用吃东西的方式缓解自己的压力，会变得暴饮暴食、肥胖、自卑，再极端一点，会因为讨厌自己的肥胖，强迫自己把吃进的东西吐出来，形成神经性贪食症，从而危及生命。孩子面对分离时真正需要处理的是焦虑情绪，需要增强家庭以外场所的适应力，棒棒糖显然成了孩子回避痛苦的目标物，对他抗挫力的形成有负面影响。

预防接种门口有卖各种玩具的小摊位，看着哭得上气不接下气的孩子，心疼的家长很容易买玩具哄孩子，孩子拿着玩具，痛苦被转移了。但如果受苦就会有物质上补偿，这种补偿的心理对于孩子来说也是一种破坏，他对直面痛苦的耐受力会降低，长此以往，孩子面对挫折，如果没有得到补偿，就会变得非常的愤怒。

孩子不舒服得到我们情感的照顾，会增加他的耐受力，我们需要警惕交易和补偿。接幼儿园的孩子放学可不可以带颗糖，可以的，我们满足的是"孩子吃糖的快乐"而不是用"糖"消灭他的分离焦虑。

"你现在很疼，妈妈陪着你。"这是情感的陪伴；"哦，你现在想要气球啊，可以啊。"这是满足孩子的需求。

"别哭了，别哭了，我给你买玩具。"这是用玩具来补偿。

这两种逻辑是不一样的。打完针可不可以买玩具，可以的，我们满足的是"孩子想要玩具"而不是着急用"玩具"消灭他的哭泣、代替他需要的陪伴。

我们不把孩子打预防针"受了苦"和"买玩具"连结在一起，这样就将他的行为和补偿性"奖励"分离开了。

2. 惩罚

非常有意思的是，对于惩罚，上面三个命题也是一样的，只需要反过来看：

某种行为得到惩罚，孩子暂时就不会做了。

孩子逐渐管不住自己的时候，需要更大的惩罚才能帮助他约束自己。

当他没有得到预期的惩罚，他会非常快乐。这种快乐让他重复"坏"的行为——比如"撒谎"，偶尔撒谎可以避免预期的惩罚，那真是一种美好的体验。

惩罚对孩子无效，甚至起反作用，因为它会让孩子感觉自己很糟糕，使孩子除了要承担事情失败的结果外，还要接受父母在情感上的伤害，是双重痛苦体验，它会大大降低孩子对自己的认可，也达不到教育的目的。

一个 5 岁男孩的妈妈跟我讲了她孩子的表现："小时候特别乖、很省心，但是突然有一天不那么听话了。我就提醒他'不要乱动''不要乱跑'。但是一段时间后逐渐不好用了，于是我换了一种方式提醒："1……2……3……"非常有效果。可是这种方法后来也不起作用了，我就对他发脾气'你再这样，妈妈生气了''再这样，妈妈不要你了'，只有发脾气才能管得住他。最近我都没办法了，只能揍他，但是我现在很焦虑，他越来越大了，不但打越来越不管用，而且我开始害怕他。"

一些孩子在惩罚的教育方式下，会变得脾气暴躁，长大后反抗，一些孩子在过度的惩罚下会回避和退缩，对关系排斥。这些孩子在学校老师不喜欢，在家里父母惩罚和指责，久而久之孩子会认为"不论自己怎么做都是糟糕的"，不合群或者被"特殊"群体吸引。孩子在这种状态下很痛苦，自己又无力改变，为了隔绝这种痛苦，随着自己身体的慢慢长大，表现出不在乎惩罚的态度，"破罐子破摔"就是这样开始的。如果你曾经也是一个学习并不算好的孩子，问问曾经那个放弃学习的自己："你想要好成绩吗？"答案一定是"我愿意"。为什么不学习呢？答案或许是"我不行"。

3. 摒弃奖励与惩罚

父母应尽量摒弃奖励、惩罚这种条件交易的教育方式，避免把孩子的内驱力引向外部。物化是一种交易，情绪化是交易，你满足我才满足你也是交易。孩子做好某事家长就开心、做不到家长就生气；孩子做到某些事就可以玩手机，做不到就不能玩……用类似的交易控制孩子，让孩子把事情和交易"结果"紧密地联系在一起，这些"结果"跟事情本身是无关的。

很多家长在孩子上小学以后会这样规定：你 9:00 前写完作业，就可以玩手机。结果孩子们要么手机更加成瘾，要么作业糊弄，要么干脆骗家长完成了，还有的看到 9:00 完成无望，本来 9:30 可以完成的作业，因为玩不到手机的情绪问题，拖到很晚才完成。

如果说用金钱刺激家务，金钱代替了我们应该承担的家庭责任；用糖安慰悲伤，糖代替了我们需要面对的痛苦；用手机督促学习，手机代替了我们应对挫折的意志。那么用惩罚代替管教，惩罚则代替了我们孩子面对后果、分析结果并修正自己的时机。

如何分离奖励惩罚对孩子的影响呢？

现实生活中，孩子上学后，不可避免地会遇到来自老师的奖励和惩罚。在小学阶段，孩子的发展任务是：获得勤奋感，克服自卑感，良好的人格特征和能力品质。老师用这样的方式，可以在一定程度上帮助孩子建设好的学习习惯。但影响孩子学习的不仅仅是学习习惯，还有一个重要的方面是学习态度，当我们的孩子被他人奖励的时候，他的学习态度会不会受影响呢？我对这方面一点都不着急，不仅仅是因为他已经完成了自主感的建设阶段，还因为我知道该如何配合学校，帮助孩子建设学习态度。

有一次，孩子因为连续几次课堂作业完成得特别好，得到了一大包的橡皮奖励。孩子把橡皮拿回家，非常开心，我也为她开心，但是我知道，我需要做点什么，于是，有了下面一场对话：

"亲爱的，你因为连续几次课堂作业完成得特别好，得到了这么多的奖励，是不是很开心呀？"

"是呀，妈妈我很开心。"

"那如果你没有这么多的橡皮奖励，你还会不会很开心呀？"

"会呀，因为老师会表扬我。"

"哦，你被老师表扬了，你就会很开心，那如果老师没有表扬你，你作业完成得好，你会不会很开心呢？"

"会呀，因为，完成得好，我很有成就感呢。"

"哦，没有这些奖励和表扬你也很开心呀！"

轻轻松松，我们就可以帮助孩子完成学习态度的教育修正。通过正确的处理方式，我们能帮助孩子理清楚，对他来说最重要的是什么，答案绝不是那块橡皮。

那么做了错事呢？对他来说最重要的是不是得到惩罚？

做错事的孩子

检验一种教育模式的好坏，就看它主张如何对待一个犯了错的孩子。

有限的认知、不完善的能力和顽皮的天性，孩子不可避免地会出现错误行为，这时我们是选择和错误一起打倒孩子，还是和孩子一起克服错误。

餐桌上放了一只玻璃杯，杯子里盛满了热水，孩子在餐桌前扭来扭去，我们就会很担心，"你小心点，别打碎杯子，小心热水烫着你。"没过几分钟，啪的一声。杯子真被孩子不小心用胳膊扫到了地上。这时我们脱口而出的第一句话是什么呢？

"看，让你不老实，摔碎了吧！"

"你这孩子怎么这么不听话？"

脱口而出的语言让孩子感受到的是指责、埋怨，甚至挖苦。

类似的情况还有：提醒孩子加件衣服，孩子拒绝，感冒了，我们的火就上来了，"谁让你不多穿点？"提醒孩子晚饭再吃点，孩子没吃，睡前吵着饿，我们的火又上来了，"让你吃你不吃。"

我们生的到底是什么气？一个杯子肯定不会让大家火气那么大！我们的情绪来自这件事情没有按照自己的意愿来。生了气就忍不住发点火，说点难听的话。我们倾向于用让孩子"痛苦"的方式让孩子"记住"，这种方式有时候是有效果的，孩子怕爸爸妈妈生气，所以就不敢再犯错，前面我们聊过情绪负罪感，这种模式虽然一时有效，却容易对孩子产生不好的影响。但大多数时候，痛苦并不能管理好孩子，如果通过训斥说教就能管理好孩子，那真的太简单了。

我们在犯错的时候，是希望别人积极地帮助我们，还是希望别人指责我们呢？有时候，我们的出发点是好的，但指责和惩罚反而会让孩子走向我们希望的反面。这就如同二胎关系中，老大对老二不好，我们会训斥老大，但是越训斥，老大对老二越敌对，是一个道理。现在我们再从孩子的角度体会一下，孩子当时在想什么：

> 杯子碎了，孩子吓一跳。他很紧张："哎呀，杯子碎了，真是糟糕。"
>
> 这时爸妈妈发火了，又吓了一跳。这时孩子会想："我又不是故意的，凶什么凶，你又不是没打碎过东西。"或者，"完了完了，爸爸妈妈生气了。"

大家发现没有，如果训斥孩子，孩子会花费精力通过攻击性的内部言语来反驳父母，这时孩子开启了心理防御，因为没有人希望受到指责和攻击，孩子的注意力从这件事情的结果"杯子碎了"，转移到关注家长情绪上来，甚至开始为自己辩护开脱，自然没有时间考虑自己下次应该如何做会更好，后续再发生其他错误，可能采用的就是狡辩和撒谎了。人有一种心理状态，当一件事情被训斥了，我们会认为已经得到了惩罚，潜意识里会把责任从我们自己身上转移到对方身上。所以，当训斥发生，如果孩子觉得他已经得到了惩罚，对于杯子碎掉这件事就没有愧疚感。

心理防御

心理防御是人们做错事时，想让自己摆脱困境的许多行为方式，包括歪曲或错误记忆所发生的事情，忽视关键信息并将责任推给他人，尽量减少对自己的伤害，否认责任或完全置身事外。

弗林德斯大学的迈克尔·温泽尔教授、丽迪亚·沃迪亚特副教授、本·迈克林博士，在《英国社会心理学杂志》上发表了一项研究，让错误的行为者觉得自己被人抛弃，会加剧其防御性。当一个人感知到的社会归属感较低时，他们会更多地做出防御性反应，通过轻描淡写自己的罪责，或重申自己的清白，来降低内心的愧疚感。

相反，当他们感到被社会接受时，往往会明确承认自己内心的愧疚感强烈。沃迪亚特说："人类在心理上有被他人重视和接纳的心理需要，渴望自己能够成为好的、合适的群体成员或关系伙伴。但当人们做错事时，这种主要的心理需求受到威胁，从而引发了防御反应。因此，让犯错者感觉被接纳，会降低他们的防御能力。"

假如某天我们上班迟到了5分钟，感觉很紧张，于是我们会反思自己：明天一定要早点出门。结果第二天狂风大雨又堵车，虽然我们已经提前10分钟出门，却迟到了20分钟，这时我们做出决定今晚回家必须认真看天气预报。从这两次"事故"中我们可以观察到，这是自己在出现问题时反省，并做出行动。

但是，这时候，如果领导突然出现："你怎么天天迟到？"

当领导这样质问时，我们思维同样会走向反驳，内心的语言："哦，天呐，谁'天天'迟到了？我不就才迟到两天吗？你家离得那么近走路来不堵车，我家离得远堵车怪我吗？我愿意下大雨吗？"

如果领导就事论事："你昨天和今天迟到了，注意一下时间安排。"我们就不会太有排斥。

不论是成人还是孩子被指责和攻击时，都会排斥，可能会选择被动性的服从管理，做事情的主动性也会降低，一旦惩罚消失，他可能会更加无法无天，因为他害怕的是人，而不是遵守规则，也就是没有自律性。

我们教育的目的是让孩子能够从错误中成长，怎样才能让孩子的注意力集中在"杯子碎了怎么弥补"（结果修正）和"下一次有杯子我要小心"（错误经验）上来呢？大家可能会说，我们也可以用上面领导的后一种方式提醒孩子下次注意，但是孩子不是我们的下属，他需要被建设。

"宝贝，有没有烫着？""你先坐好，把脚抬起来，玻璃很尖锐，我得先处理一下玻璃。等我收拾好了，你再下来，把桌子上的水擦擦。"

收拾好以后，可以不说，也可以跟孩子复盘："刚刚发生了什么？下次我们要怎么保护自己？"

这些语言都围绕在关心孩子的安全上，首先让孩子感受到自己是被关心和爱护的，知道自己是很宝贵的。这时候，孩子的关注点才会来到这次教育的目标之一：我们应该怎样保护自己。然后我们清理玻璃碎片，让孩子擦擦桌子上的水，这是让孩子学会对事情的后果负责，培养他们承担后果的勇气。

"杯子碎了"是自然结果，"被训斥了"是父母的情绪结果。多数时候，我们需要跟孩子一起面对自然结果，而不是面对我们的情绪。

晚饭，我家孩子不想吃，我提醒，"晚上你会饿，现在我要收起来，九点你要睡觉。"她说晚上她不吃，信誓旦旦地保证她不会饿的。

睡觉时间，黑乎乎的，她小心翼翼地哼唧："妈妈，我很饿怎么办啊？"

故事讲到这，是不是特别有即视感，大家的回答会是什么呢？

"你不是说你不饿吗？"

"是你自己决定要不吃的。"

"饿了吧，让你吃你不吃。"

哦，不要，这些其实是指责、讽刺、挖苦，跟训斥是一样的，在我看来比训斥更过分，劈头盖脸的训一顿，看上去比较激烈，但最少是真实情绪的表达。而讽刺挖苦的父母则是：不愿意表达愤怒；隐晦的证明，父母在其中获得的优越感、存在感；习惯性关注他人的缺点；缺乏对他人痛苦的感受能力和同情心。这时孩子收获的是内疚是羞愧，是无法面对。所以我们观察到很多孩子不会直接提要求，而且找理由。

这里的自然结果是"她饿了"但是"该睡觉了"。于是——

第三章 "我"的力量

"哦，我知道了，快睡吧，睡着了就不饿了。"

明明知道孩子可能会弄得一团糟，但依然可以心平气和地看着孩子去尝试、犯错，没有用自己的成功经验和说教帮助他解决所有问题，这是父母的自我修养。

5岁半时孩子的道德感发展到了巅峰，如果说道德感的建设是对自己进行约束，那么道德巅峰过去，孩子会进入下一个发展阶段。孩子会通过突破限制来增加自己力量感，开始尝试跨越界限、突破禁忌，想要立刻拥有期待物（不管这个期待物是自己的还是他人的），在这两种心理刺激的共同驱使下，可能会偷拿别人玩具或者家长的钱。

孩子明知道自己的行为不对，但还是会付诸行动。孩子感觉别人的某些东西很吸引人，有些孩子是想立刻拥有，有些孩子是向家长索要被拒，还有些孩子是不想向家长表达需求。同时孩子偷拿时会异常紧张、害怕，让他体验到一种刺激感，与有人喜欢蹦极或看恐怖片时产生的既胆战心惊又舒爽畅快的体验相似，具有一种别样的吸引力。强烈的需求和刺激有时战胜了他的道德感，突破禁忌给人们带来的刺激非常强烈，成人同样如此，一个人越是压抑自己的需求突破禁忌时获得的快乐就越多。

8岁以前的孩子如果出现偷拿行为，我们不能由此判定或担心孩子是一个道德有缺失的人，更不必着急给孩子贴上"小偷""坏孩子"的标签，那会让孩子形成负面的自我评价。我曾多次在讲座中做过调查，有1/3以上的家长承认，自己小时候偷拿别人的东西或家长的钱，包括我自己小时候也偷拿过家里的钱，我们现在有没有成为一个小偷呢？显然没有。如果没有异常心理需求，这个阶段反而会让我们的道德意识有更深刻的体验。

孩子偷拿东西，确实不道德，作为家长我们需要教育孩子，常用的教育方式是：严厉的训斥或循循善诱地讲道理。前面聊过训斥不可取，那么讲道理呢？有时候讲道理有用，但是如果一个孩子，频繁被家长讲道理说服，他将来要么会关闭耳朵拒绝听讲，正如"每一个磨蹭孩子背后都有一个能唠叨的妈"；要么特别会反驳和讲歪理，也就是平常所说的顶嘴，父母说一句他能顶10句，这是从父母这里习得的。

我的女儿在 5 岁多也发生过这种行为。有一天幼儿园老师告诉我"她拿了她最好的朋友的项链",孩子坚称这条项链是自己的,老师虽然心里知道这条项链是谁的,但还是对孩子们说:"现在我无法判断这条项链属于谁,这样,我需要跟你们妈妈确认一下。"接下来老师就在电话里和我沟通了事情的经过。

我马上打电话给对方小朋友的妈妈:"这条项链确确实实是你家的,对不起,给你家添麻烦了,我会跟孩子沟通。"这位妈妈非常理解,同时对我想用平和的方式解决问题表示支持。

孩子放学回家后,我问:"今天老师跟我说,你跟其他小朋友在物品的归属上有一些不一样的意见,是吗?"

孩子:……(支支吾吾没有说话,我很理解,因为她自己很明确这条项链是谁的)

我:"现在妈妈跟你聊这个事情,你会不会很紧张?"

孩子:……(点点头)

我:"你是不是特别喜欢那个项链?"

孩子:……(点点头)

我:"老师在你包里找到别人的项链的时候,你是不是很害怕?"

孩子:……(瘪着嘴还是不说话)

我:"这是妈妈的问题,你也有一定的责任,妈妈没有考虑到你现在特别喜欢项链,你长大了,你很想打扮自己,但别人的东西是属于别人的,你如果喜欢妈妈带着你去买好不好?"

孩子:"好。"(立刻很轻松,压力减少了很多,没有出现对抗)

我:"你还需要跟小朋友道歉。"

孩子:"嗯。"

当天晚上我就带她去夜市买了一条彩色项链,孩子非常开心,我们还讨论了同学项链的样子,说到这,她有小小的低落,不过很快又开心起来。

第二天我女儿跟她好朋友道了歉。在之后将近一个月的时间，我多次带她逛夜市，每次都给她 10 元钱，让她挑选自己喜欢的小饰品，大大地满足了她对闪亮亮小装饰物的需求。我告诉孩子"如果你想要什么可以对妈妈说，不能买或者买不到的妈妈也会和你一起想办法。"

非常感谢老师和孩子好朋友妈妈的信任，在他们的配合下，圆满地解决了这件事情，既没有伤害到孩子的自尊，还帮助孩子完善了道德意识。

我们认可孩子的需求，同理孩子的情绪，可以让孩子放松不逃避，同时也明确别人的东西不可以拿，不被攻击的情况下孩子更容易接受。这种处理方式让孩子明白自己的某些行为可以被理解，也意识到行为的不合适，自己的需求可以用正当的方式满足。解决孩子所有看上去"不听话"、犯错误，或挫败感等问题都要先从解决情绪开始，只有情绪被理解才能掌控情绪，才能在爸爸妈妈的陪伴下对事情的整个过程进行加工和复盘，更好地学会面对问题，增强自己的力量感。

关于突破禁忌的需求，当孩子已经认识数字，拥有适当的零花钱非常重要，这会使孩子产生自主感和一定的自我满足的能力。同时父母也需要关注自己对孩子的玩具、小零食等需求是否限制过多。

有些家长觉得自己给孩子买的玩具都堆成山了，可是孩子为什么还要拿别人的玩具呢？这时我们要思考，孩子拿别人玩具是在满足玩具的需求，还是在满足自己"心理饥饿"的需求？如果孩子已经满足了零食、玩具、零花钱上的需求，仍然出现了偷拿别人东西的行为，家长一定要提高警惕。5 岁多的孩子出现"心理饥饿"，父母还有机会通过亲子游戏、旅游、聊天等方式弥补孩子心理上的缺失，不致出现行为上的偏差，如果孩子已超过 12 岁，再进行干预就有些晚了。

有一位 40 岁左右的男性在国家机关单位工作，收入水平在当地也是比较高的，家里有车有房，但有一天却因偷钱行为被同事现场抓住。

这件事情发生在十年前。当时大家还都习惯将现金带在身上，有一次，一位同事要买东西特意带了 400 元钱，结果下班的时候发现少了 100 元，这个同事就怀疑是不是有人偷拿了，但只是怀疑。后来跟同事聊起来发现有很多人都出现过少钱的情况，只是数量不多，没有引起大家的关注，都是在想是不是自己记错了或自己孩子拿的，从来没有怀疑到同事身上。丢了钱的同事就查了一下监控记录，果然发现真的有人偷拿，也知道了是谁。大家都很惊讶，偷拿别人钱的同事家庭条件很好，父母都有正式的工作，自己的收入也不低，很明显是心理上的缺失导致了他的偷窃行为。

心理问题可能会导致成年人的异常行为如偷窃、偷窥、收藏内衣、喜欢吐口水等，这类问题改善起来难度很高。

幼儿决断

孩子经历事情时的内部言语是一种"幼儿决断","幼儿决断"跟我们成人的思维有很大不同，更着眼于当下进行"趋利避害"是幼儿思维的特征。一方面，他链接未来的能力不足，另一方面，他的思维逻辑还未成型。

越催越慢就是一种"幼儿决断"，至少催三遍，家长吼叫发生时，孩子才会慢吞吞的行动。孩子的想法是："我不愿意做的事情，能拖一会是一会。"他的思维逻辑是这样的："过去的经验告诉我，在爸爸妈妈没吼之前，时间还没那么紧急。"

撒谎也是，"万一不成功，不撒谎也是挨训，撒谎也是挨训，没什么区别。""万一撒谎成功了，就不用被训斥了。"

所以孩子如何想、如何做是选择家庭教育方式需要考虑的重点内容，如果父母没有认真思考和了解过孩子的基本思维框架，那就是鸡同鸭讲，很难成功。所以我在着急的时候，提醒一两遍没用的话，会用行动告诉孩子，这件事情要立刻做。

一般来说，父母跟孩子们约定看动画片看多久或者看几集，大部分孩子会在结束时要求："我还要再看一会。"有些家长会跟孩子争辩："咱俩刚才怎么商量的？不说好了看完这集就不看了吗？"有些家长会跟孩子讲道理："宝贝，看时间长了对眼睛不好，把电视关了好不好啊？"

"不要不要就不要"每当孩子闹闹腾腾，家长就不知道该怎么办了，有时候可能会发脾气："不行，快点关掉！"顺便指责："这孩子怎么这么不听话！"

其实，提醒后如果孩子不关，我们最好的做法就是，走过去直接关掉，或者跟孩子商量你关还是我帮你关，然后处理孩子哭闹的情绪就好了。（当然，按时间定规则要考虑孩子这集的完整性，小孩子不建议使用电子产品，实验表明，过度使用电子产品会实质性的损伤智力及专注力）

我经常思考，我们的行为，会让孩子怎么想，他会决定怎样做，我会回到我的童年，思考遇到同样的事情，我希望我的爸爸妈妈怎么做。这使我理解儿童，能同他们更好地一起工作，这种思维角度对我帮助很大。我经常重复这个观点：检验教育好坏的标准要看孩子犯错后是如何被对待的，如果犯错后仍然被温柔以待，陪伴孩子面对错误，那么这种教育一定是好的。

1. 评价

评价一个人，就是给一个人"贴标签"，心理学上的名词是"自证预言"。现在很多家长已经意识到，不可以评价孩子。

自证预言

"自证预言"是一种常见的心理学现象，意指人会不自觉地按已知的预言来行事，最终令预言发生；也指对他人的期望会影响对方的行为，使得对方按照期望行事。"罗森塔尔效应"就是一种自证预言。人并非被动地任从环境影响，而是主动地根据个人的期望，作出相对性的思想及行为反应，而使期望得以实践。

"自证预言"亦可作为运气的成因之一。当我们渴望某一件好事情发生时，会倾向于找寻符合该期望的正面讯息，而那些正面讯息又诱发我们找寻更多的正面讯息，使我们变得越来越乐观和充满自信，行为上也变得更积极，大大地提升了成功的机会。相反地，如果我们越担心坏事情的发生，便会越留意不利的讯息，不利讯息越多，心情越加焦虑不安，行动消极、被动或过度保护自己，最后更容易地诱发了坏事情的发生。

上学的时候，在初二以前我数学基本都是满分，导致我很不注重做练习，也经常不做作业，后来，随着学业的加重，我这样耍小聪明的方式开

始跟不上了。不停地有老师找我谈话："你很聪明，但就是不学，你要拿出别人一半的精力，你就能学得很好。"一副恨铁不成钢的嫌弃。

【我很聪明，我就是不学】，于是我真的就不学了，只是用我的小聪明去跟上学习的节奏，上高中后，学习就很一般了。这句话像魔咒一样掐着我：仿佛如果我努力了，就对不起这句话一样。

幸运的是，爸爸妈妈虽然觉得我很调皮，有时候也训斥我，不过一直觉得【你很厉害，你能自己做成你想要做的事情，你有很强的能力。】这些话也在形成我的内在信念。

重要他人对一个孩子的评价是非常重要的，我们会努力向着这个评价迈进，一方面，潜意识里我们会认同重要他人特别是父母的想法做法，这是一种链接，也是一种忠诚。另一方面，当我们拥有了一个缺点，我们仿佛有了一个避风港，父母对我们缺点的攻击，让我们"松了一口气"，如同前面说的被训斥会减少我们的内疚感一样。

上小学的孩子，经常被评价"马虎"。如果我们改了马虎，成绩还不好，那说明我不是马虎的问题，别的地方还有问题，这是未知的，马虎是已知的，我们"保留"马虎的缺点，就不会产生新的缺点了。父母已经对我"马虎"的缺点攻击了，他们得出的这个结论已经让我"挨上教训"了，还是就不要再扩大打击面了。所以，我们失去了改变的动力。

我经常在讲座中问家长："小时候家长有没有评价过你们很懒？"有的家长表示："有"，继续问："那你们后来变勤快了吗？"大家摇摇头笑："没有"。我又问："有没有被评价过很笨？"大家回答："有"，我又继续："长大后变聪明了吗？"大家又回答道："没有"。

大家有没有评价过孩子呢？

"都跟你说过了，怎么还这么不听话？"＝你是一个不听话的孩子。

"老师，我家孩子挑食，你劝他多吃点蔬菜。"＝你是一个挑食的孩子。

"你家孩子多好，我们这个出个门，每次都得等他。"＝你是一个磨蹭的孩子。

2. 比较

我们有很多"奇怪"的习惯。比如【夸奖别人的时候贬低自己】。

朋友们一起吃饭，康康刚刚拿到理想大学的录取通知书，泰泰正在上高中，泰泰妈妈想跟康康妈妈取取经，端起酒杯："祝贺康康考上心仪的大学，有这么优秀的孩子，真好。"

康康妈妈谦虚："哪里哪里，你家孩子也很优秀。"

泰泰妈妈更谦虚："你看你家孩子，多好啊，我们家这个就不行。"

在我看来，泰泰也很优秀，兴趣爱好多，成绩也很不错，在市重点高中班里也是前十名左右，哪里就不行了呢？听完这话我向泰泰看去，看到泰泰瞬间垮下的肩膀，哎……

我们还有个"奇怪"的习惯，【管自己家孩子得带上别人的孩子】。

一次，我带俩孩子出去吃饭，旁边桌上也是一个母亲带着俩孩子，孩子年龄也跟我家俩差不多。她怀里抱着小的，小的扭来扭去，看看这个弄弄那个，当妈妈喂饭过来就草草地吃一口，对饭不感兴趣的样子。大的更不好好吃，从椅子上呲溜下来，钻到桌子底下，被妈妈吆喝了就爬回椅子上坐一会，随便扒拉一下饭，再滑下去……

这时妈妈说："你看旁边俩小姑娘，吃的多好啊，你看你俩……"看到我看过去，就跟我顺口聊起来："你家俩孩子吃饭真好啊，我们家这俩，你看看，总是不好好吃饭。"比较、贬低加评价。

我也问过很多家长："你们小时候有被爸爸妈妈比较过吗？"

"有啊，太有了！"

"被比较是什么感觉呢？"

"非常羞耻""想找个地缝钻进去""我妈妈不想要我这样的孩子"。

我从小没有被我父母比较过，这个问题我也问过航哥，婆婆是少见的开明的母亲，在他的印象里，童年还是很幸福的，他说："我只有在一件事情上被妈妈比较过，小时候放学回家，书包一扔就跑出去玩了，还经常不完成作业，我妈妈念叨我'你看人家××，一放学就写完作业，学习还很好，你就不能跟人家学学，也回家先写作业？'"

"那当时你是怎么想的呢？"

"我才不要跟他学，在学校里大家都不喜欢他，他从来不给别人讲题，特别自私。"

每个人都在无意识的维护自己，当我们树立一个"榜样"，这个"榜样"的存在意味着我们"缺点"被暴露，我们自然地会找一个理由，排斥这个"榜样"。当然，这跟真正的榜样是不同的。

吸收力

1. 吸收性心智

大家有没有发现，当我们做了父母，很多言行举止会越来越像自己的父母。仔细观察自己，我们对待孩子的方式，是未经思考的原始方式。小时候最讨厌父母说"我是为了你好"，自己做了父母后却把它说给孩子听；最讨厌被父母比较，但"你看人家小哥哥都不哭"会对自己孩子脱口而出。我们还可能会发现，我们小时候很不喜欢父母的某个行为，却在某一刻在我们自己身上显现出来。

> 青岛的夏天很潮湿，我爸爸每天都会打开窗户，说"憋死了，必须开窗。"不一会，地面就潮湿一片，怎么说也不行。我觉得很讨厌。
>
> 为什么会写到这，这时候，也是夏天，外面很潮湿，开了一晚上空调，凌晨五点，我开始坐在电脑前，继续写我的这本书。六点多，航哥起床了，我开始指挥他"把窗户打开吧，有点闷。"
>
> 航哥没说什么，但我内心开始笑，因为他很不喜欢潮湿的感觉，我却每天要开窗户，我知道他不喜欢却没说什么，这种被尊重的感觉真是太好了。所以我对他自我调侃："这臭毛病，跟老黄（我爸）真像。"
>
> 他一脸认同，"还真是！"

很多地方我们变得跟父母越来越像，不管是你喜欢的优点，还是讨厌的缺点，其实我们本来就像自己的父母，只是我们可能没有碰到相似的环境，或者说我们没有发现而已，当我们有了工作、家庭和孩子，相似的环境被激发了。

几年前，我 60 多岁的妈妈和她几个兄弟姐妹聚在一起吃饭，两个舅舅三个姨，加起来正好六个人。他们坐在一个长条形桌子的两边，一边三个，我坐在桌子的窄边，一眼看过去，他们不论是低头的角度、拿筷子的手势、夹菜的习惯、说话的表情等等细节都极其相像。我二舅最大，在妈妈 14 岁、我两个姨（双胞胎）12 岁、小姨 7 岁、小舅 5 岁的时候，几个大的开始上山下乡，小姨还小就被送到别人家，所以兄弟姐妹们都分散到了各地，即使几十年没有在一起，但是行为、语言、动作等还是和我姥姥特别像。

家庭惯性之所以强大，是因为孩子小时候的无意识吸收。

蒙台梭利认为，人生最重要的阶段不在大学，而是 0~6 岁这一阶段。因为人类的智慧就是在这一阶段形成的，人的心理定型也是在这一阶段完成的。儿童的吸收性心智发生于 0~6 岁之间，它经历了从无意识到有意识的转变过程。

从出生到 3 岁，这个时期的儿童处于无意识吸收阶段。蒙台梭利使用照相机来比喻孩子的吸收性心智。眼睛看见的，耳朵听见的，鼻子闻到的，皮肤所接触到的等等，我们的感官对这些信息全盘接收。不仅如此，整个环境氛围、情绪也会都被吸收进来，就像照相机，不但整个景照进来，景的细节也将毫无保留地全部印在底片上，这是一种整体印象的完整吸收。

3~6 岁，这个时期的儿童开始进入有意识吸收阶段。蒙台梭利在《有吸引力的心灵》中提到："如果你观察一个 3 岁的儿童，你就会发现他总是在玩弄一些什么东西。这就意味着，他对起先无意识的东西，开始变得有意识起来……并且通过自己的行动完善自己。……起先，他把这些看做游戏，后来就变成了工作。"儿童在这一阶段会出现特定的喜好、兴趣，随着知识的增加和语言能力的提高，儿童开始有意识的主动学习，他们对于所处的环境变得更具选择性，并进而发展出自己的判断力。这时的儿童变成了一个讲求实际的、感性的探索者。他们能注意到事物之间的关系，并能进行对比。此时，儿童已能将感觉经验分类、提炼，将过去吸收的经验带到意识中，于是，儿童就逐渐建构起自己的心理，直到他们拥有记忆力、理解力和思维能力。

这期间孩子无意识吸收为主要方式，有意识吸收为次要方式，6岁之前的儿童是吸收性心智。下一个阶段是6~12岁，有意识吸收为主要方式，无意识吸收为次要方式。12岁以后形成逻辑性心智，孩子开始比较像成人一样思考，有自己的主张和想法，有很清晰的选择和拒绝的意识。

因此针对6岁前孩子的无意识吸收占主导的时期，父母良好的日常言行表现比说教内容重要得多。

小施单位有一个炙手可热的岗位，她认为自己平时工作兢兢业业、经验和能力也符合，但却迟迟纠结要不要去找领导表达自己的意愿。她一边觉得这个岗位她符合条件也可以胜任，一边又觉得这是一件羞耻的事情，认为自己不该争、不该抢，争抢是不道德的，可是如果再拖延，机会就真的错过了。

她的孩子已经上大学，疫情防控期间，小施在家里也观察到孩子的心情非常糟糕，其中还掺杂着一些怨怼。女儿也遇到了类似的困扰，一边认为自己在社团里比其他同学做得好，一边又不敢争取资源，更纠结为什么他们可以争取，自己却不行？她的孩子的感觉跟她很相似，既觉得争抢是不道德的，又觉得自己本身很优秀，却输在了争抢上，也许争抢是对的？内心冲突，感觉痛苦。

孩子在看父母，不仅仅是要听你怎么说，更多的时候在看你怎么做。父母展示给孩子的做事方式，孩子更容易习得。

有时，我们学习到新的家庭教育理念，包括看到本书中的某些内容，也许会激发大家的后悔和内疚，觉得自己错误的教育方式给孩子带来了伤害，不知道该如何弥补，变得小心翼翼。我的观点是父母不需要这样的自责，不论我们过去做得好与不好，现在一切都还来得及，不管我们怎么小心都不可能为孩子提供一个非常完美的教养环境，即使是研究儿童教育和心理的专家。我们也不必去追究原生家庭的过错，他们已经尽了自己最大的努力来养育我们。看起来我们身上很多错误的行为模式、情绪模式、语言模式都来自他们，那他们的模式又来自哪里呢？

马斯洛需求理论告诉我们，如果最底层的生存需求没有得到满足，人们没有过多的动力追求更高级的需要，比如爱和归属、尊重和自我实现。每一代人有每一代人的发展任务，我们的祖辈，他们的任务是从战争、饥饿中活下去；我们的父母可能最重要的任务是保证自己和孩子吃饱、穿暖，尽快使物质生活丰富起来，他们大多兄弟姐妹一大堆，没有老人帮忙带孩子，既要忙工作又要照顾孩子，没有洗衣机、电冰箱、打火灶，条件很艰苦，每天家务繁重，所以他们没有时间和精力关注到孩子的情绪状况。也恰恰是在他们为我们和整个社会提供和创造物质生活条件的基础上，我们才有机会追求精神层次上的富足，就像我们现在探索教育技艺和内心世界一样，上一辈留给了我们这样的功课，我们可能也会因自己的不知道或做不到留给下一辈们的功课，无需过度自责。如果说还算可以的物质基础、受教育的机会是我们的父母给我们最好的礼物，那么安全感、情感、个性化就是我们这代人应该给下一代准备的礼物。

我们可以对孩子讲清楚：爸爸妈妈通过学习发现自己以前有很多错误行为，现在在积极调整养育方法。孩子会从我们身上学到这样的模式：遇到错误可以通过学习来成长，分析以前的错误行为可以带来改变。而这种改变的过程和结果是孩子自己用眼睛看到的，用身心感受到的，对他们有更直接的影响。

父母榜样的力量要比我们想象的要强大得多，我个人觉得，最难和最重要的部分是大家能够感受孩子的情绪。我们总是习惯性先想怎么解决问题，不想如何同理和面对孩子的情绪。

> 当孩子害怕，我们会认为孩子胆子小，"黄老师，有没有什么办法训练孩子胆子大？"
>
> 当孩子哭闹，我们会认为孩子不听话，"怎么说也不听，这可怎么办？"

当孩子磨蹭，我们会认为孩子没效率，"找个时间管理课程上上吧！"

孩子早恋了，"不行，这样耽误学习。"

玩手机了，"不给他手机他说不上学，这样的孩子该怎么管？"

我们没有先思考关心孩子的恐惧、愤怒、畏难、孤独，逃避这些感觉和情绪的习惯。很多人不知道，部分人知道做不到，还有的人是想做不会做。在课堂上，简单分析孩子的情绪，大家都会错误百出，更何况在日常生活中还有很多复杂的关系和琐碎的事情，让情况变得更糟糕。

我们对情绪这么一无所知，还真的就是我们小时候情绪被忽略和被压制的结果。父母无意识的管理孩子，自己处在情绪中，容易被自己的情绪控制，而在被情绪控制的情况下，我们都会下意识做决定，思考被屏蔽，所以使用的方法大多源自于原生家庭，包括语言、声音、声调、行为、动作、模式等，我们的父母是如何展现给我们的，我们就会如何去做。

教育之道无他，唯爱与榜样而已。

——德国著名教育家福禄贝尔

2. 理想化父母

除了吸收性心智，6 岁前孩子还处在"理想化父母"阶段。孩子们会在心里把自己的父母美化，觉得自己的父母是完美的。比如很多孩子会认为自己妈妈最漂亮。对爸爸的感觉也是（除非妈妈不停地在孩子面前念"你爸爸不好"），我曾经听到 3 个 4 岁的小男孩在比较自己的爸爸：

甲：我爸爸可厉害了，一只手能拿起 3 块砖。

乙：我爸爸更厉害，一只手能拿起 10 块砖。

丙：我爸爸最厉害，一只手能拿起 100 块砖！

孩子美化父母会得到什么？把理想的父母形象放在心里，这时孩子也在内化父母身上的优秀品质，美丽、温柔、力气大、办法多……这是一种高级的模仿。孩子最早的成长目标就是想成为像父母一样的人，对父母的认同会让他们获得内在安全，更有力量走向家庭之外的社会。

12岁后是"去理想化父母"阶段，孩子不再感觉父母厉害，反而觉得自己才是最厉害的，除了极少数孩子认为"爸爸妈妈真的好强大"（不管是主观感觉还是客观印象），大多数孩子心中父母像神一样的形象彻底崩塌，孩子把自己塑造成了自己世界中的神，完善自我定位，这也是青春期时需要完成的一项非常重要的任务，自我同一性，整合为统一的人格框架。

在理想化阶段和去理想化阶段中间有一个质疑期，也就是6—12岁。这时孩子依然需要父母的关心和照顾，但又会表现出反抗和质疑，不再像以前一样以父母为天，而是逐渐将自己崇拜的中心转移到老师和同学身上，开始时老师比较重要，随着年龄的增长接近12岁，同学、同伴的关系就越重要。

6岁前孩子把我们作为理想化的父母，吸收我们身上的品质，但同时这种吸收没有半点判断力，因为他们还没有能力区分好与不好，所以父母是什么样子，孩子就会模仿成什么样子。如果我们希望孩子具有感恩心、同理心、社交能力、热爱生活、有力量、有担当、敢于直面错误等诸多的内在优秀品质，首先要自己先修炼这些品质。孩子是我们的一面镜子，会让我们重新去审视自己的言行。孩子会让我们看到自己身上的不足，经过面对、改变和修正，我们也会越来越美好。

上大学时，学校门口小吃很多，垃圾也很多，满地都是塑料袋、竹签子、卫生纸，当时的我也是随意把垃圾丢在地上，并没有意识到有什么不妥。但是，自从有了孩子，突然意识到自己的一举一动都在影响着孩子，我开始审视自己，把垃圾扔在垃圾桶里、认真地走人行横道、靠右坐自动扶梯留出紧急通道等等，连以前最无法做到的与陌生人打招呼都做到了。

在我心里有一根弦，孩子无时无刻在看着我，我做什么她们就会做什么，就会成为怎样的人，一段时间后这些行为就成了习惯，即使孩子不在身边，大街上依然会有许多孩子看到我，我的行为也会影响他们，而他们就是未来。

3. 模仿

此外，孩子还有模仿敏感期，可以促进孩子们的社会化进程。

大女儿快 4 岁的时候，小女儿 1 岁半，她看见姐姐做什么自己就做什么。姐妹一起去超市买零食，不但买的东西基本上一样，而且连姐姐提塑料袋的方式妹妹都要观察一下，然后看看自己，用同样的方式提。姐姐把饮料放在袋子的右边，妹妹也要把饮料放右边，姐姐把零食放左边，妹妹也把零食放左边，姐姐在前面走，妹妹在后面走，姐姐用左手提，妹妹也用左手提。在这种模仿中她慢慢习得社会生活的各项能力。

关于模仿，必须得强调一下 4 岁多的"神话"模仿敏感期。女孩儿喜欢仙女、公主，男孩喜欢孙悟空、超人，这也是在进行模仿，模仿对象是喜欢和崇拜的虚拟人物。

成人应支持孩子的模仿行为，可以让孩子体验到自己与他人或某个群体是一样的，有归属感，爱和归属是人们最基础的心理需求。如果一个人无法接触到他人，他一定是孤独的，每一个人都需要群体，刚生完宝宝的妈妈们心情容易低落、烦躁和抑郁，原因就是缺少社会群体的支持和连接。

模仿的另一种重要功能就是将优秀品质内化。就像"理想化父母"阶段里孩子内化父母的优秀品质一样，孩子在模仿仙女或勇士时，不但会从语言、行为上进行效仿，还会穿一些仙女裙、战袍，手拿仙女棒、刀剑，将自己全方位化身成喜欢的人物，还会与同伴们一起做模拟游戏，整个过程孩子由外而内的用神话人物的优秀的品质塑造自己。虚拟角色身上的温柔、善良、勇敢、美丽、力量、公正、勇气、担当，这些都是非常优秀的品质。

家长提问：黄淮老师，我老公给孩子们看战争、暴力的电影，想让他们知道现实的世界，我觉得有些过于残酷，不合适他们，需要通过这种方式让孩子们这么早认识这个真实的世界吗？老公可能觉得孩子建设好了的话，不会是傻白甜，相反也会适应各种环境吧。这种电影对孩子们影响大不大？不大也就随他了，大的话得及时制止呢。

经常有家长担心暴力、血腥的动画片或电影会给孩子造成不良影响。6岁之前，关于性、灵魂、死亡的话题，不应该在孩子没有需求的情况下刻意跟孩子传递这些信息。所以带有血腥的电影不适合孩子看，会加重或唤醒孩子的恐惧心理。后面恐惧依恋期会更详细地跟大家聊。

但一些含有暴力镜头的动画片孩子却特别迷，关于影视、漫画、绘本作品里的暴力，我们怎么看待呢？如何界定暴力的界限，是不是要排除影视作品里一切的暴力因素，这里是有争议的。

比如奥特曼，里面有一些暴力镜头，但是孩子非常喜欢。孩子为什么会非常喜欢？因为在暴力的背后，他愿意模仿里面的正义、力量、勇气、责任，他崇拜这个角色，他希望面对不公和欺凌，自己也可以拥有强大的能力，其实这是健康的。但它也存在一些隐患，这些隐患正是家长们担心的：暴力会不会被孩子模仿。

如果孩子特别喜欢，我们也不用过度担心，我们可以这样影响孩子：一是在家庭中以身作则，平时家长不使用暴力解决问题，一般孩子就不会将这种暴力行为带到现实生活中来，他更关注如何追求那些优秀的品质；二是在孩子教育的过程中做好关于力量和道德的建设，如同很多教孩子武术的老师，在教授孩子力量运用之前，先教给孩子武德。

关于暴力部分，我们可以在家庭中商量一个界限。同时可以时常提醒孩子获得力量的目的是强身健体和锻炼毅力，绝不是为了欺负他人。所以如果父母过分担心孩子学坏，强行禁止看这一类的动画片，可能会影响孩子对一些优秀品质的吸收。

行动力

孩子开始慢慢走向独立，这时仅仅满足自恋和排除无助感是不够的，还要克服另一种感觉——无力感。无力感与无助感不同。无助感更倾向于"绝望"；而无力感是"我知道要改变，但是我做不到"，这两种心态，都会影响一个人的驱动力。

无力感是父母对孩子教育时不够中正造成的，一般会有截然不同的两种情况：一是过度满足，这种教育方式严重弱化了孩子处理问题的能力，使孩子成为一个"巨婴"；另一种是过高的要求大大削弱了孩子的行动力，使孩子在面对挑战时过度挫败，不行动，拖延、回避，都是无力感的表现。

1. 成长型思维

美国斯坦福大学心理学教授卡罗尔·德伟克凭借突破性研究，荣获"一丹教育研究奖"。该研究率先提出了"成长型思维"的崭新概念，发现孩子产生差距的真正原因不在于智力，而在于不同的思维模式。成长型思维可以用七个成语来形容：志存高远、勇于行动、坚韧不屈、积极乐观、承担责任、善于合作、不断成长。

成长型思维

斯坦福大学的心理学教授卡罗尔·德伟克博士，经过实验提出了这一理论，把思维模式分成两种：固定型和成长型。拥有成长型思维的孩子，不怕困难和挑战，他们喜欢挑战，相信自己能提升能力。但固定型思维的孩子，不会学习，只在乎眼前的成败，会为了自我安慰，选择逃避困难。

德伟克教授曾经做过这样一个实验，给一些小学生做一项无语言的智商测试，而后分别以三种方式告诉他们测试结果。

实验组一（称赞其智商）：哇哦，这是个很好的分数，你真聪明啊！

实验组二（称赞其过程）：哇哦，这是个很好的分数，你之前一定很努力吧！

对照组：这是个很好的分数。

称赞完了之后，给这三组孩子一个选择题：现在有三个任务，你可以挑一个来做：

一个是非常困难的任务，你可能会犯错，但是能学到东西；

一个是很新鲜的任务，你可能从来没接触过；

而最后一个是你很擅长的任务，你必定能很好地完成。

结果：

绝大多数被称赞了天赋的孩子，都选择了最简单的任务，因为他们有把握可以做好，他们不敢挑战自己身上"天赋孩子"的标签。而被称赞其过程的孩子，几乎都选择了看起来比较困难、但能学到东西的任务。心态会更积极一些，更能面对挫折！

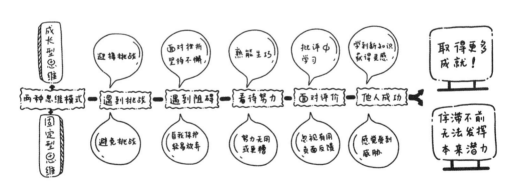

两种思维模式对比

简单来说，成长型思维，孩子更主动去挑战困难，从而增强解决问题的能力。史蒂芬·科特勒也认为："如果你的思维是固定型的，意味着你相信天赋是与生俱来的，再多的练习也不会帮助你提升；如果你的思维是成长型的，意味着你相信天赋只是一个起点，练习会让一切变得不同。"

固定型思维孩子的思维惯性	成长型思维孩子的思维惯性
我不擅长这个。	我会错过什么？
我放弃啦。	我要用另一种方法试试看。
这样已经够好的了。	我还能做得更好吗？
我犯错了。	失误能让我学会更多。
我朋友可以做这个。	我可以在一边旁观学习。
这太难了！	只需要多花点时间而已。
我就是做不到！	我要发动我的大脑了。
我尽力了。	下一次我能做得更好。
我的计划失败了。	没关系，我还有其他方案。
我永远都不会变聪明。	我一定可以学会如何做到。

我们需要建设孩子的成长型思维。如果说把形成一种思维模式，比作管理中的"闭环"我们就会发现，基本上需要有三步，意愿，能力，结果反馈：

健康思维的闭环：

我想做，我做了，
我做成了，下次还要做。

我想做，我做了，
我失败了，下次再尝试。

糟糕思维的闭环：

我想做，不让我做，　　　　　　　我想做，我做了，我失败了，

下次不做了吧。　　　　　　　　　别人说我不行，下次一定不做了。

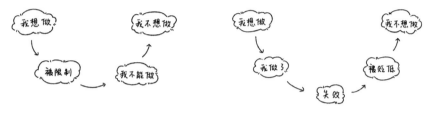

闭环

"闭环"的理论根据是由美国质量管理专家休哈特博士提出"PDCA 循环"。"PDCA 循环"将质量管理分为四个阶段：

P(Plan) 计划：目标的确定和计划的制定。

D(Do) 执行：具体运作，实现计划中的内容。

C(Check) 检查：总结对错，明确效果，找出问题。

A(Act) 处理：对检查结果进行处理，成功经验加以肯定并推广，失败教训引起重视并避免。未解决的问题，提交下一个 PDCA 循环。

这四个过程不是一次性结束，而是周而复始地进行。

让孩子能力越来越强的重要方式是，一个人的意愿、行动、结果形成一个健康的闭环。这里面有三个重点，我们先来看看前面的内容里面，涵盖的两个重点：

（1）对于意愿来说，如果孩子想做的时候被阻碍，总是不被允许做，生活中限制过多，会形成习得性无助，没有内驱力。

（2）对于结果来说，如果孩子做事情，是通过奖励和惩罚的结果来驱动，他仍然没有内驱力；如果孩子做完事情，得到的结果是批评指责讽刺挖苦，他会逃避，会过度在乎他人的评价。

第三个重点是什么呢? 就是容易被我们忽略的"过程"。

2. 怕麻烦

我 6 岁半那年，爸爸和他的朋友们在我家喝酒，妈妈给做了几个菜就去上班了，几个大男人喝多了，爸爸就吆喝着，再弄个汤。无知无畏的我，搬个小凳子，人生第一次在无人看护的情况下做了西红柿鸡蛋汤。那时候是需要用火柴点火的铸铁灶台，带着液化气罐。现在想想不知道当时为什么不害怕，当然家长也不知道为什么不害怕，能安全长大我真幸运，我们孩子如果尝试做饭，家长一定要陪伴。

平时，我喜欢跟妈妈一起忙活，很小的时候，点火，打鸡蛋，切菜都尝试过，妈妈很有耐心。小时候住在职工聚集区，不到 3 岁去食堂买馒头，不到 6 岁去开水房打开水，7 岁学会了包饺子擀皮，9 岁学会用缝纫机缝沙包，14 岁给自己做了一件衬衣，10 岁有了自己的自行车，16 岁会骑挂挡摩托车，20 岁拿到驾照。只要我喜欢尝试的东西，我妈妈都会支持我，真是很棒的体验。

嗯，是的，我的感觉就是"我能行"。美国著名社会学家怀特说：世界上最困难的事情就是把一项你很拿手的工作交给别人，再眼睁睁地看着他把事情搞砸，而你却还能心平气和地不发一言。已找不到出处的网友把这句话改编，我觉得拍案叫绝：

世上最困难的就是把一件你很拿手的工作交给别人，再眼睁睁看着他把事情搞砸，而你却还能心平气和不发一言，那是培养人。世界上最容易的就是把一件你很拿手的工作交给别人，再手把手地教他把事情做对，不给他犯错机会，那不是培养人，而是锻炼你自己。

我们帮孩子省事儿的过程，就是剥夺了孩子锻炼的机会的过程。

孩子们的房间有飘窗，大大的窗台上放了一个手工用品架，如果孩子们想要画画做手工，需要爬上架子，拿到用具，再爬下来。一天，我妈妈来到我家，两岁半的女儿想要画画，她往窗台上爬，姥姥看到了，赶紧跑过去，一边帮孩子拿下来，一边念叨我："你应该放地上，这样孩子多不方便啊。"

我愣了一下，架子在窗台上，我们一家从未感觉有什么不方便的地方。相反，每次孩子爬上去爬下来还挺开心的。她们的动作发展也很好，自己想去冰箱拿吃的，都会自己推着大凳子爬上去拿了。

请给孩子做事儿的机会，可是很多人不愿意让孩子辛苦，不愿意让孩子做家务，甚至连孩子自己照顾自己的机会都要剥夺。为什么不愿意呢？

代偿，很多祖辈在照顾自己孩子的年代太忙碌，生活条件也不好，没有照顾好自己的孩子，内心是愧疚的或者是遗憾的，所以在照顾孙辈的时候，为孙辈做事情令祖辈非常满足；有些父母小时候缺少被关爱，把自己未完成的需求放在自己的孩子身上，这就是代偿。

怕麻烦，六个月大的孩子自己吃饭和我们喂饭相比，哪一个更省事儿？三岁的孩子自己洗袜子会发生什么？引导孩子的主动性也需要父母提供合适的教养环境。

3. 劳动的孩子

前面提到厌学的孩子大都不做家务，一般来说他们生活能力低，责任感也不足，孩子会变得依赖，潜在想法是"反正你会照顾我，我不需要这么辛苦"，学习也辛苦，我也不需要。他会对他人的付出理所应当，觉得这是你应该做的，你不做就不对，他会愤怒。当你老了，他会嫌弃你，也就是我们常说的"白眼狼"。在同事或者亲密关系中，他也会有这样的想法："你应该为我服务"，当然冲突也会很多。

大家有没有这样的经验：我们为孩子付出，半夜起来给孩子喂奶，孩子生病我们彻夜难眠地照顾，我们对这个孩子倾注的感情就会越来越深。家里谁照顾孩子付出的多，谁就会对孩子更有感情；谁对家庭付出的多，谁对家庭更有责任感；家庭中最大的孩子往往更能承担。当孩子对家庭同样有付出的时候，他会有"我有价值"的感觉，同时会对家庭更有感情。

作为成人，我们会觉得"谁愿意多干活呢？"但是我们观察孩子会发现，孩子跟我们不一样。不到 1 岁的宝宝不喜欢被喂饭，自己抓着吃，用勺子撒的到处都是，如果我们嫌麻烦喂他，不让他拿勺子，他拿勺子的灵巧度就会被阻碍，一步慢步步慢，他再去用手探索世界，就会感觉困难，我见过 6 岁的孩子还需要被喂饭、帮穿衣服。华德福教育的一个国外老师说，中国人有一个特别好的生活方式，就是用筷子吃饭，把我们的双手锻炼得太灵巧了，所以他们认为中国人的潜力是非常非常大的。很多家长怕麻烦，一边不让孩子自己吃，一边嘴里还碎碎念：你看你吃的到处都是。对于孩子来说就是：妈妈不信任我，我不行。

我的两个孩子都是 11 个月大开始独立吃饭，我偶尔会喂他们两三口，老大 3 岁就可以用筷子夹豆子，这就很厉害，当然孩子和孩子不一样，我家老二同样的教育方式，她 5 岁才会拿筷子，这并不代表她的手不巧，老二就是觉着勺子挺好拿的，简单方便。

2 岁多的孩子很喜欢把垃圾扔在垃圾桶里，很多大点的孩子这个好习惯就消失了。3 岁多的孩子，会去厨房"捣乱"，七八岁的孩子会觉得做饭是一件很有成就感的事儿。

6 岁之前不让孩子做家务，上小学后他突然面对自己要独立完成很多任务当然会不适应。很多父母的口头禅是"学习去，那个不用你做……不要浪费时间……这些事不用你来管……"，我们会觉得孩子做家务是浪费时间，其实不是这样的，一个家务做得好的孩子，他学习的效率也会更高，因为做家务真的是一个很烦琐很复杂的事情，孩子在做家务的过程中，会有我能行的体验。

以前上学孩子们会觉得很快乐，我那时候住在城乡结合部，有很多农村的同学从小就要做各种家务农活，他们上学后不用去拔草，不用去推磨，太快乐了。但是现在，对孩子来说，上学就成了容易感受到痛苦的事情。我们想让孩子有责任心，想让他自信满满，让他能够面对一切困难，或者是让他学习上非常上进，我们想实现这些可以从做家务开始。就是孩子该干什么的时候你就让他干什么，学会放手。

我们要知道父母必须退出孩子的 8 个关键期，3 岁退出孩子的餐桌，5 岁退出孩子的卧室，6 岁退出孩子的浴室，8 岁退出私人空间，12 岁退出厨房，13 岁退出家务，18 岁退出个人选择，婚后退出孩子家庭。我们要不断的退出孩子的生活，但是现实情况是，作为父母，我们会有惯性，总觉得他还小还需要我们。有些父母的帮助变成了掌控：替他择业、择偶、带孩子。

4. 怕失败

5 岁的凡凡参加缝制布娃娃活动，从来没用过针线的她，针脚歪歪扭扭，但她还是很努力地把娃娃缝起来。可偏偏她有一位完美型的妈妈，妈妈不停地提醒孩子，哎哎这样不对、那样不好、应该这样，最后干脆直接拿着娃娃展示给孩子缝法，这时我观察到凡凡面无表情地听着妈妈的说教，当娃娃被妈妈接过去妈妈开始缝，她并没有看，而是站起来走来走去，关注点完全不在娃娃上了。

给孩子做示范并没有错，过度追求孩子游戏的结果，却是很多家长经常会犯的错误。孩子专心玩拼图，各种尝试，哪怕孩子拼错了，只要没有向我们求助，父母需要做的只是静静的在旁边观察，在主动探索的过程中，孩子正在发展自己的思维，在试错中努力寻找最正确答案，这是一个非常有意义、伟大的过程，如果父母直接告诉孩子答案，孩子会觉得自己不行。

学走路的孩子会因为多次摔倒而不再走路吗？当然不会，他们摔倒了会哭，但还是会继续尝试站起来，直到熟练学会为止。孩子们具有巨大的内部动力来完善自己，偶尔的失败，没有家长过度的干涉，并不会使孩子产生超出限度的挫败，让孩子产生了难以承受的挫败感往往来自家长的评价性的语言"你怎么这么笨啊""你这样不好吗""你怎么就不听我的"，请父母们提高自己的觉察。

女儿 1 岁多时带她回老家，奶奶买了一个彩虹套圈玩具，中间有个圆锥形的塑料柱和配套的彩虹套圈，可以按由大到小的次序依次从下到上叠在一起。孩子玩的时候将所有的圈圈都拿下来，不分大小的试图套在圆锥柱上，套一两个会很顺利，再就套不上了，孩子还不清楚是大小顺序搞错了。我看着她按了按没按进去，笨拙地拿下来准备再尝试一次。这时奶奶来帮忙了，教孩子要先比较大小、先放大的，红色最大，再放棕色，再放绿色……于是孩子很快放好了，也很快不玩了，将玩具扔在了一边。

孩子丧失了兴趣，自主性被剥夺，产生挫败感。半年后女儿又一次发现了这个玩具，这次整个过程没有被干扰，孩子从探索着终于能按顺序套圈、到把它们套在手腕当手环玩、将它们放在地上摆成一排从上面一个圈接一个圈的跳过去、顶在头上当王冠，开创了多种玩法，给她带来了很多的乐趣，同时也发展了很多她需要的东西，手眼协调、肢体动作、想象、创造、审美、逻辑、思维、意志等等。

下面哪种情况更建设孩子的思维，哪种选择会让孩子更有成就感呢？

给孩子一个玩具并在 20 分钟内教给他怎么玩；
给孩子一个玩具孩子研究了 2 天才会玩。

5. 怕委屈

龙凤胎戈戈和他的妹妹到了上幼儿园的时候，平时奶奶带两个孩子，总是喜欢抱着戈戈，家人也都觉得，奶奶重男轻女。等到送幼儿园，奶奶总是觉得孙子在幼儿园不开心，她经常偷偷在幼儿园的栅栏外面看她孙子，当然，孙子也经常能看到奶奶。老师说本来都没什么事儿了，孩子适应得也很好，不过看到奶奶几次以后，一到户外活动时间，别的小朋友在玩耍，戈戈却把全部精力都用来寻找奶奶，看到奶奶的一瞬间就会瘪起嘴来，奶奶好心疼，觉得孙子受委屈了。再后来 4 岁多的戈戈没怎么去过幼

第三章 「我」的力量

儿园，因为他无法适应，他无法离开奶奶，妹妹适应得却很好。

6. 输不起

自我激励的能力和品质的养成，是顺其自然的结果，我们不可以人为制造不合时宜的激励环境，这里就不得不提及竞争。

孩子6岁以后可以在团体内健康的竞争，他们天生就有想要与人竞争的想法，这是非常好的现象，也是孩子有力量的表现，但这种竞争不能两极分化，既不能让孩子所有事情都去竞争，也不能让孩子回避竞争。

特别是在6岁前，让孩子过多的竞争是非常不合时宜的，心智还未成熟前，不健康的竞争很容易打击到孩子，一旦孩子承受了巨大的挫败感，可能会造成心理创伤，未来需要很长时间才能疗愈。6岁之后回避竞争的做法也是不恰当的，因为回避会使孩子失去与他人竞争的机会、缺少经历，当然也就无法处理成功或失败后的情绪体验，然后慢慢丧失竞争兴趣。

几乎每个小朋友都会经历这样一个阶段，不能输、坚决不能输，一旦输了会感觉非常沮丧，甚至对游戏或者关系很排斥。孩子这种不想输的心态很正常，但是如果一个孩子过于计较结果的输赢，就可能与家庭教育有关。

前些年流行的"赏识教育"，后来有很多争议，现在几乎都不提了，为什么呢？如果我们夸奖孩子脱口而出的就是"你真棒"，我们可能会收获一个"输不起"的孩子。比如孩子画了一张画，我们就说你真棒；帮我们倒了一杯水，宝贝你太棒了；得到了一点点进步，我们就不停地夸他，你真厉害……用这些空乏的评价词语来衡量孩子，没有关注到孩子过程中的付出和其他优秀品质，一旦孩子失败了就会一蹶不振，看上去"输不起"。

7. 被过度关注的结果

如果我们过度以结果为导向，盯着结果的成败，孩子就会害怕失败，形成固定型思维。也就是说，当个体单独干某件事或从事某项活动，尤其是带有一定挑战性或风险性的活动时，个体可能有畏惧心理，不敢冒险，决策时存在着保守心理，选择风险最小的方案。

反之，如果我们学会关注过程，忽略结果，就会发展孩子的成长型思维。对于一件事情的反馈，我们家长应该做些什么呢？

（1）如何分辨关注的是结果还是过程？

孩子给你端了一杯水，我们会很自然地夸夸他："你做得很好"。我们可能会迷糊这是在评价结果，还是在复盘过程呢？如果不好分，我们就看看，如果孩子这件事情搞砸了，这句话是否还合适，仍然合适我们就是在关注过程，不合适那我们是在评价结果。

孩子给你端了一杯水，走到你身边时没端稳，不小心洒了一身。

"你做得很好"明显就不合适了。

"我看到你小心翼翼得走过来。"不管他洒没洒水，都是合适的。

所以，关注过程最好的方式是描述你看到的事实部分并按以上方法检测。被看见是最高级的赞美，也是被一个人放在心上最真实的表现。

（2）如果不给孩子明确的赞扬，会不会让孩子感受不到我们对他的认可呢？

我们生气了，我们没有对孩子做什么，既没发脾气，也没多说话，孩子能不能感知到我们生气？哪怕我们再怎么克制，跟我们情绪共生的孩子，仍然会轻易地触摸到我们的真实情绪，更别说，看着他那带着爱意和欣赏的，嘴角翘翘，眼睛弯弯的你了。

（3）就简单地说过程？怎么感觉说话那么别扭呢？

不用怀疑，刚了解到我们曾经使用的赞美方式是错误的时候，大家说话都会很别扭，我也是，简洁的语言我们很不擅长。在组织不好语言的时候，你可以这样做：描述事实，描述感受，惊喜问句，总结特质。

> 我家孩子小时候，她拿着涂鸦跟我显摆，我得说点啥呀，又不能说你画的真好，那也太没营养了。我还担心，当孩子知道了她的真实水平，会对我产生怀疑，对自己失去信心。

所以，我用了先描述事实，再描述感受的方式："哎？你这个地方用的紫色，我很喜欢这种颜色。"

再惊喜问句："哇，你是怎么想到的？"

最后总结特质："我觉得你想法好有创意。"

如果孩子主动做了家务，我们可以怎么说呢？

"我看到你画完画把东西都放回去了。"并点头微笑，描述事实。

"我看到今天地面变干净啦，是不是你今天扫地啦？"描述事实。

"我看到你扫地的时候非常认真！"总结特质认真。

"垃圾这么一大包，你是怎么把它提起来的啊！"描述事实，惊喜问句。

"幸亏你凉了开水，我感觉太解渴了。"描述事实，描述家长的感受。

"现在地面看起来很干净，看起来你很有成就感啊！"描述事实、描述他的感受。

孩子与父母一起做家务过程中的愉悦感，结束后得到父母对自己付出认可的满足感，都会使孩子更有力量，也是父母与孩子连接在一起的方式。

过度追求结果而忽略过程，孩子对成败会看得很重，只有在胜利的结果中才能获得良好体验，所以输不起，在意他人的评价，不敢尝试，害怕失败。事情的结果成功或失败都没关系，重要的是孩子在过程中的收获。真正的成就感是一种良好的自我感觉，这个感觉是在过程中产生并积累下来，"我做了什么？付出很多努力，得到了什么？"一件轻而易举的事情很难使人有成就感，因为过程中，我们感觉不到自己的努力。并不是只有好的结果才有成就感，只要我们感觉到过程中的收获，一样会让我们有成就感。

其实孩子本身是关注过程的，只是逐渐被成人不恰当的引导而关注结果，正如后面会提到的在孩子遇到挫折麻烦时，更多的父母会倾向于一步到位教给孩子最终解决方案，而忽略孩子发展自己思维的过程，也是过度关注结果的弊端。

意志力

1. 延迟满足

父母在培养孩子力量感时需要注意"度"的把握，既满足孩子的依恋情感需要，又满足孩子的自然挫折锻炼。孩子从应对挫折中可以得到许多满足，但这种挫折又不能强烈到绝望的程度。当一个孩子心理准备已经达到可以应对挫折和失败的程度，就会成长为一个心理健康的儿童。如果他还在继续体验着无所不能，或者体验着什么都不能，这就太糟了。

婴儿应该体验阶梯式延迟满足的过程。我们可以观察到，小婴儿有与生俱来的智慧，刚出生饿了、不舒服了就用哭声表达，呼唤妈妈，虽然这中间存在短短的时间差，使孩子经历了小小的挫折，但仍会感觉安心、满足。

6个月后孩子自恋完成，很多妈妈的身体也逐渐恢复，会趁着孩子睡觉的时间做饭、收拾家务或休息一会。这时孩子醒了也会哭，但是家长已经不必像小时候那样时刻守在他的身边立刻满足了，所以孩子等待妈妈到来的时间差就又会长了一些。

如果我们正在厨房做饭，孩子醒后哭着呼唤我们，我们可以先用声音回应，孩子对妈妈的声音既敏感又熟悉，所以孩子听到妈妈的声音后会根据自己的经验判断妈妈好像就在身边，焦虑情绪就得到了一定的缓解，当然只有声音是不够的，孩子还需要真正的接触到妈妈。

7 个月以后孩子就可以隐约听懂成人语言大概意思，这时妈妈就可以先说"宝贝你睡醒了是吗？噢，你想妈妈了！你没有看到妈妈在你身边是不是？妈妈现在在做饭呢，妈妈手上都是油，我需要先洗个手再走到你身边！"

"你有没有听到妈妈洗手的声音？就是水哗哗的声音，妈妈还要用些肥皂把自己的手洗干净，噢，妈妈的手洗得很干净了，妈妈现在要去找你喽！你是不是还在等妈妈呀？你听到妈妈和你讲的话了是不是？我最爱的小宝贝。"

当然这些语言要与自己每一步动作相对应，到孩子身边温柔地把他抱在怀里继续："你刚才在等妈妈呀？你现在睡醒了，需要尿尿吗？还是想要吃东西啊。"

先听到声音再得到拥抱可以逐渐培养孩子的心理耐受性。孩子再大点，遇到挫折他会立刻跑到家长身边，委屈的诉说或哭泣一会儿，孩子的这些行为更加主动，他会寻求安慰以便自己战胜挫折。这种适当的自然挫折、在依恋关系中得到的安抚和支持，可以逐渐增强孩子的力量感。

"延迟满足"与"棉花糖实验"

棉花糖实验是斯坦福大学沃尔特·米歇尔博士 1966 年到 1970 年代早期在幼儿园进行的有关自制力的一系列心理学经典实验。

在幼儿园里，实验者请老师把 3 岁到 5 岁的孩子们单独带到一个房间，在他们面前摆放了一个盘子，里面装有一块棉花糖，同时告诉孩子如果能够坚持在这个房间里待够 15 分钟且不吃掉这块糖，15 分钟后会再给他一块，他就能得到两块糖，然后老师就出去了。

实验者通过视频观察房间里孩子的情况，有的孩子直接就把糖吃掉了，有的孩子忍耐了几分钟后吃掉了，还有的孩子通过闻味道、舔一舔、避免看等方式去抵抗这块糖的诱惑后坚持了 15 分钟，最后成功地得到了两块糖。

实验者也对这些参与实验的孩子进行了追踪，在后来的研究中，发现能为奖励坚持忍耐更长时间的小孩通常具有更好的人生表现，如更好的 SAT 成绩、教育成就、身体质量指数，以及其他指标。

实验中能够坚持等待 15 分钟的孩子链接未来的能力更强，遇到挫折时能

看清目标，也能忍受当下的困难和枯燥、能接受暂时的不如意，更具韧性和毅力，认为任何事情都是可以解决的，这样的人也更有力量。

有的家长知道了"延时满足"的概念，被实验结果中"更好的人生表现""成绩""成就"这些字眼戳中，人为地给孩子制造挫折。

> 小张是一名大二学生，大学期间接触到赌球，瞒着家人从网络平台上贷款赌，还不上钱平台开始恐吓他，最后找到了学校和家里，捂不住了。家里人既愤怒又害怕，只能借钱先把巨额债务还上。事情解决后，家人想跟小张沟通，希望他能认识到自己的错误，但却不敢，因为小张不但不去上学，还把自己关在家里，情绪非常不稳定。家人想带他看心理医生，他也是拒绝的。
>
> 了解他的成长经历：小时候，妈妈对小张期望很高，对他有过多的控制，每次小张想要小到好吃的零食、好玩的玩具，大到自行车、电脑，妈妈总是跟他说，你必须学会忍耐和等待，让等 3 天，等 1 个月，等 1 年……当然也会等到，但在等待的过程中，想要的煎熬让小张对物品更加渴望了，一方面，他深信未来有大大的诱惑在等他，另一方面，过程中的煎熬让他无法接受，赌球是诱惑，贷款是他可以立刻行动的途径。

小张这种状态也是家长过度控制，自己没有掌控感的结果。而那些幼年时经过阶梯性延时满足的人，墙上的饼对他们并没有太大的诱惑力，他们会理智地衡量付出与收益，有梦想有激情但不会活在他人编织的梦幻泡沫中，骗财骗色的招数就更加没用。

孩子具有的品质和能力不可能一蹴而就，一定是父母一点一滴建设起来的。首先是要度过共生的母婴期，再以孩子能够接受的方式逐渐分离，直到适应社会的正常节奏。孩子小的时候可以尽量满足得快一些，一两岁能力强些后可适当延长满足时间。但在这个过程里，父母绝对不能故意的慢吞吞、有意拖延、人为制造挫折，而应该用正常的生活节奏与孩子交流，否则会适得其反。

除了不能人为故意制造挫折外，父母急躁反应也会对孩子造成不利影响。

如果孩子大了，我们还一听到孩子的哭声就手忙脚乱，立刻手里东西扔下跑过去，噼里啪啦的跑步声会令孩子感觉紧张，不仅容易使孩子焦虑和脆弱，他们也很难从中习得"延迟满足"的能力。

一次流行感冒的高发期，半夜我带孩子在急诊排队，排到第二个时，后面还有很多人。这时突然一位家长抱着孩子高声哭喊着冲了进来，所有人都以为孩子有什么紧急情况，赶紧集体往后退了一步让出个通道，连正在就诊的家长都赶紧把自己的孩子抱起来，让开了医生面前的椅子。

只见这位妈妈毫不客气的一屁股坐在椅子上，对医生说"医生，你快救救我的孩子吧，我的孩子已经三天没拉粑粑了！"当时我们所有人都震惊了。

其实我能够理解这位妈妈可能是焦虑情绪的累加，也可能遇到了某些难以处理的事情才会这样崩溃，但是从另一方面看，如果平时家长给孩子展示的都是这种处理问题的方式，孩子学习到的就是毛躁的、慌乱的状态。

2. 被动陪伴

孩子通过游戏和玩耍建设自己。3岁前孩子也是孩子意志力发展的重要阶段，他会积极地探索世界，会不停地做一些成人看起来"很幼稚"的举动，比如不停地捡小土块放进瓶子里、把水在两只碗里来回倒或将馒头泡在汤里用手抓，这些都是探索世界发展规律和体验主动做事的过程，这些行为也会促进孩子的智力发展。

孩子玩耍时笨拙、出错，让家长们很着急，我们要管住自己想要"帮忙"的欲望，但是如果你的孩子是一个喜欢求助的孩子，或者孩子遇到很大的困难，我们就真的无动于衷、冷眼旁观吗？

当然不是，这时成人应先看见孩子的情绪感受及遇到的困难，然后判断一个小细节——孩子此刻是否愿意接受他人帮助，每个孩子的天性不一样，面对事情和他人帮助的反应也会不同，不能因为培养孩子的自主感，在孩子寻求帮助的时候一把推开，还是要做好被动陪伴的准备。父母的被动陪伴需要满足两点，一是有求必应满足依恋感；二是不求助不主动打扰给予自主空间。这样孩子通过与父母的进退配合可以更好地获得"我能行"体验，父母陪伴孩子付出的精力和时间应该是金字塔形状，小时候越用心地沉浸在孩子的世界里多思考、多感受，将来孩子就越自信、越独立、问题也越少，父母也会越轻松。

太过主动的情况：

孩子：妈妈，我不行。
家长：我来帮你。

被动陪伴：

孩子：妈妈，我不行。
家长：哦，你感觉有些困难是吗？（不着急上手帮忙，描述情绪）
孩子：妈妈，你帮帮我好吗？
家长：好啊，你需要我帮你干什么呢？（不着急上手帮忙，引导表达需求）
孩子：你帮我想一想！
妈妈：好，那我帮你想第一步好吗？（不着急全面帮忙，给孩子留出思考空间）
孩子：可以。

孩子在玩拼图时，帮他找出第一块拼图，然后父母就需要停下来等待在旁边，如果孩子继续求助，妈妈也可以再帮助找第二块，这时讲不讲为什么选这块的原因都可以，如果孩子要求我们全部拼好也行。但不能在孩子没有需要时，我们就把拼图前前后后、完完整整地拼成，那是锻炼你自己。

在一次家长团体工作中，有一个现象"孩子特别胆小、与人交往时容易哭、不能表达出自己主张"被热烈讨论。家长们明显分为了两派，一些家长认为孩子社交时不能过度干涉，哪怕孩子哭闹也无所谓，小孩子之间争执很正常；而另一部分家长认为孩子遇到问题后应积极帮助解决，要教会和提醒孩子应该怎样做。

我们一起做了情景模拟，通过情景模拟体验发现，在放松、信任家长身边的孩子更有自己尝试解决问题的主动性，在父母过度主动帮助解决问题的家长身边，孩子更倾向于认为解决问题不是自己需要做的，而是父母需要解决的，显然这种想法的孩子主动性和自主感会被破坏，使孩子形成了遇到问题依赖他人解决的思维模式。

3. 过载的刺激

爸爸妈妈给铁铁报了一个名为"磨炼心智"的夏令营，从养尊处优到异常艰苦，铁铁的挫败感特别强，一时难以接受，出现严重的应激反应。第三天，铁铁在营里又哭又闹要求离营，教官不得已给他手机，同时提前通知父母不要接孩子电话，铁铁每几分钟打一次，一天的时间打了几百个，最后教官和父母都承受不住，铁铁终于回家。铁铁回家后躲在家里不出门，过一会就会情绪激动："我恨你们（爸爸妈妈），你们都想害我……××（教官）他想弄死我，你们都不帮我。"

家长把孩子细心呵护到十几岁，发现孩子被娇惯的不良后果，觉得孩子长大了，想要立刻让他独立，满心希冀的认为孩子能够同社会很好的接轨，这显然很不现实。

孩子需要经历适当的挫折，可是当孩子遇到超出自己能力范围的过度挫折时，家长也要防止孩子受到过载刺激。

有的刺激是人为的，有些家长为了锻炼孩子防走失的能力，故意在人群中躲起来，看孩子的反应，三岁以下的孩子需要安全感，这样做对孩子有伤害。三岁以上的孩子，我们完全可以告诉他这是演习，同样能达到帮助孩子的目的。特别是看到有街头采访的实验，记者假装人贩子，把孩子成功骗走，我理解，这是为了给大众普及安全意识，但我还会关注那些被父母同意做实验的孩子们，这已经实质上的给孩子带来了心理创伤。

有的刺激是自然发生的，我一直认为，解决问题的过程，比事情本身要重要得多，因为过程给孩子传递了更多的信念和模式。

咕咕幼儿园大班，午休的时候跟他挨着的小女生睡不着，把脚伸到他的床上，踢到他了，他很不舒服，但是又不敢说。晚上睡觉前，他哼哼唧唧地把这事儿说给妈妈听。

妈妈一听就火了："你怎么不告诉老师？"

咕咕："大家都在睡觉，我怕打扰别人。"

妈妈："你还是个男孩子呢，怎么这么点勇气都没有呢？是她不对。"

咕咕闷声不说话，后面基本都是妈妈在说，他基本保持了沉默。"她怎么不踢别人？""你这时候不说话，是不是别人先惹事儿的，你都不敢反抗？""要不你就踢回去。"……

妈妈教给咕咕好几种做法，恨铁不成钢的样子，结果大家应该都能猜到，咕咕一个都做不到。

社交冲突中，如果我们的孩子处于弱势的一方，很多家长可能会出于担心而埋怨他，因为着急而直接教给孩子方法。但是，孩子遇到困难本身是他没有能力做到，埋怨更会让孩子退缩。我们需要看见孩子的努力与尝试，孩子的倾诉本身也是在尝试解决问题，不告诉老师怕打扰别人是优秀的品质。这种情况，与孩子的感觉感受和思维在一起是父母对他最好的支持，然后跟孩子一起复盘整个事件经过，会对孩子更有帮助。

孩子："妈妈，我今天在幼儿园里跟别人打架了。"

家长："噢，跟谁打的？为什么呀？"（语气是担心、好奇且温和的，不带任何质问）

孩子："他手里的千纸鹤其实是我的，但他非说是他捡的，他捡的也是我的呀，那东西本来就是我的。"

家长："噢，是你的东西丢了被他捡到了，然后他非说不是你的，是吗？"

孩子："嗯。"（注意这时很多急躁的家长会开始支招，如"你要跟他要""你应该告诉老师"等。）这时最正确的做法是等待一会儿。

如果孩子没有继续说下去，家长再回应："那你生不生气呀？"

孩子："我很生气，我都快气死了！"

家长："噢，看出来了，如果是我的话，我也可能会很生气，然后呢，你做了什么？"

孩子："然后我就和他吵起来了，再然后就不知道谁先推得谁就打起来了。"

家长："那打疼了没有？你有没有受伤？"（这里一定要表达对孩子的关心，让孩子知道家长除了关心他的情绪之外，还有身体。）

孩子："没有受伤。有点儿，有点疼！"

家长："不是特别疼？"

孩子："还是挺疼的！"

家长："哪里疼呀，我看一看好不好？给你揉一揉。……嗯，我感觉你很坚强。"（一般聊到这里时，孩子的情绪就已经基本过去，而且得到了关爱，可以关心其它事情了。）

家长继续："那另一个小朋友有没有疼？有没有受伤？"

孩子："他好像没有受伤，应该也很疼吧！"（当父母能够做好同理孩子自己的感觉感受，孩子就容易做到同理别人的感觉感受。）

接下来妈妈还可以再问问孩子：

别的同学看到了吗？他们有什么想法？

老师知道了吗？老师怎么说？

你对老师的说法怎样看？对方小朋友对老师的说法怎样看？

如果再遇到同种情况怎样解决会更好？

这种新方案你怎么看？你觉得对方小朋友会怎么看、老师会怎么看、家长会怎么看？

从一开始的复盘，到提问，都是从孩子的角度出发，他看到的，他感觉到的，他经历的，他想到的，陪伴和帮助孩子再次沉浸事件中进行感受和思考，这个过程会让孩子有非常大的收获，关心孩子身上发生了什么，当孩子遇到困难时，"你还好吗？"会让他感觉他很重要，比"你怎么能这样做？"温暖得多，一种是关心，一种是指责，指责并不能帮助孩子；"你准备怎么做？"可以引发孩子思考，比"你应该这样做"更有效，他自发的思考解决问题，更容易付诸行动。

4. 不能消化的情绪

爸爸带聂聂到健身房游泳，回到休息室聂聂发现自己放在桌上的小零食被其他小朋吃掉了一些，聂聂非常生气、愤怒和难过，开始哭闹。

爸爸："别哭啦，人家吃就吃了呗！"

聂聂："那是我的，他们没经过我的同意就把我的东西给吃了！呜呜呜。"

爸爸："行了行了，别哭了，一会出去我再给你买几个。"

聂聂："他们这样是不对的，他们凭什么把我的东西都吃了？"

爸爸："别谁让你把东西放在这儿呢？（孩子还是一直在哭，爸爸开始有点不耐烦）吃了就吃了，都已经这样了，你哭有什么用啊？再怎么哭东西也不会回来了！"

聂聂："我再也不要来这个地方了，我再也不要游泳了，我讨厌他们，我讨厌这个地方！"

　　爸爸火气一下升起："哭什么哭，都是因为你没有放好，关人家游泳馆什么事儿？你再也不来了是谁受损失？你东西回不来了，再不来游泳馆了，那么游泳卡也作废了！"

　　聂聂被爸爸大吼了一顿后更委屈了，蔫蔫地跟在爸爸身后离开了游泳馆。

　　我们经常遇到这种情况，孩子不讲理，情绪失控，胡搅蛮缠。事实上，当孩子有情绪时家长情绪也升起，双方处于情绪漩涡中，事情不是被解决的，而是以一方妥协为结束。父子两人当时愤怒的情绪都很强烈，父亲怎么也哄不好儿子，儿子越被哄，闹得越厉害。

　　孩子的东西被别人吃了有情绪是正常的；孩子处理不了自己的情绪，甚至说根本不知道自己在情绪中，就无法分析事情发生的客观因素，更没法有理性的处理方式。爸爸开始时本想耐心的劝慰孩子，但面对一个有情绪没理性的孩子爸爸也控制不住自己的情绪了，最后用了吼叫的方式来处理。爸爸把这件事处理好了吗？是理性的吗？最终的结局是爸爸想要的吗？

　　从情绪层面来看，爸爸和孩子是一样的，孩子遇到事情处理不好自己的情绪，爸爸在遇到孩子身上发生的事情同样也没有处理好自己的情绪。

　　心理学家比昂把人的情绪分为两种：可以忍受的（α 元素）和不可以忍受的（β 元素）。

　　对于可以忍受的情绪，人们可以用思维整理，用语言表达和用意识压抑，自己有很多办法处理。但不可以忍受的情绪却会让人们感觉难受，潜意识的想法是将自己忍受不了的感觉转嫁给他人，使他人也因此难受，其实希望他人来帮助自己消化不可以忍受的 β 元素，期待他人将其消化转变成舒服的、可以忍受的 α 元素后再返还给自己。

　　威尔弗雷德·比昂是精神分析理论领域最深刻的思想家，一位有影响力的英国精神分析学家，比昂认为人除了趋乐避苦的防御机制外，还有另外一套心理机制是面对痛苦和承受痛苦。

比昂的研究也是从儿童早期与母亲的关系开始的。在比昂的体系里，母亲成了一种"容器"，而孩子是被容器所接纳的"被容纳者"。容器对被容纳者有净化的作用，这就如同空气净化器可以净化空气。例如，当孩子（被容纳者）产生了难以名状的情绪反应时，就会去寻求母亲（容器）的帮助。这个时候，母亲作为一个更具有理性的人，需要将孩子的情绪接收下来，然后用自己的形式进行过滤，过滤后再把那些可以被接纳并且消化的情绪还给孩子，这样容器就完成了对于被容纳者的任务。

这很像小时候母亲会将食物嚼碎然后再喂给小孩，只不过比昂所描述的是我们对于情绪的处理。这是母亲与孩子，同样的，比昂说这种关系也可以扩展到咨询师和来访者，咨询师需要将来访者的情绪"咀嚼""处理"，然后将那些可以被理解、接纳的情绪传递给来访者，帮助他们实现情绪的自我消化。

现实中人们一般会将自己忍受不了的情绪转嫁给这样几种对象：①引发自己情绪的人。②让自己感觉安全的人，如爸爸、妈妈、伴侣、孩子等。③弱小的动物或不会反抗的家居用品，如小猫或抱枕。情绪是一种能量，它既能提醒我们，也可能具有破坏性，可能会伤害到自己，也可能会伤害到他人。情绪需要适当的出口，但心理学研究证明，单纯的发泄情绪并不能帮助人们学习管理好情绪，也不一定能够做到让情绪彻底不伤害人们的身体和环境。

零食被别人吃了，孩子非常愤怒和委屈，他自己消化不了这些情绪，又无法做出更多更好的决定，于是用哭泣的方式来表达，让情绪流淌出来。儿童是以情绪为导向的，情绪不被消化，怎么做都不对。

显然爸爸一开始面对孩子的情绪是可以接受的，也在关心孩子，当孩子被爸爸关心，情绪又升起一些，就像我们委屈被人关心可能会先崩溃一下。这时候孩子第二波情绪到了爸爸这里，引发爸爸的烦躁情绪，这时候爸爸就无法忍受了，把这些情绪通过吼叫一股脑儿的扔回给了孩子，这时候孩子既需要承担自己消化不了的情绪，又需要承担爸爸无法消化的情绪，只能先转化为压抑，成为没有被处理的情绪记忆和感受记忆，影响孩子的情绪模式。

不论是夫妻、朋友还是亲子之间，能够接住对方的情绪是一种高情商和高能力的表现。对方有情绪我们可以平静地面对不被带走，对方不可以消化、不能够忍受的情绪扔过来可以接住且帮助消化掉，这样的人一定非常安全、温暖、可靠，具备很强的情绪管理能力。

孩子对于成人来说是相对安全且弱小的角色，也是我们不能忍受的情绪肇事者，可以说是完美的 β 情绪的"转嫁"对象。当孩子遇到挫折有情绪，当然会有孩子做错的部分，不管是因为孩子的错误我们生气，还是面对孩子的情绪我们烦躁，我们扔出情绪的具体行为可能是归错于孩子。孩子出现的很多问题本质是家长的问题，孩子是自己生的，也是自己养的，要么先天遗传自己，要么后天培养成现在的样子。有些所谓的"错误"与孩子的关系并不特别大，只是孩子的表现不是自己期待的样子，所以家长产生了糟糕的情绪。

如果一个孩子遇到挫折后自己无法消化，父母的指责又雪上加霜，对孩子伤害是非常大的。父母应该理解孩子的哭闹、抱怨、攻击等行为都是代表自己的情绪消化不了才会出现的非理性表现，当孩子遇到挫折时，先纾理情绪，再梳理事情，更好一些。不知道大家有没有这样的经验，有时候仅仅纾理好情绪，就可以了。

5. 恐惧依恋期

"妈妈，我怕黑，你陪着我，睡觉不要关灯。"

如果没有被提前唤醒，孩子在 4 岁 3 个月左右会进入恐惧依恋期，表现为对某些具体事物害怕，比如火灾、地震、海啸、小狗、小虫子；或者对无法感知的东西害怕，比如黑暗、孤单、鬼怪；或者对未知的事情害怕，比如死亡。

孩子的恐惧在三个时间段最容易发生，分别是 4 岁 3 个月左右、8 岁左右、22 岁左右。每个阶段害怕的感觉是不同的，8 岁左右时孩子害怕的是自己无法被照顾到成年，担心自己死亡，朦胧的思考生命的意义；22 岁左右一般是纯粹对生命的逝去、对自己消失于世界无法存在的害怕；而 4 岁 3 个月左右"恐惧依恋期"，是对未知的恐惧或对跟父母分离的强烈担忧。

有的是被唤醒的。前几年青岛小珠山发生火灾，大火被扑灭后有位妈妈向我求助，"孩子4岁半最近特别害怕火，家里做饭开火都不让。"这里就是孩子处在恐惧依恋期又恰好接触到火灾的消息，对于火的恐惧被唤醒了。在这个时期，如果有海啸发生，孩子可能就会对海啸感到害怕；如果曾经被猫抓、狗咬或成人吓唬过，孩子可能就会对这个实际的有形物感到害怕。

如果没有外在诱发，孩子会自然地对未知的黑暗、孤单或是想象中的妖怪害怕，或者担心父母会不会生病、会不会离开自己，甚至会问父母会活多久，因为4岁也正是孩子科学探索的敏感期。

孩子们4岁时对日月、星辰、火山、大海、血液、骨骼、红细胞、白细胞、昆虫、微生物都很好奇，也会对宝宝在妈妈肚子里是如何长大的，毛毛虫怎么变成蝴蝶的进行了解。这时候，孩子进入了"自然科学敏感期"，可以多带孩子去大自然，也可以多为孩子准备科普类的图书、图画或者实物供他们认识世界。需注意的是，一般来说，孩子4岁时对"是什么"感兴趣，应该看的书是儿童百科全书这类，与5岁时对"为什么"感兴趣，是有区别的。

随着孩子对更多的东西好奇，当然会遇到一些难以理解的问题。自己懂得越来越多，自然会对未知的东西也越来越有感觉。经由孩子现实世界的经验，他发现不论是在微观世界，还是宏观世界，一部分能够理解和接受，也有很多是自己不了解的，未知会带来恐惧。

这段时期为什么会被我称作恐惧依恋期呢？因为安全的依恋关系能帮助孩子顺利度过这段时间，直到恐惧彻底消除，如果家长陪伴足够好的话，大概3个月左右就过去了。

我家大女儿，一直特别自立，1岁3个月会用筷子自己吃饭，2岁左右会自己刷牙、洗澡，妹妹出生后会帮妹妹做很多力所能及的事情，独立性、自理能力都很强。可是在4岁多的某一天，她突然对我说"妈妈，你陪我去刷牙吧？"

我当时只是感觉很奇怪，但没反应过来："你自己刷吧，你不是以前就会吗？"

孩子又哀求道，"陪我吧，陪我吧！"

我还是拒绝了，"我还有工作，不能陪你。"

孩子没办法最后拉着妹妹陪她刷牙，但是看起来真的非常难过。一连2、3天她刷牙、大小便、自己去房间都来找我陪，我觉得她很自立啊，不想陪，她就开始闹脾气、很黏我。

我有一个习惯，当孩子出现状况，会认真的思考孩子到底怎么了。孩子这几天的表现，让我突然回想到，曾经在一本书里（已经不知道哪本书了）读到过4岁多孩子会进入一个非常恐惧的时期，那本书对于这个时期就用一两句话带过，看到时我还奇怪了一下。其实我们学东西就是这个样子，可能以前学到过，但就是有时就会意识不到。

我有些明白了，从那天开始只要孩子要我陪，我都会立刻放下自己手里的事情。这里除了强调"陪伴"，同样强调另外一个词"被动"（是不是很眼熟？前面也提到过被动陪伴）。孩子提出需要才去陪，如果父母一直主动陪伴，一是不清楚恐惧依恋期结束的时间，二是容易弱化孩子。

那段时间我会等孩子的呼唤，耐心地、不抗拒地陪在身边，甚至在某些固定时间，比如孩子大概快刷牙了，我会提前把手中的事情放下，愉快地等待着她。3个月后的某一天，孩子晚上刷牙时没有叫我，隔天又叫我陪了一次，这个时期就自然而然地过去了。

陪伴虽然看似简单，但其中语言和非语言的沟通很重要，父母一定要用心去体谅和理解孩子，他们此时紧张和恐惧的感觉，不是跟他们讲道理做解释，就能够消除的。

家长："我儿子现在8岁了，从4岁多开始害怕窗帘，总觉得窗帘后面躲着东西，特别夏天开窗，风把窗帘吹起来，他就更害怕了。"

我："那你是怎么跟他说的呢？"

家长："我告诉他什么也没有啊，我是这样说的'哎呀，没有东西我给你看看！看过了，没有吧？你都怕了好几年了，是不是真的没有？'"

这种沟通是无效的，不但无效还会延长孩子恐惧的时间。同焦虑一样，我们需要解决的是情绪，不是认知。这里最好的回答是同理孩子的感觉感受，与孩子的情绪在一起。

"噢，你很害怕是吗？你害怕那个地方有东西，我知道了，我会陪着你！"

一个真正了解孩子的人会发现，与孩子沟通不需要太多复杂的话语，简单、恰当的表达，非语言的理解和在一起的感觉最重要。

"你很害怕是吗？""我知道你很害怕""我会陪着你"，情绪陪伴三步曲，在孩子有恐惧情绪时都可以用，可以扩展的是帮助孩子重复他所描述的感觉，比如"你觉得那个地方特别像大妖怪，嗯，妈妈知道了"，多余的话就不要讲了。

特别强调不要加多余的语言，不是真的别的都不能说，而是我发现一些家长非要在后面加上"妈妈陪着，你就不怕了"这就不合适了，孩子的内在感受是妈妈陪着，我好多了，并不是不怕了。

"怕什么怕！妈妈不是陪着你了吗？你胆子怎么这么小！"
"有什么好怕的，什么都没有，你这个胆小鬼！"

类似的说法就更加错误了。所有的"不怕""别怕""没有"都是在否定孩子感觉和想法，孩子觉得妈妈根本不理解自己、妈妈根本不知道自己发生了什么，加重孩子的恐惧感。安慰、保护一个人最好的方式绝对不是否定他的感觉和情绪。

试想一下如果我们是闺蜜，现在你失恋了很难过，我在旁边安慰你："哎呀，别难过了，好男人多的是，咱才不在这一棵歪脖子树上吊死！"你有感觉到被安慰吗？其实没有。

"你活该，后悔了吧！我说这个人是渣男，但是你非要和他在一起，现在还有脸哭？"你不但没有被安慰，还感觉被攻击了。

"我知道你真的很难过，我会陪着你。"是不是感觉好多了。

如果孩子怕狗、猫或虫子等小动物，父母可以检讨一下自己是否曾经用"别碰它，有细菌！""离它远一点，可能会咬人"之类的语言吓唬过孩子。我们确实需要引导孩子学会自我保护。

"宝贝儿，你要在确保自己安全的情况下观察它。"

"这只狗狗有主人吗？你必须问问主人它是否温顺、是否会咬人、可不可以摸一下？如果主人同意才可以摸。"

"如果这只狗狗没有主人，我们不能确定它是否会咬你，所以你最好离它远一点。"

"你摸了狗狗，我们需要把手洗干净。（为什么）因为我们跟狗狗身体不一样，狗狗身上的小细菌它没关系，对我们会有影响。"

这样的表述可以让孩子区分什么情况下是安全的，如何采取正确的行动。一味地吓唬孩子，某些方面看起来是安全了，可是孩子并没有学会更好的判断，也会变得胆小。

如果孩子的恐惧对象是火灾、地震、海啸等自然现象，就像前面提到的孩子怕火不让父母开火做饭，解决这类问题需要很多步，让孩子对火的印象就会由未知变成已知，恐惧也会慢慢减少直到消失：

第一步，一定是进行情绪处理，被动陪伴："你很害怕是吗？爸爸妈妈知道了，我会陪着你的。"

第二步，满足孩子对世界的好奇心，清楚的解释火灾背后的原理，建设一个很重要的观点【任何事情都有两面性】。火在不安全使用的情况下可能确实会发生危险、造成伤害，安全的情况下它给人们的生活提供了很多便利，比如帮助人们做熟美味的饭菜、在黑暗的环境中发出光亮等，所以最重要的是安全使用它，学会自我保护。

第三步，带领孩子观看或练习如何安全使用火，检查安全隐患，介绍防护措施。带孩子来到厨房，耐心的演示和讲解"我用火的时候会非常小心、不会让火蔓延出来，而且家里安装了烟雾报警器，有危险的时候它会发出声音提醒我们，不用火的时候会把燃气阀关掉，这个阀门也可以很好地保护我们""平常时候远离火源"等其他关于火的安全教育知识。

第四步，与孩子一起在家里做消防演习，让孩子了解万一有火灾发生该如何保护自己。带着孩子用最快的速度找到湿毛巾捂住口鼻，找到最近的出口，不走电梯，走楼梯。一般来说，如果孩子知道自己有办法保护自己就会放松一些。

第五步，带孩子了解社会为预防和救援火灾做了哪些准备，如消防栓、安全通道、火警电话 119 等，有机会也可以带孩子去消防大队参观了解消防知识。

另外，有一句话可以增加孩子面对恐惧时的力量感，但只能说一次，所以大家可以找个合适的机会谨慎使用，最好在孩子恐惧期持续一段时间再说，不能刚开始就讲。比如孩子害怕打雷：

"噢，你害怕打雷是吗？妈妈知道了，妈妈会陪着你。"
"其实爸爸 / 妈妈小的时候也害怕打雷，打雷的时候我觉得声音好大啊，很害怕，长大一点我就不怕了，可能你长大一点后也就不怕了吧，当然我知道你现在确确实实很害怕，爸爸 / 妈妈抱抱你吧。"

这样既给孩子留了一条出路——长大一点就不怕了，同时又会让孩子觉得原来爸爸妈妈小时候也害怕过，认为自己现在的害怕是正常的。

恐惧依恋期是最后一个孩子粘着妈妈的时期了，随着孩子懂得越来越多，他对妈妈的崇拜和依赖会慢慢减退，"完美的母亲"光环消失，这时候爸爸再不参与教育，孩子的力量和界限，目标和方向，都很难建设得好。

（1）该不该给孩子读关于死亡的书？

家长求助："我家孩子 4 岁 3 个月，家里有一套汤姆的绘本，其中有一本涉及汤姆的外公去世了，这个故事我还迟迟没有给他讲，但是他会问我，妈妈去世了是什么意思？我特别想请教黄老师，如果涉及这个生命的问题的话，我该怎么掌握这个度呢。"

不管是生还是死，4 岁多的孩子对这些信息更敏感。比如说生，孩子以前会问，妈妈我是从哪里来的，4 岁多会问妈妈我是怎么生出来的，这是关于"生"的认知。同样，对死也是这样，不管是宠物死了还是身边的人生重病或去世，包括因为这些事情导致我们家长情绪上的悲痛，孩子都会敏感地捕捉到。孩子会通过自己的认知进行加工联想。于是他开始怀疑"这个世界上是不是有鬼？"

不管是跟孩子聊性发展的知识这些关于"生"的话题，还是跟孩子讨论"死"的话题，都有三个重要的原则：第一，有问必答，不回避。第二，有问才答，不问不说。第三，不扩展，点到为止。

如果说孩子还没有开启对这方面知识的思考，给孩子读这样的绘本不合适，是一种提前唤醒。在孩子心理发展还没准备好之前，他是无法承受的，如同他只能提 10 斤水，我们非让他提 20 斤。这是一个很重要的问题，本身处在这个年龄段，他就容易害怕生死，又多思多虑，就会过分担忧，自然思考才会让他有能力慢慢消化。有些妈妈过度负责，既然孩子感兴趣，吧啦吧啦给孩子讲的特别清楚明白，这也非常不合适。很多儿童咨询里面的焦虑和恐惧，特别是涉及生死，家长们处理起来非常困难，需要我们咨询师的帮助，这也是前面提到的压力源之一。

（2）孩子的宠物死了，该怎么告诉孩子？

分享一个帮助家长处理孩子养的小宠物去世的情绪的故事。

一个 8 岁孩子养了两只小乌龟，经过冬眠，一只小乌龟慢慢缓过来。

另外一只小乌龟却迟迟不动，爸爸妈妈知道这个小乌龟估计是不好了。但孩子总想把小乌龟弄醒，爸爸妈妈不知道要不要告诉孩子，或该怎么跟孩子说这件事，立刻跟我联系。

这种情况最好不要由爸爸妈妈告诉他，他自己发现会更好，因为对于不确定的事情，我们总还是期待奇迹发生。另一种情况，早上起床，妈妈发现孩子昨天买的小金鱼死了。这种可以由我们告诉孩子，也可以等孩子自己发现，因为事实是很清楚的。如果你领着一只小狗去遛弯，小狗不小心被车撞死了，那一定是尽快告诉孩子比较好。

儿童 PTSD

创伤后压力心理障碍症（PTSD）指人在遭遇或对抗重大压力后，其心理状态产生失调的后遗症。儿童 PTSD 中创伤性再体验症状可表现为梦魇，反复再扮演创伤性事件，玩与创伤有关的主题游戏，面临相关的提示时情绪激动或悲伤等；回避症状在儿童身上常表现为分离性焦虑、黏人、不愿意离开父母；高度警觉症状在儿童身上常表现为过度的惊跳反应、高度的警惕、注意障碍、易激惹或暴怒、难以入睡等。而且不同年龄段的儿童其 PTSD 的表现也可能不同。

孩子 8 岁了，有一定的认知，他应该已经有了自己的猜想，只是不愿意面对，不愿意相信，还希望有奇迹发生。说得极端化一点，比如当灾难、死亡、恶性疾病、暴力伤害降临的时候，人是有 PTSD 应激反应的，心理有哀伤的周期：Denial（拒绝），Anger（愤怒），Bargaining（妥协），Depression（沮丧），Acceptance（接受）。

孩子感觉到小乌龟不大好了，基本是处于第三个阶段——妥协阶段。前两个阶段会非常快，可能是几分钟、几个小时或一两天。拒绝：不，不，不可能，不会死的。愤怒：凭什么呀？为什么我的小乌龟会死，别人的小乌龟不会死／都是我妈妈没有照顾好它。到了妥协阶段：它会不会还能活过来，它的死不会是假的吧，再等两天吧。孩子这一段的心路历程，是需要他们自己经历的过程，逐渐接受、心智增长、康复力增强的过程。如果孩子自己询问，我们可以回应，"可能吧，我们要不再等等再观察观察。要不我们在网上搜索一下。"

后来孩子确定小乌龟应该真的死了，他说："如果小乌龟死了，我可不可以把小乌龟的壳留下来？"爸爸妈妈又不会处理了，爸爸不想同意，因为害怕孩子触景生情。在哀伤处理的过程中，保留去世者的物品是一个很好的帮助处理哀伤的行为，孩子保留乌龟壳是可以的。但是，并不是所有的宠物离开我们都需要保留相关物品，而是看孩子的需求。如果他不提出要求，我们不用主动告诉孩子，不要去唤醒他这一部分心理。

过了几天，孩子说，我们把小乌龟埋了吧，不再要求保留小乌龟壳。跟孩子一起埋小乌龟，是一种重要的仪式感。找卫生纸包起来，放在盒子里，找一棵大树，在旁边挖一个比较深的坑，埋好再撒一颗种子或者移一棵小花小草种上，跟孩子一起跟它告别。

新的问题又来了：孩子想要一个一模一样的小乌龟。

按照高级家庭教育处理技巧的话，可以不用立刻同意。比如可以跟孩子说，我们需要给我们家里消毒，等伤害小乌龟的病菌没有了再去买。给孩子时间消化一下，这是一个很好的，等待延时满足的过程。立刻买也可以，不能生硬的拒绝或者拖延。

（3）孩子问去世是什么意思，怎么回答？

4 岁前的孩子，我们可以用我们小时候得到的答案"到天上去了""到另一个世界去了"，5 岁以上的孩子不建议回避，我们恐惧来源于"分离"。我在 20 多岁的时候很害怕死亡，我会经常想，如果我死了，那么我再也见不到爸爸妈妈和我身边的人，他们也见不到我，"我"消失在这个世界里了。

"汤姆的爷爷到另一个世界去了，他的世界和汤姆的世界没法直接联系，但是，在另一个世界里，汤姆爷爷也有他的爸爸妈妈，有他的好朋友，有他的兄弟姐妹，所以爷爷在那个世界并不孤单，而且，汤姆爷爷会很想念汤姆一家，就如同汤姆一家在这个世界想念他一样。"

"汤姆一家希望爷爷在那个世界过得幸福快乐，爷爷肯定也是这样希望汤姆快快乐乐的。"

我们最亲爱的人一定希望我们在这个世界过得开心快乐，是沟通死亡话题的基调，这是我个人的观点。有时候，面对死亡这个话题，成人无法帮助孩子，可能是因为成人自己也无法面对这个话题或者也陷入了无尽的痛苦之中。这时候我们要先处理自己面对死亡的心态。

彤彤在妈妈和奶奶的陪伴下到医院看病，一开始妈妈排队拿药，彤彤跟奶奶到处溜达，过了一会他很伤心地过来找妈妈，让妈妈陪，接着就带妈妈来到医院门口，一位老奶奶坐在地上哭得很伤心，一位老爷爷和一位大婶也在擦眼泪。

彤彤小手紧紧地握着妈妈的手问："妈妈，那个老奶奶为什么哭得那么伤心？"

妈妈回答："老奶奶可能不舒服，没有那么坚强，就想哭一哭来发泄下情绪。"回答的过程中妈妈带着他往离开门口的方向走，结果被他拽回到了门口。

彤彤接着说："不是，我奶奶说'她家不是有人去世了就是有人出车祸了'，所以她很伤心。"

妈妈停下来："奶奶这么说不对，因为你奶奶不认识她，所以并不怎么了解他们家的事情。"

彤彤有点放松了，接着问："她是生病了？不舒服坚持不住了所以哭？不是家里有人去世了？"

妈妈又试着带他离开，这次他跟着走了："我觉得是的。"

彤彤："你为什么觉得不是她家有人去世了？"

妈妈："因为这是在医院，我觉得在医院就是治疗的过程。"

彤彤感觉又放松下来一点："那有人去世她就不在医院了？会去哪里？"

妈妈："有人去世的话她应该是会回家处理后事，在这哭说明只是不舒服发泄下情绪。"

彤彤:"那她为什么哭那么长时间?"

妈妈蹲下来看着他回答:"每个人发泄情绪的方式和时间不一样,老奶奶可能需要更多的时间来发泄完才会舒服。"

彤彤:"老人那么大了为什么还哭?"

妈妈:"人的每个年龄段都会有用哭来发泄情绪的时候啊,你看你们小孩会哭,大人会哭,老人也会哭啊。"

彤彤:"老人一哭哭一年,小孩哭一会就好了?"

妈妈:"每个人不一样,有的老人哭一会,有的老人哭的时间比较长,就像你们小朋友,有的小朋友哭一会就好了,有的要哭好久才能发泄完。"

彤彤笑了笑,走到凳子旁边坐下来爬到妈妈身上搂着脖子又开始问:"妈妈,姥爷多大了?……妈妈你会去世吗?"

彤彤妈妈一开始想带离孩子的想法,表现出一些她对这件事情的抗拒,这种抗拒会让孩子紧张,后来一起面对,回答及时,孩子也会放松下来。如果孩子跟我们讨论死亡,我们可以跟孩子一起直接面对死亡这个话题,一起面对未知的恐惧。如果不面对,不处理,可能就会在孩子的心里埋下一个恐惧的种子。

有孩子6岁了,仍然对死亡话题特别纠结:"妈妈你别死,妈妈你会不会死,你死了是不是我们就分开了,我会不会死。"

有家长可能会说:"不会的,不会的。"或者说:"每个人都会死,你想这个干啥呀。"这样并不能帮助到孩子。

这个时候,跟孩子害怕鬼一样,我们重要是回应孩子的恐惧情绪:

"妈妈,我又睡不着了。怎么办?"

"为什么呢?"

"妈妈你会不会死,你死了是不是我们就分开了。"

"哦，我知道了，你很担心，担心跟妈妈分开是吗？"

"是。非常害怕。"

"哦，我知道了，你很害怕，你想让我一直陪着你。"

"嗯，可是妈妈，我还是担心，你能活多久？"

"中国人的平均寿命是 78 岁，未来会更长。如果我们有健康的好习惯，寿命到 100 岁也没问题。也就是说，妈妈还有好多好多年，特别是你有更多更多年还可以活着。"

"可是我不想跟你分开。"

"嗯，我知道了，宝贝不想跟妈妈分开，妈妈也想跟宝贝在一起。"

……

"妈妈等我老了你才会去世？"

"是呀，你很害怕妈妈会去世对不对？""妈妈知道你很害怕，妈妈小时候也很害怕自己的爸爸妈妈会去世，但是后来妈妈想明白了，既然那么害怕分开，那不如就好好珍惜现在在一起的每一刻吧。"

"你是怎么想明白的呢？"

"长着长着就突然想明白了"。

首先我们要准确回应出孩子的情绪是恐惧害怕，理解孩子恐惧害怕的是分离和未知。所以，我跟你要珍惜生命中的每一天。

6. 我从哪里来？

（1）"妈妈我从哪里来？"

每次讲课中提到这个话题，我会问家长：你小时候得到的答案是什么？捡来的、水里漂来的、地里刨出来的，只有寥寥几个人会说："我是我妈妈生的。"这几个"被妈妈生的"家长，他们对自己生活的满意度更高。有意思的是，我们对童年的记忆很模糊，对这个问题的答案却印象深刻，因为这个答案，会对我们的世界观产生强烈的冲击。

这是我们祖辈不愿意面对的问题，现在年轻的家长就好多了，大多都可以认真地告诉孩子，你是妈妈生出来的。但是，随后孩子会问"我是从哪个地方生出来的？""我是怎么进去的？"这些问题也会让成人难以启齿。

这些话题涉及儿童教育中的很重要的一部分——儿童性教育。肛欲期也是儿童性发展中的一部分，跟研究排泄物一样，孩子发展中的性是一种态度和探索，比如，成人的身体上为何会长毛。与成年人脑中性的概念和理解有极大差别，儿童性教育更多的是帮助孩子正确地了解生命、感恩与成长，建立性意识和认识性体验，当然这种性体验与成人的性活动也截然不同。

因此父母正确的回答很重要，对孩子自己生命与身体的认识、男生女生如何保护自己、两性之间如何相互尊重都有深远的影响。特别是"我从哪里来？"这个疑问对孩子来讲不仅是一种对性的探索，更是一种对生命的探索，它奠定了生命的底色："妈妈生的"代表着一种确定感，生命的底色是明亮的；"被捡来的"会认为自己是一个糟糕的和被遗弃的人，会对自己失望，生命的底色是灰暗的。它会影响到孩子是悲观的还是乐观的，是有活力的还是退缩的，进而影响做重大决策时的选择方向。如果这时父母的答案恰当得体，则会送给孩子一份非常难得而珍贵的礼物——爱、生命与感恩教育。还记得当时我的孩子提出这个问题时的情景。

孩子趴在我身上问："妈妈，我是从哪里来的？"

我："是从妈妈肚子里生出来的呀。"

她似懂非懂："从哪里生出来的呀？"

我掀开衣服露出肚子："这个地方有一道伤疤看见了吗？当你在妈妈肚子里长到很大很大需要出来的时候，妈妈去医院，医生就在妈妈的肚子上开了个小口子把你拿出来了。"

孩子的反应特别震惊和紧张："妈妈是不是很疼？"她摸着我的伤口，眼泪几乎要掉下来。

我看见孩子的表情我知道我的回答对她很重要，如果我说特别疼，孩子会有负罪感，如果我说不疼又不真实，于是我回答："确实有些疼，但是当医生从妈妈肚子里把你拿出来的那一刻，见到你，爸爸和妈妈都觉太幸福了，我就感觉不那么疼了，而且在医生、爸爸、奶奶和姥姥的照料下，妈妈很快就好起来了。你是爸爸妈妈的宝贝，看到你妈妈觉得特别幸福。……现在就不疼了呀。"

孩子就满脸幸福地趴着，抚摸着我的伤口，能感觉到她被深深地感动了。当然剖宫产相对好讲些，顺产其实也不难，重点是告诉孩子：你的出生是被祝福的，你是爸爸妈妈情感的结晶！平时我也会跟孩子们讨论为什么要生她们——"爸爸妈妈相爱了，想更好地在一起，于是共同生一个孩子，你的身上既有爸爸的基因也有妈妈的基因，所以你既像爸爸又像妈妈，我们看到了你就仿佛看到了爱的模样。"这真的是一种非常美妙的体验，孩子会认为自己就是爱的化身，自己很重要，时刻沐浴在幸福感里。

（2）"我从哪里生出来的""我是从哪里进去的？怎么进去的？"

我们可以考虑以下五点：

第一，隐私 ≠ 羞耻。

帮助孩子建立隐私概念。我们需要告诉孩子，关于尿尿的地方或生产的通道等等是隐私的话题，可以跟妈妈／爸爸（必须是同性家长，否则会性别边界混乱）或同性别的愿意聊的朋友聊，也可以与伴侣讨论这件事，在大庭广众之下是不可以聊的。

不传递羞耻的感觉。家长回应"羞死啦""丢人""不要说这些事情"是非常不恰当的。一方面，家长不给孩子普及科学性知识，会导致孩子不懂得如何科学地保护自己，未婚先孕的女孩子，被性侵导致性取向异常的男孩子，艾滋病等的传播，都是因为孩子不敢与成人讨论这一类话题，他们获取的性知识的渠道是片面、不健康的。另一方面，性是婚姻中非常重要的一部分，如果夫妻之间没有性，关系特别容易紧张。在夫妻生活中，能够正常表达自己性需求的男性和女性，会更加自信，更懂得自我满足，这是一个相当重要的信号，它代表了人们被爱、我值得的信念。如果我们在这个话题上是闭塞和羞耻的，也会显现出内在不该享受、不配快乐、不能为自己争取的压抑感。

性心理是心理学中重要的内容，弗洛伊德以身体不同部位获得性冲动的满足为标准，将人格发展划分为 5 个阶段的人格发展理论又称性心理期发展论。排便、性和吃饭、睡觉一样，是人们最基础的生理需求之一，是一件很重要也正常的事情，不应被回避和泯灭。

第二，真实、自然地与孩子讨论。

建立正确的隐私观念应由同性父母与孩子进行探讨，如小男生和爸爸、小女生和妈妈。孩子在 6 岁之前没有性冲动，只有好奇没有羞耻，反而成人会觉得尴尬。所以家长在介绍这类知识应自然地跟孩子描述，这些器官与其他器官（眼睛、耳朵等等）一样，需要我们保护好它，它也会给我们带来正常的功能，唯一的不同是它们是隐私的，不能随便给别人看和摸。

对于这类知识，同性家长可以做出正面回答，比如找一些医学器官的图片，正式告诉孩子阴道、睾丸等器官的位置和学名，再提醒孩子如果要讨论可以用"隐私部位"代替它们，这样既建设了私密感，又让孩子清清楚楚的了解。

有家长问："黄老师，同性家长讲隐私话题，如果我家女儿问男人的隐私部位，应该是爸爸讲还是妈妈讲？"当然是妈妈讲啦，虽然讲的是男生的隐私部位，但这是女儿在提问。

第三，男女平等。

几乎每个孩子都问过，"为什么男生有小鸡鸡，女生没有？"大家需要知道一个标准回答："女生也有小鸡鸡，只是女生的小鸡鸡和男生的小鸡鸡长得不一样。"这就足够了，这会让孩子尊重自己，也会让男女之间互相尊重。

我们还会有意无意地讨论生男孩儿还是生女孩儿的问题，我们要有觉察，孩子会受我们讨论观点的影响。"××特别想要个儿子""男孩儿有什么好的，我就喜欢姑娘"，这都是性别偏差。我们只需要表达，只要是自己的孩子，我都爱他。

第四，警惕提前唤醒。

跟讨论死亡话题一样，当孩子还没有这方面意识的时候，成人不能提前跟孩子讲。孩子问什么成人答什么，孩子不问成人不答。只要孩子有疑问，成人必须认真、用心回答。

绘本对儿童教育的帮助非常大，家长可以提前购买关于性别、出生、死亡等内容的绘本做准备，但要注意这些绘本不能直接给孩子看，只有孩子的认知来到这个点，有疑问的时候才能拿出来，否则他们的心理状态还没有准备好，可能会造成伤害。不但绘本会提前唤醒，孩子看到爸爸妈妈的性生活，看到暴露隐私部位的图片或者视频也会被提前唤醒，孩子无法理解这些信息，很多孩子以为爸爸妈妈在打架，不敢问，会不安很多年。

　　性和死亡分别对应的是：从哪里来和到哪里去。人们对这两个带有哲学意味的终极问题的认识与思考影响他的一生。如果孩子因接触到关于性或者死亡的信息形成心理创伤，成人可以多鼓励孩子通过绘画去表达恐惧、悲伤的情绪，也可以借助绘本故事进行辅助。必要时（遭受性侵害等）寻求心理咨询师的帮助。

第三章 "我"的力量

抗挫力

自我的发展就是一个人独立性的形成过程，是由依赖他人到自立的过程，是个体潜能的发展过程。

——人本主义心理学家罗杰斯

1. 信念

人生总会经历大大小小的挫折，不过如果一个人一直有挫败感，自然不幸福。挫败感产生时，我们需要先判断，我们经历的挫折是真实的吗？是主观的还是各观的？

假如孩子在一次游泳比赛里取得第二名的成绩，有的孩子会非常开心，因为这次发挥得很好，比平时进步很多；但也有孩子会非常沮丧，因为孩子觉得自己可以拿到第一名。也就是同一件事情发生时，不同的看法会出现不同的情绪和心理状态。

人们对事物的判断、观点或看法又被称为信念，信念对人们的影响非常大，因为它影响着人们对事情的理解方式，我们对一件事情的信念往往会被我们认为就是事实。

有些信念对我们有利，比如"我们应该把垃圾扔到垃圾桶里"；有些信念会让我们感到糟糕，比如"我就是一个没有能力的人"。信念会指引我们形成心理预期，这件事就该是这样，我们内心更容易接受，这件事就不该是这样，会引发我们的心理冲突。

我不喜欢收拾，如果航哥的信念是收拾家就是女人应该做的，可想而知我们之间的冲突将会有多大，恰好航哥认为不做就不做呗，那就他来做；航哥喜欢玩游戏，如果我认为，他不应该玩游戏，那么我们也会不断地发生冲突，在他玩游戏的时候，我的信念是玩游戏比出去喝酒好，我还能随时看到他。没有信念上的相互冲突，我们比较容易和谐。这些生活中的琐事，属于我们的丛生信念。

当然他偶尔也会因为累、委屈或被忽略而抱怨甚至指责我几句，但我依然不会有很糟糕的情绪产生，因为我们的信念系统除了丛生信念还有核心信念。父母需要给孩子建立三种核心信念——世界是美的、人是和善的、我是可爱的。认为世界是美的可以让人有更积极向上的思考；认为人是和善的可以让人更倾向主动亲近和与他人交流；认为自己是可爱的可以让人的状态更稳定，更不容易感觉到被否定、被忽略和被攻击。核心信念建立得好，更容易感受到幸福。

我的核心信念认为自己是可爱的，我不会帮助航哥攻击我自己，我能理解他的情绪。如果一个人内心深处认定自己不好，在他人的攻击到来时，我们被刺痛了，也就是我们认同了他的攻击。同时，会希望得到他人的认可与肯定，得不到就会立刻升起愤怒、委屈等情绪。

信念在我们的生活中无处不在，它影响一个人对事情的解读，每个人都有自己的解释风格。假如我们在工作中出现失误被领导训斥，内心会有怎样的解读？会出现"领导就是不喜欢我，就是一直看我不顺眼"或"我真的很糟糕"等上升到人格层面的指责和攻击吗？如果答案是肯定的，那么解释风格往往偏向悲观、退缩和回避，失败很容易击溃我们。如果内心想法是"噢，这件事情我还需要重新做一下，真的很锻炼人。"或"领导对我要求高，因为对我有期待，给我布置这么多的任务，是因为他重视我"，那么遇事解释风格一般会是积极、乐观和迎难而上的。

很多的挫败感来自主观原因，是自己不合理信念的解读，不合理信念包括：①绝对化要求；②过分概括化；③糟糕至极。这时的挫败并不是真实的。比如：陪孩子写作业为什么格外容易让家长"疯魔"，这时候，家长心中充满了不合理信念。

> "这孩子！为什么这么简答的题都不会？" = 绝对化要求
>
> "一到学习就不认真，玩的时候那么精神！一点儿也不听话。" = 过分概括化
>
> "就这个学习态度，将来肯定得完蛋。" = 糟糕至极

我们跟他人发生冲突，如果情绪非常糟糕也会这样：你一点也不理解我（绝对化要求 + 过分概括化），我知道你对我没有感情了（过分概括化 + 糟糕至极）。我们会放大冲突中糟糕的部分，忽略关系中的配合部分。

2. 逆商

如果遇到真实的挫折，比如生意失败，我们是被挫折打败，还是有能力从挫折中逆流而上，赢得对自己有利的局面？抗挫折能力也被称为逆商，也就是在逆境中的能力。逆商曾被心理学家分为四个维度阐述：控制感、起因和责任归属、影响范围、持续时间。

第一个维度，控制感也可以叫做掌控感。

人们是否可以掌控自己正在做或想做的事情？如果我们觉得"我还可以这样尝试"，那么即使身处糟糕的境地也会对其中的一部分有掌控感，比如及时止损。拥有掌控感的人相信自己的力量，笃定自己现在做的事情一定可以影响将来。没有掌控感的孩子或成人会觉得"怎么做都没用"，无法很好地思考问题。

本章行动力部分就是在培养孩子这种信念：【我觉得我能控制局面！一定有什么办法。】

第二个维度，起因和责任归属。

有些人习惯对外归因、归错，认为都是因为他人或环境的原因导致糟糕的结果；也有些人习惯将过错归结到自己身上，认为都是自己不好才使得事情变糟糕。我们如果有这样思维模式，往往抗挫折能力也会比较低。我们可能会将所有注意力都集中在指责他人、希望他人承担责任、没有好运气或纠结于自身

不好产生的挫折感、无助感上，显然并不能帮助我们很好地解决问题和改变。

　　一个人越是对结果恰当的负责就越容易把事情带领到好的方向，也更有担当。"做错事的孩子"章节里提到孩子不小心打碎杯子，父母最好与孩子一起面对，因为这样可以在孩子内心驻扎进这样一种信念：【当做错事或有了不好的结果，我们的第一反应不应该是回避，而是面对，承担属于自己部分的责任与后果。】

　　本章"做错事的孩子"和"幼儿决断"都是在谈归因和面对结果。

　　第三、四维度是影响范围和持续时间。

　　高逆商者，往往能够将在某一范围内陷入逆境所带来的负面影响仅限于这一范围，并能够将其负面影响程度降至最小。逆境所带来的负面影响既有影响范围，又有影响时间。逆境将持续多久？造成逆境的起因因素将持续多久？

　　生活中出现的一些挫折有时可能只是暂时的，一段时间后会过去；也可能只是影响我们人生一小部分，不会影响到其他方面；但有时候，这个挫折会既持续的时间很长，又严重地影响了我们的生活。现实中因为某个挫折而使人一蹶不振的事例不在少数。

　　　　一次咨询中，来访者提到他的父亲。父亲学习非常优秀，但高考失利没能上大学，父亲从此一蹶不振，一事无成。挂在父亲嘴上的话总是这几句："都怪当时……""如果我考上大学，我现在就不会……"

　　从逆商的四个维度，我们可以看到：面对挫折时，我们能做什么？这个结果我能不能承受？是客观的原因还是"我不好"？挫折使我的生活全部受影响了吗？会过去吗？

　　逆商可以被建设，我们可以在每一次挫折中，建设逆商。爸爸陪伴多的孩子逆商相对高一些，因为"安全的时候爸爸最危险，危险的时候爸爸最安全"。爸爸更容易放手，孩子体会到很多挫折，饿着了，摔疼了，晒伤了等等。可是这种挫折又不会真正的伤害孩子，反而增强他的抗挫折能力。有时候，我们在挫折中不绝望，真的是因为，"心都是撑大的"。

小孔从学校到工作一直很顺利，刚参加工作不多久，她满打满算这个月的业绩没问题，本来业绩就完成了 80%，还有一个大客户要下旬签单。她预计这个月会超额完成任务，每天都高高兴兴的。到了 20 号，小孔开始守着电话；23 号，她犹豫要不要主动联系客户，又害怕打扰别人；24 号，焦虑的一天；25 号，紧张地联系客户，客户没接电话，她觉得是不是客户有事儿，又怕人家觉得自己急吼吼的；26 号，客户终于联系上了，她有点懵，因为客户要明后天再说；27 号，客户说，没考虑好，小孔慌得不行；28 号客户说不签单了，小孔崩溃了。

"他给人家那么大的希望，到最后才说不签，他怎么能这样！为什么有人可以说话不算话？"小孔喝醉了哭到崩溃。低迷了一个月，小孔以前觉得说到就应该做到，现在开始明白：每个人不同，有的说到做到，有的只是说说而已。还明白了：事情不到最后一刻，结果改变是正常的；与其把希望寄托在别人身上，不如自己做好更多的打算。

从职场小白到地区经理，几年以后，小孔再回想起这段经历，觉得，这真是自己人生中的一段宝贵的财富。

拥有逆商的基础，是有挫折经历，小孩子经历的最大的挫折，就是分离。下面我们将要分享在每一次分离中，我们如何帮助孩子建设力量感，提升逆商。这之前，我们先复习一下"延迟满足"章节的重要内容：

婴儿迟早会接受母亲无法满足他——当然这种体验应该是一种阶梯式的过程，对一个人类的孩子而言，当心理准备已经达到可以应对挫折和失败的程度，就会成长为一个心理健康的儿童。孩子从应对挫折中可以得到许多经验，而这种挫折又不能强烈到绝望的程度。如果他还在继续体验着**无所不能，或者体验着什么都不能，就太糟了。**

从关系上看，父母与孩子慢慢走向分离，分娩是身体上的分离，上学、走向社会是心理上的分离，父母只有一次次陪伴孩子经历这些体验，孩子才能够逐渐在安全感的基础上获得力量，成长为一个独立的人。

3. 断奶

断奶是孩子与母亲在生理与心理上双重分离的过程，是一个的巨大的挫折，也意味着它的重要性，如果处理得好，不但不会影响安全感，还会帮助孩子在未来拥有更强的面对挫折的心智能力。

很多老一辈的人认为孩子在妈妈身边更容易哭闹，会建议断奶那几天不要让孩子看见妈妈，比如让孩子晚上跟老人睡，或者干脆把孩子带回老家。但这种方法非常伤害孩子，孩子不但要忍受不能吃奶的痛苦，还要忍受与妈妈分离的痛苦，在痛苦中找不到自己最需要的妈妈，这种叠加的痛苦很容易超出孩子能够承受的恰到好处的挫折范围，形成创伤。

还有的妈妈会在乳头上涂抹奇怪的颜色或辣椒水，告诉孩子自己的奶生病了，这种做法和说法虽然不会给孩子带来遗弃感，但会让孩子感觉恐怖，自己赖以生存的奶居然生病了！生病的乳房＝生病的妈妈＝我依靠的这个人是不安全的，这对孩子来说同样是一种破坏。

给孩子健康的断奶，这个过程只需要 1 周甚至两三天，只要我们在精神上和生活上做好充足的准备即可，同时它也是父母与孩子共同成长的一段重要经历。

所以当我们给孩子断奶时，先是心理上的准备，这时候母亲的情绪是第一个重点，很多妈妈在断奶这件事上的不舍得和不敢面对，也有自己分离体验没有被处理好的原因。这里不得不再次提到家长看不得孩子哭的情况，不但孩子会与我们的情绪共生，孩子哭久了我们也会跟孩子的情绪共生。我们会"看到"自己小时候未被满足的需求，潜意识自动回到"小时候哭泣无人回应、不被允许"的体验中。我们的感觉是不安、委屈和焦躁的，而这种感觉恰恰能够很好地帮助我们同理孩子，同时也是一次修复自己的机会，我们可以尝试用心体会分离引发了自己怎样的感觉和情绪。如果我们觉得有些困难，可以把这种感觉和情绪分享给自己的伴侣或者其他令你放松和信任的人，尽量多且详细的描述，如果他们能够像同理孩子那样认真的同理你，这样就能够很好地完成心理准备了。

接下来是身体和生活上的准备。很多妈妈会先给孩子断掉夜奶，再完全断奶。但我个人认为如果断夜奶时孩子哭闹反应强烈的话，这种做法就是不必要的。孩子晚上睡着本是一个纯然放松的状态，如果因焦虑不安频繁醒来，孩子更难以理解，为什么白天可以吃，晚上不行？这种情况会严重影响孩子的睡眠质量和安全感。这可跟打预防针不一样，提前的适应反而会让孩子分离的焦虑延长并加重。

与断夜奶相比较，白天减少吃奶次数的做法反而简单容易得多，特别是 1 岁 3 个月以上年龄的孩子，这时他们对世界怀有旺盛的好奇心，家长们可以多带孩子到外面玩耍，有准备地将孩子更多的注意力引向对世界的探索，来减少对母乳的需求，这是一种有效且健康的方法。

我的两个孩子断奶，都是我和航哥一起配合成功的。从孩子出生，我一直躺着喂奶，所以带着孩子外出玩耍时，她自然地认为没有床就没办法吃奶，玩耍的需求大于找床的麻烦，这也是我从孩子出生开始就在为断奶做的准备。家庭教育一定要多看几步，如果父母能够早早地做好准备，将来孩子在面对各种分离和困难的时候就相对轻松一些。

当我准备给孩子断奶前的一段时间，我会经常带孩子外出玩耍，孩子会经常忘记吃奶，用餐时间我们回家按时吃饭，也适当喂一点奶，这个过程中孩子自然逐渐地减少了对奶的需求。人的身体非常智慧，妈妈的乳汁会随着孩子的长大提供不同的养分和数量，当我的奶水越来越少，我知道我的身体准备好了。同时，孩子运动量增加，开始尝试更多的食物，我知道，她也准备好了。

那时孩子才 1 岁半，我正儿八经地把她放在我的腿上，很认真地对她说："宝贝，你看你现在长得这么大了，妈妈的奶水没有增多，越来越不能为你提供充足的营养了，你需要自己吃饭来慢慢长大，就像爸爸妈妈自己吃饭那样。"我说完，孩子并没有激烈的反应，只是趴在我身上亲近了好一会儿，我继续说："明天开始我们就不吃妈妈的奶了，白天不吃了，晚上也不吃了。"孩子当时没什么，到了晚上好像突然回味来，醒了很多次，要吃奶，我都同意给她吃。

第二天早上起床跟孩子重述今天正式断奶，再清楚地告诉孩子今天有什么安排，白天很轻松地就过去了，虽然孩子有几次想拉着我去床上吃奶，我都平静地回应道："宝贝，现在不吃了，妈妈依然爱你，你很想要吃妈妈知道，我们吃点别的吧？"孩子也很欣然地接受了。但是一到晚上就难熬了，特别是在睡觉前孩子哭得简直撕心裂肺。

我和航哥轮流抱着哄她，孩子哭闹得很厉害，她非常烦躁，不停地撕扯我的衣服，我把她抱在怀里，轻轻地抓着她的手说："妈妈知道你想要吃，妈妈会陪着你！"安静地听着孩子哭，同时尽量放松自己的身体陪孩子一起感受孩子当下的感觉，在心里不停地重复"噢，宝贝，我知道你想要，妈妈会陪着你！"

其实语言上展示给孩子的并不多，更多的是用心的与孩子连接在一起。后来，孩子哭着哭着睡着了，半夜惊醒很多次，每一次惊醒都是一场哭闹，这时我没有推开她，我会搂着、抱着她，如果孩子哭闹得太厉害我抱不住了，就会转交给航哥，让爸爸抱一会儿，等航哥累了我再抱一会儿。这样轮流照顾两天后，孩子顺利地接受了断奶的这件事情。孩子会发现虽然妈妈没有给自己奶吃，但自己依然是被妈妈爱着的，自己通过吃饭也可以满足自己。

我家小女儿断奶基本也是这个过程，不同的是哭闹时的表现。她一直躺在床上打挺，根本抱不起来也搂不住，我就一直躺在她旁边，让她知道我在，同时尽量用手轻轻地抚摸她的后背或肚子，从上到下温柔地捋着，也是两天断奶成功，而且孩子一觉睡到天亮。

我家的两个孩子从小只吃母乳，对奶粉一点兴趣也没有，没办法断奶后喝的是酸奶，当然酸奶和牛奶对于孩子小时候的消化能力来说还是有一些难度，有条件最好还是用奶粉过渡一下。如果孩子什么都不喝，父母也不用过于担心，只要我们带着祝福和信任的感觉陪着就好，孩子心理成长得好，情绪发展得好，身体也会更健康。

关于孩子什么时间断奶合适？一直有很多不同的意见。国际母乳协会的建议是两岁自然离乳。当然现实生活中一些妈妈会因为自己身体吃药或生病的原因不得不很早的与孩子分离，提前给孩子断奶，这时妈妈们更要做好心理准备，一定要在孩子不安时依然让他感受到妈妈满满的爱。

同时我也发现一些妈妈已经把孩子喂到2岁，可断奶时妈妈和孩子还是出现严重焦虑、嘴里长泡的现象，这明显是妈妈没有做好准备，没有调整好自己和孩子的状态，因此断奶时间并不是非要按照2岁作为标准，可以根据自己与孩子的真实状态做出提前或推后的弹性选择。

这时安抚奶嘴是否可以用呢？是可以的，安抚奶嘴的弊端是容易让孩子形成依赖，还可能引起口腔变形，但对于孩子因为断奶产生的极度焦虑情绪来说，可能还有其他引发孩子焦虑的压力源在，可以适当借助安抚奶嘴来缓解，同时父母要尽快找到和消灭压力源，多与孩子进行亲密的情感互动。所以孩子是否可以用安抚奶嘴不是问题，父母能否满足孩子对安全感的需求才是问题。

4. 幼儿园与分离焦虑

幼儿从家庭迈入幼儿园，环境有了巨大的改变，被称为"心理断乳期"。大部分孩子会有分离焦虑出现，分离的焦虑情绪需要处理。下面我们就聊一聊关于幼儿园的相关话题。

分离焦虑

是指婴幼儿因与亲人分离而引起的焦虑、不安或不愉快的情绪反应，又称离别焦虑。约翰·鲍尔比通过观察把婴儿的分离焦虑分为三个阶段：

反抗阶段——号啕大哭，又踢又闹；

失望阶段——仍然哭泣，断断续续，动作的吵闹减少，不理睬他人，表情迟钝；

超脱阶段——接受外人的照料，开始正常的活动，如吃东西，玩玩具，但是看见母亲时又会出现悲伤的表情。

（1）多大上幼儿园合适？

全世界的孩子大概都是 6 岁或 7 岁上小学，这是与孩子的心理与能力发展现象相对应的。上小学的基础是抽象能力有了一定的发展，也就是能够理解数字的含义，可以把一个苹果的"一"抽象换成"1"与另一个苹果的"1"联系在一起，形成"1+1=2"的数量的规律，孩子到 6 岁后才能真正具备这样的理解和逻辑能力。

3 岁的孩子同样具备了一定的心理状态，随着自我意识的建立，这时孩子在家庭中获得的安全感已足够支撑他与家庭适当的分离，通过二、三元关系的认识，孩子需要更多的社会交往心智才能够继续向前发展，这时进入了非常重要的"社交敏感期"，所以父母在孩子 3 岁左右把他送入幼儿园就挺合适。

我观察到一些家庭有老人帮忙带孩子，容易认为幼儿园各方面照顾不如家里好，晚送，甚至有的要拖到 4 岁以后。我自己的观察，很多较晚进入幼儿园的孩子在社交问题上会存在一点小小的障碍，当然这种障碍不绝对也不严重。这些孩子在与他人交往熟悉后会很正常的沟通，但在初始接触阶段，不知道如何表达自己的交往意愿。

如果孩子在家庭中能够获得很好的照顾，当然在 3 岁以后上幼儿园是很好的。个人建议，不要晚于 3 岁 6 个月，因为孩子的社交敏感期是发展孩子社交能力的关键期，2—4 岁，是发展 1 对 1 交往的黄金时期。

（2）父母需要了解的入园前心理准备

对 3 岁的佳佳来说，适应幼儿园是一个非常困难的过程。给佳佳报名的时候，妈妈带着他，想让佳佳提前熟悉一下幼儿园环境，佳佳一直紧紧地贴在妈妈身边，我观察到这个情况跟佳佳妈妈有过沟通。原来，佳佳出生以后，一直是由妈妈全程照顾，从未跟妈妈分开过，新入幼儿园的那段日子，佳佳的状态确实也很不好，跟妈妈分离时惊恐不安，不参加集体活动，一周以后跟专门照顾他的依辅老师熟悉了，就紧紧地跟着依辅老师。我跟佳佳妈妈的沟通很流畅，理念也一致，我们相信，这只是短期的分离焦虑，母亲对孩子3岁前良好的陪伴会让孩子安全感基础打得很牢固。佳佳本身是比较敏感的孩子，分离的过程略有点长，不过三个月后，佳佳到幼儿园门口就可以开心地跟妈妈再见，有时也需要妈妈再陪一会，能跟小朋友们玩到一块儿了。

再后来，心思细腻的佳佳的人际关系非常好，还在幼儿园毕业典礼上担任男主角。小学里的表现也十分优异，不仅是学习成绩，学习态度、责任担当、兴趣爱好都令人惊艳。

只要是分离，就会出现焦虑，这是正常的。这时孩子有矛盾的心理，一方面希望爸爸妈妈能够像以前一样永远陪在自己身边，另一方面又渴望独立，需要得到更多的社交关系。如果孩子与母亲是安全的依恋关系，经过初期的哭闹，加上幼儿园老师稳定健康的态度，他会很好地融入幼儿园集体中。但是如果依恋关系是不安全的，虽然孩子同样停止哭闹，但他仍然是在不安全的心理状态下，不得不对环境努力适应，此时会更加敏感，一旦出现问题，容易引起孩子的异常表现。

（3）面对孩子的分离焦虑父母应如何协助孩子

首先，我们要知道，成人也有"分离焦虑"。有些家长在孩子初入园时感到非常焦虑和心疼，孩子在幼儿园开不开心、与小朋友相处怎样、吃得好不好，这种担心、恐惧会使我们抓紧孩子，我们成人需要先处理好自己的焦虑。

"很多时候并不是孩子离不开父母，而是父母离不开孩子"这是幼儿老师经常想对父母讲的心里话，每个人都需要"被需要"，父母也需要被孩子深深依恋和需要的感觉，当孩子哭闹着："我要妈妈……"，这种"被需要"的感觉就会被激发，我们会觉得"孩子离不开妈妈"，情绪的共生会让孩子感知到这一点而立刻配合我们，觉得上幼儿园是一件很痛苦的事情，不但"我很痛苦"，"妈妈也很痛苦"，孩子焦虑情绪增加。

所以一旦父母决定要送孩子去幼儿园，一定先做好自己的心理建设，确定已经做好让孩子离开自己的准备。父母可以先给自己一个积极的、健康的心理暗示：既能坚信孩子现在需要上幼儿园了，又能理解孩子不想上幼儿园是因为想和妈妈在一起。

有些孩子入园会哭得撕心裂肺，这样的情况该怎么处理？"哭闹"是有好处的。哭闹其实是孩子情绪的一种正常表达，我经常对园里的老师说一个哭得很厉害的小孩子反倒不用太担心，因为哭泣是他们纾解情绪的一种方式，这是他们面对压力时特有的处理方法，如果孩子有情绪不哭不闹，他的情绪被压制在身体里，这不是一件好事儿，幼儿园不敢哭闹的孩子通常回到家会有发脾气、做噩梦的情况。"分离"也是有好处的，健康的分离会增加孩子的力量感，会直接建设孩子的抗挫折能力，让孩子做好逐步走向独立的准备。父母们理解这两点更有助于从容面对孩子的哭闹情景。

孩子入园哭闹有很多种表现。有的孩子还没上幼儿园就抵触，一入园就大哭特哭，哭了几天就好了；有的孩子非常期待幼儿园生活，前三天开开心心，几天新鲜感一过开始抵触上幼儿园；有的孩子小声地抽泣，在幼儿园一整天都不安，需要老师全程关注，往往能持续很久甚至几个月。不管我们的孩子是哪一种表现，这都是正常的，孩子的个性不同，表现也不一样。

帮助孩子顺利入园并不是消除"哭闹"，而是从做好准备和处理情绪两个方面入手做到辅助和支持。

（4）如何描述幼儿园？

喆喆满怀期待地开始了她的幼儿园生活，两天后，她跟妈妈说，"我再也不要去幼儿园了……幼儿园一点也不好。"

很多爸爸妈妈会跟孩子说：幼儿园可好啦，有很多小朋友小伙伴，很多玩具。入园后，孩子的分离焦虑和在幼儿园里发生的小挫折都会让他有情绪，有情绪就要发出来，于是，他会把我们给他的承诺拿出来"说事儿"，因为他不可避免地有失落感。

所以描述幼儿园尽可能客观，比如幼儿园里一天要吃几顿饭，菜谱是什么，

"哎？这个油爆三丝是什么呢？等你去幼儿园吃到了回来告诉妈妈。"再比如，跟孩子讨论一日流程，跟孩子讨论幼儿园环境和课程等等。"我看到幼儿园院子里有一些玩具，你比较喜欢哪个呢？"

（5）培养习惯

入园前，了解幼儿园一日流程，可以跟孩子一起准备入园物品，让孩子有归属感，还可以跟孩子一起按照幼儿园的作息安排调整用餐和午休的时间，这时候很多爸爸妈妈会遇到一些问题：孩子还不会自己吃饭、上厕所，午休时间跟幼儿园不一致。

如果入园前，能顺利地把孩子的习惯培养好，是最好的。生活习惯的雷同，对他适应新环境有很好的帮助。但是如果孩子在某些方面实在做不到，我的建议是不要对孩子过于苛责，大部分老师都可以应对孩子某些能力不足的情况。我们苛责的背后，是我们对未来的担心，这种担心会加重孩子对幼儿园的排斥。特别是有些爸爸妈妈会说："你要是不自己吃饭，幼儿园老师就不喜欢你了。"千万不要拿老师来吓唬孩子！这只能塑造老师"喜怒无常"甚至是"恐怖"的"管理者"形象。如果你的孩子对老师有这样的认知，幼儿园、老师对孩子来说是恐怖的，很难与老师建立依恋关系，在幼儿园里战战兢兢，无法放松。

（6）为什么要上幼儿园？

孩子入园前，我们可能会跟孩子聊为什么要上幼儿园的话题，入园后，如果孩子大声哭闹"我不要去幼儿园"，我们也会聊到为什么，试图说服孩子。如果你的孩子已经3岁，你可能已经有了这样的经验，跟孩子讲道理说不通。

"你得先上幼儿园才能上小学，才能上大学，才能有好工作，才能买好吃的，才能买房子娶媳妇，才能……"

"你不去幼儿园爸爸妈妈就不能上班，不能上班就不能给你买好吃的，不能……"

任你说得天花乱坠，孩子也许只会回复你"我不要上幼儿园，我不要好吃的，我就要妈妈……哇……"我们为什么说服不了孩子？我们描绘的未来对孩子来说离他很远，他没有认知，也并不能感到被安慰，孩子很难等待，一个糖果15分钟的等待对孩子来说都是难熬的。这时我建议把"它"先当成应该的事情，描述孩子能够直接感知的，直接告诉孩子要做什么就可以：你上幼儿园，姐姐上学，爸爸妈妈上班，爷爷奶奶工作任务结束退休在家，人的每个时期都有每个时期的任务。

更重要的是，我们并没有关注到，分离焦虑是一种情绪，是孩子不能忍受的 β 元素，当它被孩子抛过来，引发我们的"愧疚感"和焦虑，于是我们特别希望能够通过说服，孩子能自己开开心心的进入幼儿园，这样我们的愧疚才能被抹去。我们面对的其实是孩子的情绪，但大多数时候，我们家长把"分离"当做一件事情来处理。

（7）处理情绪

孩子的情绪都需要被我们看到，我们需要养成这样的习惯，当孩子做错事，当孩子不听话，当孩子哭闹不止，当孩子害怕，我们都要首先处理情绪。上台表演前，我们处理不好紧张的情绪，表演无法完成；跟丈夫闹矛盾，处理不好情绪，矛盾不会结束；工作压力大处理不好情绪，身体很快就会给我们警告。在入园分离这个重要的时间节点，处理分离焦虑，其实就是帮助孩子处理好"焦虑"这样一种情绪。

"再哭妈妈就生气了……不哭我给你买糖……哭也没用别哭了吧……"各种威胁、交易、讲道理的方式，只能让孩子情绪更加糟糕。让孩子情绪平静下来的两大功臣：一个是哭，前面我们也提到了，哭闹能让孩子情绪流淌出来；另一大功臣其实是"被理解"：

> 我知道你现在很难过，不想跟妈妈分开。
> 我知道你在幼儿园里会很想妈妈，我也很想你。
> 我爱你，老师也爱你，妈妈不在你的身边也爱你。

如果在孩子哭闹的时候，把这段话一股脑地告诉他，我觉得肯定没什么用，孩子会觉得，你是用这段话来说服他，消灭他哭闹的行为。这段话应该是在他趴到你怀里哭泣的时候，你真的能够感受和表达那份爱和理解，才算是帮助孩子处理了情绪。可能孩子会哭闹 20 分钟，甚至更久，在这段时间里，这段话你只重复 2—3 次，其他时间基本保持安静，是更好的做法。在新生入园的指导中，我会特别强调：请尽量不用多余的语言。因为我发现，如果不强调这一点，画风经常是这样子的：

我知道你现在很难过，**不哭了好吗？**（否定感觉）

我知道你不想跟妈妈分开，**妈妈还得工作啊。**（讲道理）

我知道你在幼儿园很想妈妈，**你看你还有好多好朋友啊。**（转移注意力）

我也很想你，**想你也得上班是不是？**（情感退出）

我爱你，老师也爱你，**你看大家都那么爱你，你怎么还哭啊？**（质疑）

妈妈不在你的身边也爱你。**下班妈妈来接你的时候给你买棒棒糖。**（交易）

5. 早教

我也收到过很多家长关于要不要上早教的疑问，这时候我会跟家长探讨：孩子的成长环境是否适合他？

如果是妈妈自己带孩子，而且妈妈的心态不错，不会过多限制孩子，在家能够给孩子充足的活动项目，不管是家里的适应孩子玩耍的玩具，还是经常带孩子到小区里玩耍、与别的小朋友接触、孩子能够有充足的机会接触大自然、接触社会，孩子上不上早教其实没有太大关系，因为孩子在自由的条件下会找到非常多种类的玩耍来支持自己的发展。

但是如果孩子是妈妈或者老人带，在各方面照顾得精细、限制较多或有点宅、不经常带孩子出门，这种情况建议孩子上一些早教，孩子在家里虽然身体会很安全，可是孩子的感官得不到适当刺激和唤醒会影响智力，也会由于接触不到更多的小朋友或他人没有机会进行观察和模仿，这种情况早教可以为孩子提供更好的发展环境。

6. 分床

孩子出生、断奶、上幼儿园、寄宿、上大学、工作直至结婚，不但在生理、心理、空间上分离，情感也会越来越独立。情感的独立包含竞争和依恋，竞争源于多元关系的出现，比如从跟妈妈的依恋到爸爸加入进来，儿子跟爸爸之间就会有竞争关系，母女之间、多胎之间也会有，甚至婆媳之间也是这样的。

（1）什么时候分床合适？

分床是家长们比较关心的话题之一，一般来说3—5岁分床比较合适，有的孩子3岁就可以顺利分床独立睡觉，有的孩子直到8岁还不愿与父母分开，我的观点是孩子几岁分床不重要，重要的是孩子在分床时是否已经做好了充足的准备。

如果孩子小时候由老人带着睡，后来又转到跟父母睡，会对父母的依恋特别强烈，他的安全感被破坏需要重建，显然在这种情况下父母严格卡着3岁分床孩子难以接受，可以适当地把时间向后延长一些。父母一定要注意平时多与孩子做亲密互动，弥补安全感的不足。孩子与老人分床非常困难的话，父母就需要先把孩子接到自己身边，这时一定要做好孩子会先很排斥，后又特别黏自己的心理准备，甚至可能会长达1年的时间，孩子需要这有点"漫长"的时间重建自己的安全感，父母一定要有耐心。

4岁半的孩子开始进入恐惧依恋期，这些他们特别容易害怕、恐惧、担心，这时分床也是不合适的。

还有的家庭是妈妈与孩子一起睡，爸爸单独睡在另一个房间，这种情况直接分床成功也很难做到，孩子会认为爸爸抢走了自己的位置，这种情况，最好提前调整一下家庭人员的睡觉位置。让爸爸回到与妈妈一起的床上来，同时告诉孩子"宝贝儿，这张床本来就是爸爸妈妈的，爸爸只是暂时睡在别的床上，爸爸妈妈是夫妻要睡在一起。"这种告知非常重要，会让孩子分清楚这张床所有权的归属。三个人一起挤一段时间，过段时间再真诚地对孩子说"真的是太挤了，你自己睡更好一点"，孩子心理上就会更容易接受分床。

如果这时候孩子不小了，还跟父母睡在同一张床上，我们要让孩子明白男女性别的关系。比如女儿与妈妈挨着，与爸爸隔开；儿子与爸爸挨着，与妈妈隔开。告诉孩子"你长大了，虽然我是你爸爸／妈妈，但是我们是异性，要互相尊重隐私，爸爸妈妈是夫妻，我们要挨在一起。"也可以进一步表达"分床也是为了保护隐私，既保护了你的隐私，也保护了爸爸妈妈的隐私，这是一个互相尊重的过程"。

完成这些建设，我们就可以正式对孩子提出分床要求了，陪孩子挑选喜欢的床、床单、被罩、窗帘、学习桌等等，都可以帮助孩子体验成长感。过程中，如果孩子有需求，父母也可以给孩子讲完睡前故事或者陪伴孩子入睡以后再离开。

（2）"孩子出生后到分床前跟谁睡比较好？"

孩子出生后到分床前跟谁睡，对他安全感的影响很大。从最优到最劣排序大家可以参考一下：

这两种都是最优方案。

孩子在父母中间，安全感还是可以的，但是爸爸妈妈之间可能会有距离，间接影响孩子，我们以孩子为中心的态度，会给孩子带来偏差。2岁半需要孩子到同性父母一侧。

这种方案对孩子的安全感来说并不好，完整的家庭关系对孩子来说很重要。

这种方案孩子看起来比较省心，不黏着爸爸妈妈，但是对孩子的安全感已经有极大破坏了。

如果孩子被送到老人家照顾，孩子安全感严重不足，后期孩子心理及品行问题也会很多。

（3）"老公打呼噜，真没法让他跟孩子一起睡。"

初为人母，很多妈妈对孩子的照顾很细心，对孩子过度保护并不是一件好事儿。我们可以观察很多二胎家庭，对老大老二的养育非常不同，老大的时候吃用的都很精细，食物掉在桌子上就不可以吃了，养老二的时候，孩子吃东西掉地上，捡起来继续吃，家长也很淡定。而且，我们对老二的哭闹容忍度更高。多数情况下，家长也会认为，老二比老大发展的好。生活上略微粗糙，限制少一些，情感表达和连接多一些，更容易养育出身心品行健康的孩子。

航哥呼噜就很大声，孩子出生我们是睡一起的，很有意思的是航哥哄孩子

第三章 「我」的力量

睡觉，很容易自己先睡着，他的呼噜声一起，不一会儿，孩子就睡着了。声音对孩子的影响真没有那么大，反而成了睡觉信号。

我家老大刚出生那会儿，因为是剖宫产，她听到开关门的声音，都会惊得全身激灵一下。我婆婆说，不能吓唬孩子，但也不能太讲究，声音尽量小一些，但是该有什么声音还得有，要不然孩子更难适应。我深以为然。

（4）"老公工作太忙了，孩子醒了他晚上也睡不好，想让他睡个好觉，所以我们一直分房间，孩子跟着我。"

这种情况能感觉到妻子对丈夫的关心和爱护，但我们更应该综合考虑：

1）感情分着分着就淡了，两口子互相关心是好事儿，身体距离容易引发心理距离。

2）孩子跟父亲的联结不足，父性力量吸收不到。

3）作为父亲，就要有父亲的付出，如同母亲对孩子的付出一样。丈夫缺席孩子的成长，后期需要父亲教育孩子的时候，会遇到很多困难，比如不了解孩子，不知道怎么跟孩子相处，容易感到挫败等等。

所以，我们可以综合考虑一下，具体有什么方式可以做到既关心了丈夫，又让孩子的成长环境是完整的。毕竟养育一个孩子最困难也是最重要的时期就这么三四年。

（5）"我想让你一直陪着我。"

分床时如果孩子表达"我想让你一直陪着我"我们怎么回应？最合适的回答是"我可以陪你睡着我再走，如果你醒了叫我，我会立刻回来，你什么时候需要，爸爸／妈妈就可以什么时候过来陪你。"家长千万不要假装答应"会一直陪着你，快睡吧。"，等孩子醒来时却发现家长不在，这种做法是不恰当的，信任会崩塌。

有时候，孩子就是不同意，坚持必须让家长一直陪着自己。这时家长可以温柔而坚定、不带任何敌意的拒绝孩子，同样使用看到需求、同理感受的方式来表达"噢，你现在有点着急，是吗？你希望妈妈一直陪在你身边？嗯，妈妈知道，妈妈知道你特别想要妈妈一直陪着你的这种感觉，你先睡，等你睡着了妈妈再走，只要你叫我，我就会回到你身边。"还是要坚定地告诉孩子该做的事。甚至都可以这样："我知道，你想跟我一直在一起，我知道。"潜台词是？我知道，但我没同意。

（6）"跟孩子分床不顺利，孩子总是跑回我们床上睡觉，该不该拒绝？"

我的建议是不要拒绝。孩子可以跑回来，如果我们不累可以跟孩子一起回到他的房间："你是不是想妈妈了，那妈妈再陪你回去睡吧。"，如果我们觉得累了不想动，也可以继续让他睡在我们的床上，但是要坚持每天陪伴孩子在他自己床上入睡，而且家长最好装睡，因为我们不能推开孩子让他情感受挫，也不能允许孩子破坏规则，第二天起床也不需要再跟孩子讨论。虽然孩子半夜会重复地跑过来，半年后你会突然发现孩子有一天懒得再往我们这里跑了，这个过程也是孩子在重复确认父母是否还要自己、爱自己，一旦确定了答案就会停止，不建议父母将孩子一把推开，那感受真的很糟糕。

在多个孩子的家庭中，如果孩子们的年龄差距不是特别大，老大的安全感不是特别足的情况下，我建议老大、老二同时分床、分房间比较好，在这之前睡在一张床上没有关系，因为这样可以照顾到老大的心理状态。

（7）"孩子分房间了，半夜醒了喊妈妈，我要不过去他就一直喊。"

这种情况也很常见，处理不好很有可能会导致分床失败，如果孩子一呼唤我们就能过去是最好的，但是这很挑战家长的体力。大家参考一下这样的处理方式：如果孩子第一次发生这种情况，我们需要过去陪着他。第二天再跟孩子沟通，大声地叫会打扰到别人，可以小声叫，如果小声叫爸爸妈妈没听见，你又想我们，你可以过来找我们。然后再参照上一条，孩子总跑回来的情况处理就方便了。

（8）"实在分不了床，怎么办啊？"

不是极端情况，床还是要分的，跟父母睡到 6 岁以上，对孩子的心理独立、力量感的建设有很大损害。特别是有些孩子在 8 岁还会恐惧，这时的恐惧期有些长，有的孩子甚至会持续 2 年。到孩子 10 岁再分床实在是太晚了。所以大家尽量在 3—6 岁之间完成这个工作。

我们可以问一下自己，我们到底在犹豫什么。有没有对孩子是不信任的？会不会觉得跟孩子一起睡很柔软，跟伴侣睡很讨厌？是不是不愿意面对孩子的哭闹？如果是这样，潜意识里，你会帮助孩子"赖在家长床上"。

长大意味着分离，处理好分离，孩子的成长感就很好。父母不能推开孩子，也不能过于心疼孩子，孩子一哭就满足，让他体验无所不能，会让孩子退回到婴儿阶段，阻碍发展。只要父母能够调整好自己的心理状态，学会处理孩子的情绪，孩子的每一次分离都会成为一次珍贵的建设机会。

很重要的力量感结语

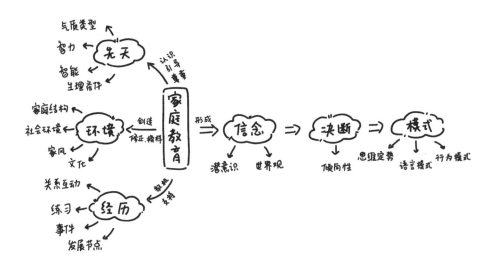

　　我整理了一下一个人成长的因素图，试着解析一下教育是如何发生作用的，我们拿唱歌好不好听来比喻教育的成败。

　　我跟我姐姐给我妈打电话，我妈经常分不清我们俩的声音，以前我很纳闷，等我两个女儿长大了，我也分不清电话里是老大还是老二。这时我发现她们的发音方式，或者说我和我姐姐的发音方式，都是从爸爸妈妈那里习得的，趋向一致，前面也提到过无意识吸收，我吸收了父母的发音方式。

211

我从小喜欢唱歌，虽然嗓音比较尖细打不开，但可能因为年龄小，周围人从来没有对我唱歌有什么评价。长大后，我的声音依然打不开还是像童音，就有人说我"唱得跟公鸭子似的。"未经训练发音方式是无意识吸收的结果，我身边的几个朋友他们的嗓音非常的醇厚，我还是很羡慕的，不过，别人说归说，我还是该唱就唱。

一个亲戚的孩子，来我家过暑假，她很喜欢听歌，听的时候会小声哼哼，但我发现她不当着我们的面唱歌。有时候我在家里会找个唱歌软件乱吼，邀请她唱，她总是拒绝。她说：我唱歌不好。

我说："你从小多才多艺，跳舞很好，弹乐器也很好，我听你哼歌的时候，也没问题，你为什么会觉得自己唱歌不好呢？"她就很委屈，四五的时候她的家人说：哎呀，你唱歌怎么走调啊。从那以后再也不敢唱歌了。在我的鼓励和引导下，她尝试了一下，声音很小，唱完再播放，发现唱得很好呀，一点都不走调。但是，她嗓子打不开，这种是心理作用，我身边也有很多这样的例子。也就是说，重要他人对孩子的评价深深地影响了一个孩子。

她小的时候学习跳舞、乐器演奏，她的音调和节奏感真的特别准，这里面体现了后天的练习的作用。当然我们也知道天赋是存在的，有的人唱歌很有天赋，如果再加上训练的话，他可能在这方面很有成就。

也就是说，我们天赋决定了我们能达到的最高的高度。我们的练习能够决定我们在这个最高的高度这个范围内能够达到的百分比。比如我们某项天赋是100分，经过的练习，我们可能会达到90分。另一个人的天赋是200分，他从来不练习，也不接触这个领域，他可能只能达到60分。如果他进行训练，可能能达到190分。所以，先天天赋和后天培养同样重要。

我们在某领域的发展结果，还会受喜好的影响。有人唱歌天赋非常好，但他就是不喜欢，他肯定会抗拒练习，在这个领域里的成就也不会特别高。同时，可能他以前不喜欢，但是他的朋友或者他喜欢的人很喜欢，慢慢地他被影响，变成了喜欢。也就是说，他的成长经历，他接触到的人、接触到的事情会深深的影响他。其中包括他参加工作，工作中需要用到唱歌这个技能，他觉得这工作很不错，虽然不喜欢唱歌，但是他还是会去练习。你看，经历对一个人的影响也超级重要。

我们总结一下，一个人成长为什么样子，首先是受他的先天的影响。他有什么性格？他有什么特长？他的智力和能力水平是什么样子的。再有，它会受到环境的影响，无意识吸收、社会文化形态、集体潜意识等等。还有受经历的影响，有没有人评价？怎样被父母对待？跟朋友一起发生了什么？在什么样的单位上班？经历过什么样的重大事件？

我认为，这三方面是共同成就了一个人，我们的教育在做什么呢？

在先天方面：我们需要认识孩子的气质类型是什么样的。如果把一个先天超级内向的孩子，逼着他改成外向，等于我们从他的劣势的天花板范围内强行练习，成就当然不会很高；我们也需要知道他的天赋，语言智能、数学逻辑智能、空间智能、身体运动智能、音乐智能、人际智能、自我认知智能、自然认知智能八大智能，对于他的优势我们多给予支持，对于劣势智能我们要多包容；还要了解他的喜好，可以引导，强行改变是无用的。

从成长环境来说，我们怎样做是一种成长环境，教育过程大于教育结果，给孩子展示如何处理问题，他会习得从而变成模式，一个脾气暴躁的孩子，有可能父母也是一个脾气暴躁的人；孟母三迁也是在影响孩子的成长环境。

从经历来说，如果我们想离婚，应该如何跟孩子谈？孩子在追求生命意义的时候，我们该怎么跟孩子谈？这是我们直接的教育的机会。当孩子跟朋友打起来了，当孩子学习成绩下降了，当孩子犯了错误，当孩子取得成就，当孩子遇到困难，当孩子遇到各个敏感期，这些也是我们教育的机会。

在这三个方面，我们都做了我们应该做的事情，才是对一个人有建设性的教育。

孩子被支持被鼓励，会形成正确的信念，会认为自己很好，不会因为他人不认同而沮丧；认为自己能行，掌控自己的人生；认为自己是独特的，有自己的选择和主张。每一个人遵从自己的信念做决断，关系中不舒服就要逃避，遇到问题迎难而上都是我们做的决定，这是我们的倾向性。有了决断，我们就会有具体的想法和行为，而且这些也是有模式的。

唠叨了这么多，为什么把这些放在力量感这一章作为结语？（建设孩子的力量感除了本章的内容，还有一部分重点内容放在第五章）我很长时间里，都会思考，如果要选出对孩子来说最最重要的一点，应该选什么。

我以前会认为是亲子关系，现在我觉得是力量感。因为，只要有力量，一切都可以改变，我们可以改变自己的安全感不足（上一章主题），也可以改变自己的界限不足（下一章主题）。改变总是能让人惊喜，最终，我们会成为我自己。（有人说，想要"成为更好的自己"，但其实我们本来就很好，所以我们会更好地成为自己）

第四章

独特性

4

我们既需要亲密的关系又需要有自己的空间，真实、完整、并与其他人区别开来，拥有浩瀚而璀璨的精神世界。

共生的关系

小曹和丈夫经人介绍认识，彼此都很满意，很快就结婚了，婚后不久丈夫辞去了工作，小曹才知道，丈夫那份体面的工作是公公婆婆找人安排的，他并不适应。公婆家里略有薄产，日子过得比较滋润，不过小曹觉得，小两口还是得有自己的收入，于是催丈夫出去找工作。丈夫象征性地出去找找工作，但最后都没了消息。后来，干脆一直窝在家里，不停地打游戏，或者在网上追剧。偶尔找个工作干几天，也是很快就离职了，在家里也几乎什么活都不干，大大小小的事儿全都依赖她。后来公婆身体不好，家里的积蓄也花得差不多，整个家里包括公婆家都是小曹在支撑。小曹很累但是一直没有离婚，她的想法是："要是没有我，他们该怎么办？其实他也没有那么不好，只是失业了，他对我还算温顺，公婆对我也挺好，就这样吧。"

小曹夫妻俩形成了依赖共生的关系。小曹成为"照顾者"，丈夫成为"被照顾者"。"被照顾者"会在生活某一方面表现得"很无力"，不能或者不愿意自己去解决问题，"照顾者"主动承担起照顾的责任，并不停地替他收拾烂摊子。依赖共生关系中的双方互相成全对方，是共生关系得以持续的重要原因之一，青少年手机成瘾、厌学自闭也是这样。

依赖共生

依赖共生这个概念最早来自一项对酗酒者的观察研究。酗酒者不仅依赖酒精，也依赖于家人对他们的悉心照顾。家人虽然对照顾酗酒的"病患"颇有微词，但他们也发现，因为对方对自己的这份依赖，使得双方的关系变得更加紧密。酗酒者在戒酒之后，这份依赖共生关系被打破，他们和家人的关系反而变得比以前脆弱。

由此心理学家得出结论，当一方由于酗酒、沉迷游戏等一些习惯性的不良行为，或者由于身体或心理的一些缺陷，而不能照顾自己，转而尽情地依赖另一方，而另一方成全或者享受对方的这种依赖，对对方进行过分的、强制的照顾，从中获得"被需要"的价值感，以及替对方做决定的掌控感时，那他们就建立了依赖共生的关系。

家庭中的孩子跟母亲很容易处于共生关系，婴儿早期的共生是有利的，但是如果成年时还未解除，那就很有杀伤力，因为母子共生的关系很容易摧毁其中一方跟第三方的关系或者同时跟第三方纠缠在一起，不管是孩子的伴侣，还是孩子的孩子。

朋友小严跟丈夫分居了，原本他们感情还不错，虽然也有吵吵闹闹，但总体来说心都是向着家庭的。那是什么原因导致的呢？

原来以前公婆住在老家，离着不远也不近，每逢节假日小两口都会买东西回老家看望老人，老人每年也会到小两口家小住一段时间，一直相安无事。直到一年前，小严的公公去世，因为担心婆婆一个人，他们俩就商量好把婆婆接到家里来。结果，后面发生的事是小严怎么也想不到的。

婆婆总是有意无意地在丈夫面前表现得很柔弱，很可怜。中午小严做好饭，婆婆说不想吃，就吃一两个馒头，吃点咸菜。等晚上丈夫回到家，问："妈，今天中午吃的啥？"婆婆会回答："没有我能吃的菜，有的太辣，有的油太多，我吃不下。就着咸菜吃了点馒头。"小严老公就数落小严："妈不爱吃那些，给妈做点她爱吃的。"

小严很生气，婆婆身体很好，以前家里地里都是婆婆在干活，如果不爱吃要么直接提出来，要么自己做点爱吃的，这算啥？不过第二天小严还是做了六个菜，结果，婆婆中午直接没起床吃饭，说没胃口。就跟捉迷藏一样，小严做了好吃的，婆婆就说没胃口不吃，小严不想一桌子饭总是剩来剩去，有时候就少做点，婆婆又会说没有吃的。

当丈夫一而再，再而三的指责小严没有给婆婆做好饭的时候，冲突爆发了。丈夫指责小严不孝顺，这时候，婆婆就躺在床上，哎哟哎哟地表示自己很难受。小严："你说我哪点不孝顺，是没给你妈买衣服，还是没给你妈做饭，她有时候实在是自己不想吃，又不是我不做，你嫌我不孝顺，那我伺候不了了，你孝顺你自己给你妈做，点外卖也行。"

到后来，小严在自己家里觉得非常压抑"我回到家就感觉喘不动气"，又觉得"婆婆一个人也不能赶回老家"，想跟丈夫商量在旁边给婆婆买个或者租个小点的房子。"我老公觉得自己的妈不住自己家里那就是不孝顺，提了一次他直接疯了。""我觉得家里待不下去了，就回我妈家住了几天散散心，结果从我妈家回来不到一天，又吵起来了，这次他让我把钥匙交出来，让我滚。我不在家的时候，我婆婆还不知道跟我老公说了什么，这日子真是没法过了。"

后来，小严的丈夫既不让小严回家，还每天用各种理由给小严发信息或打电话，有时候就是说件事儿，有时候就是吵架。

先不讨论谁对谁错，这个案例里，婆婆跟丈夫就是融合的或者说是共生的关系，小严以前经常听婆婆说：她多么多么辛苦地把孩子抚养大。丈夫从小是在这个观念中长大，他觉得需要对父母的感受和幸福负责，于是决定："我的职责就是照顾好父母。"（不是这个观点有问题，是界限不清晰的问题）同时，婆婆对孩子的抚养过度付出，使小严丈夫习惯"被照顾"，在小严和丈夫两个人之间的关系中，小严"照顾者"角色跟丈夫"被照顾"角色形成平衡，也是共生的。

但是处于三人关系时，丈夫的角色换了，他对小严提要求，成为控制者，"丈夫—小严"依赖共生的关系破裂。或者说，小严的照顾对象变成了婆婆，但婆婆却只是想与小严的丈夫共生，在"婆婆—小严"的关系中并没有出现依赖共生，所以关系破裂。

　　人是一种生物，当孩子出生时，他的身体已经从母体中独立出来，人也是高级情感动物，他的童年非常漫长，不但要做好身体上独立的准备，还有情感、心理、社会道德等精神上的准备，在各个层面都渐渐实现与母亲（和其他亲人）的分离。人有趋向共生的生物根源，与本能接近，加上潜意识的作用和某种个人经验的强化，会使母亲难以跟孩子有效分离，从而给孩子成长造成阻碍和危害。从某一方面讲，很多妈妈的潜意识里并不希望孩子有太过独立自主的能力，这样她们就可以把孩子绑在自己的身边，享受照顾"弱者"的高价值感，以及"一切都是她说了算"的权威感。表现在现实生活中就是，一边抱怨指责孩子"你看你东西乱的"，一边又不断地照顾孩子的生活起居。很多丈夫不希望妻子出去工作，也是这种感觉。也有很多妈妈潜意识里把孩子当成了自己的"伴侣"，满足本应在夫妻之间的亲密体验，所以在现实生活中，有些妈妈会排斥伴侣或者让伴侣离开房间，以"照顾孩子"的名义，形成跟孩子的独立空间。六岁无法分床，我们都以为是"孩子离不开自己"，实际上是妈妈离不开孩子。

　　所以，父母太过控制，或者太过照顾，对孩子来说都是一种共生体验，共生体验反映一种潜意识需求，这种依存性在生命早期是很重要的，也是成长所必需的，但它也是一种需要个体在成长过程中慢慢超越、逐步脱离的经验。父母作为被依赖的对象，要有意识地促成孩子实现这种超越，从而成为独立的自己，拥有心灵上的自由。

自我认知

请大家试想一个情景，假如我们拍了一张合影，看到这张照片的第一件事你会做什么？

是不是先观察自己，眼睛是否睁开、笑容是否灿烂、穿戴是否整齐、姿势是否美观，也就是说我们第一件事是先关注这张照片上的自己。那其他人会像我一样关注"我"吗？其实不会，就像我们不会关注其他人的细节一样，最多漂亮的可能会多欣赏几眼，如果有闭眼的或表情搞怪的会觉得有趣好笑，但不会觉得，哎呀这个人很糟糕。

再试想一下，我们在大街上不小心四仰八叉地摔了一跤，甚至连内衣都露出来了。

接下来一段时间里，恐怕我们的心情都会非常糟糕，一想起这件事就感觉自己丢人丢大了，我们觉得有好多人围观，很尴尬。可是看到这个场景的人会一直想这件事，并对我们产生什么负面想法吗？其实也不会，顶多是为我们感到尴尬而已，除了我们自己在一直想这件事，别人并不会太在意。

每个人都会对自己十分关注，以自我为中心看待世界。

我从哪里来？我要到那里去？我是谁？三个终极问题中"我是谁"的确定

当然也重要，就像在世界中设下一个"锚定点"。如果人们不能确定自己是谁，就不能确定自己想要什么，也不能确定自己未来可以用什么方式获得价值感和成就感，也就不知道如何才能有意义地度过自己的一生。一位心理学家曾说过，人在死亡那一刻不会想起自己赚了多少钱，拥有多么大的房子，想到的永远是那些情感流动的画面、自己最关心和最重要的人、自己想要完成的梦想、自己满足或遗憾的部分，这也是人生的意义和价值所在。一旦缺少了这种意义和价值感，人们就会感觉自己活得没有意思，内心是空虚的。

朋友小华，特别想开店，她把目光放在了书店、咖啡店、烘焙店、服装店这些传统又优雅的项目上，最后选定的是烘焙店。她家的收入还可以，但烘焙店在开店顺利的情况下，要收回投资至少也得三五年，一旦赔钱，他们的生活就会受到影响。做生意本来就有风险，小华又没有做生意的经验，结果大家可能都猜到了。为什么小华并不擅长还是想做呢？她想提升收入的背后，是想有自己的事业并获得成就感。

对于 30 岁左右的创业妈妈，有些丈夫支持，觉得自己妻子有事做是好事儿，有些丈夫反对，觉得孩子还小，需要被照顾，甚至有些丈夫会觉得自己的妻子是一时冲动。但是每个人都希望拥有一个自己的空间、一份价值、一个事业，这种需求 30 岁左右特别强烈，这就是三十而立。

40 岁我们可能会遇到中年危机，在我的来访者里面，很多中年危机并不是钱的问题，而是大家会有这样的疑惑："我这辈子就这样过下去吗？我觉得我现在做的事情没什么意义。我不知道什么能令自己快乐。"我快 40 岁的时候也陷入这样一段神奇的时间，我有些迷茫，到处问"你有信仰吗？"我这里问的信仰并不特指宗教信仰，而是想问大家，有没有什么事情，让你觉得是必须要做的，以此为信仰，愿意坚持做下去。经过 1 年多的思考，有一天，我在副驾驶座位上，看着窗外轻轻地说："我想在教育界发出自己的声音。"没那么伟大，也没那么牺牲，我就是单纯地觉得，现在做的事情让我觉得很有成就感。四十不惑，这时候，我们在确定一个问题的答案：要到哪里去。

三十而立、四十不惑、五十而知天命，这同样可以看作是成人的敏感期，想过好成年的这些敏感期，需要先确定"我是谁"才能知道"我要到哪里去"。

每一个人都要了解自己，每个人也都要成为自己。"我"必须是完整的，我有我的意愿、我有我的选择、我有我的喜好、我有我的朋友、我有我的情绪、我能掌控以我为中心的世界，我才能爱自己、爱他人、热爱这个世界。如果不能成为自己，被迫成了他人想要的样子，那么"我的一切"并不是"我"的一切。

6 岁前所有深刻的经验和情感体验都会在无形中影响孩子的生命特质。孩子发展的第一步，让孩子知道自己是被无条件爱着的，他就会认为世界是安全的，非常确定自己是被认可的；第二步，在事情中经历挫折，孩子一方面会从自己最亲密的抚养人身上获得力量，另一方面也可以通过自己主动应对挑战逐渐增强力量；而第三步的发展完成的是让自己成为一个独特的人，从出生到18 岁之间漫长的未成年阶段，"我"需要获得支持，使自己具有跟他人相关又独特于他人的情感体验，协助自己成为自己。

独特性也会通过一个接一个的敏感期来实现。在这些敏感期里，孩子会把父母当作很重要的关系对象进行练习，我们跟孩子在双向的控制与服从、接受和拒绝之间的反复博弈，其中必然会产生很多冲突，孩子既希望独立，又依赖父母照顾；父母既希望看到孩子独立又不想让孩子脱离掌控。对于父母来说，在照顾孩子和尊重孩子之间需要达到平衡；对于孩子来讲，在爱父母和成为自己的过程中，需要感受到父母的爱，同时又知道自己可以为自己做决定，这样才可能成为一个有界限的人，才能体会到自己与他人真正的区别。核心自我、力量和界限这三点共同成就了一个人稳定而健康的独特性。

我有我的意愿

1. 我必须得这样

我家孩子小时候，看到我用笔在本子上写字儿，她很感兴趣，在我离开喝水的时候，她把笔帽和笔扣在一起，我知道孩子进入了"秩序敏感期"。秩序敏感期一般发生在孩子的 2 岁左右，这时候，他会很乐意把垃圾扔进垃圾桶里，把玩具放回到它应该在的位置上。当然再过一段时间，我们会发现孩子不愿意扔垃圾、收玩具了。敏感期就是这样，只在一个阶段发生作用，也叫"魔法岁月"，这段时间是孩子发展的黄金时期。他为什么喜欢把东西放到他认为对的位置上呢？因为他觉得这样是一种令人舒服的秩序，秩序敏感期还体现在把相同的东西整齐地排起来。在这个敏感期里，孩子有强烈的需要——这件事必须得这样。这是一种心理上的"控制"，是规则概念的形成，也是数学智能的开始。

有一对夫妻特别困扰，不知道他们 2 岁多的孩子为什么总是在夜里 2 点哭醒，能哭将近 2 个小时，怎么哄也哄不好，直到哭得精疲力尽才睡，经过仔细沟通，我发现一个细节。

孩子有一本非常喜欢的故事书，每天晚上都要听爸爸妈妈讲一遍这本书才睡觉，睡前孩子会把书拿过来，规整地摆放在自己的小枕头边，满足地闭上眼睛安然入睡。这本书对孩子来说很重要，妈妈担心孩子睡觉不老实把书弄坏，所以每次等孩子睡着就会把书放回到书架上。

对于一个 2 岁多正处于秩序敏感期的孩子来说，他睡得迷迷糊糊，用手摸摸枕边想找自己的书，没摸到就哭闹起来，再加上孩子语言表达能力还不强，半睡半醒情绪又特别强烈，很难沟通，家长就摸不清孩子到底怎么了。

了解秩序敏感期就会知道，这个时期孩子的东西不要轻易移动，如果移动了，孩子会感到原来的秩序被破坏，非常不舒服。如果想要移动，最好先征得孩子的同意，询问一下"宝贝我把它放到书架上可以吗？"让孩子知道自己的东西去哪里了。同样坏了的玩具也不要随意扔掉，询问一下"宝贝，这个坏了我要把它扔进垃圾桶，可以吗？"当然多数情况下他们是不会同意的。

有位爸爸觉得他的孩子很难"伺候"，说好了想吃面包，他就给买了，结果，孩子大哭"不是面包，不是面包"，家长就纳闷了"这怎么就不是面包呢？"原来，孩子想要的是前天妈妈给买的提子面包，而不是爸爸买的切片面包。

这也是秩序敏感期的表现，对于孩子来说外部的环境有秩序了，内部的感觉才会秩序起来，内部的感觉有秩序了才可以发展逻辑。在秩序敏感期里，宝贝们可能会有很多情绪上的困扰，当然家长也是，孩子对秩序的高要求会持续到"完美敏感期"，这时孩子会处处要求完美。

一次，我给孩子买了一个大包装里有小包装的零食，孩子拉我的衣角说："妈妈，要吃"。正好我在打电话，大家都知道，通话的时候我们很多举动是无意识的，我从大包装袋里拿出来一个小包装袋，顺手撕开递给她，结果孩子大哭不止。我立刻意识到自己"没有经过孩子的同意"给孩子把小包装撕开了，这对处于完美敏感期的孩子来说就意味着食物不完整了，我又给了孩子一个完整的小包装零食，孩子很开心的接了过去，令人哭笑不得的是她接过去却又主动递给我，要求打开。

可能在成人看来，这样的行为简直是多此一举，但在孩子看来，这是一件非常重要的事情，想要得到的东西是完整的。处在完美敏感期里的孩子在吃饭时，无论馒头有多大，都要得到一个完整的馒头，很多成人不理解，担心孩子吃不了浪费，把馒头掰开给孩子一部分，也会引发孩子的情绪。

成人千万不要小看秩序发展中的完美敏感期，对孩子来讲完整是对事物的全面性的一种需求。完美敏感期发展好的孩子，对审美发展也非常有好处，对智力的发展中空间的理解也会有帮助，将来做事会更有完整性和对事情的整体理解度更高。这个敏感期持续时间不会太久，大概两三个月。成人保护孩子良好度过这个时期并不太难，蒸馒头时蒸得小一点，打开包装前询问一下，给孩子准备东西多跟孩子确认细节，就可以了。

2. 我不要这样

2岁半左右孩子会遇到自己人生中的第一个自我意识飞跃期——"执拗敏感期"，它跟秩序敏感期重合，与肛欲期和二、三元关系期时间也重合，此时孩子非常忙碌地发展自己，当然与成人在思想、意识、行为上会产生很多冲突，无形中为我们增加了更多的教育任务（麻烦）。

比如结合肛欲期，如果我们提醒，孩子会坚定地说"不，不，我没有尿，我不尿。"除了因为肛欲期，还有一部分原因是孩子想要从意识上反抗成人，而这种意识上的反抗就是执拗敏感期的表现。这时孩子经常拒绝成人，"我不洗手，就是不要洗手"，"我不刷牙，就是不要刷牙"，"不吃饭，我还要玩一会儿"，"不，我不喜欢黄色帽子"，"不，我今天不要去公园"，对成人建议的各种抗拒。

孩子的这些表现可能令我们心烦、头疼或愤怒，我们感到原本有序的生活被打乱，对孩子失去掌控，还会担心孩子。比如，寒冷的冬天出门，孩子偏偏拒绝穿外套，我们好言好语劝说，孩子拒绝；我们态度强硬，他哭得撕心裂肺、惊天动地，双方不愉快的收场。这是常见的父母与执拗敏感期孩子的交流障碍，从最初父母担心焦虑想掌控孩子，转变为失去掌控感引起愤怒，出现强烈的情绪波动。

在这个过程里，如果孩子的性格相对柔软，较易顺从，也许不会引起大的冲突，这时您可能还会为孩子的"乖"而沾沾自喜。但作为家长一定要知道，对于这类孩子，如果我们没有认真保护和建设他的独特性和掌控感，他将来有可能会成为一个缺乏主见的人。孩子非常"乖""听话"，家长要提高警惕，这种孩子特别容易自我压抑。相反，如果孩子性格暴躁、脾气大、主见强，可无论怎样，3 岁的他是斗不过家长的，如果父母经常用比孩子更暴力的方式镇压，将来孩子可能会变得非常违拗叛逆，多数时候他们不考虑事情的结果，单纯为了反抗而反抗。

> 兄妹两人，哥哥从小性格很强势，而妹妹却很柔顺。妈妈带两个孩子一起去买玩具，通常会事先商量好在规定的金额内每人选一个。可是哥哥经常选完后改变主意，要更大、更好的。妈妈一般会先拒绝："你已经挑好了，不可以改了。"哥哥每次都又哭又闹，最后妈妈妥协。更大、更好的玩具当然也更贵，每次买完妈妈一边训哥哥、一边表扬妹妹："你看看你，选好了反悔，还买这么贵的，你看看妹妹多乖，你怎么这么不满足！这么多事儿！"
>
> 类似的事情在这个家庭里经常发生，后来孩子们长大了，在填报大学志愿时，哥哥与家里发生了激烈的冲突，他的成绩还不错，可他就是认定自己考得不好，要复读，拒绝填报父母推荐的学校和专业，父母没办法只好同意。而妹妹很顺从地听取了父母的想法报考了师范学校，最后成了一名教师。
>
> 其实妹妹非常痛苦，生活中一直默默忍受。她曾在日记中写道："我从小就特别羡慕我的哥哥，因为他总是能够通过自己的努力得到自己想要的东西，每一次妈妈说我很懂事很听话，她并不知道我一直在压抑自己，我也想那样做，但我害怕，那样做爸爸妈妈就不爱我了。"

不论哪种性格的孩子都有成为自己、满足自己独特性的愿望。妹妹看起来很"乖"，是把不敢表达的欲望压抑于心，压抑形成习惯，在人生的各个重要阶段，选学校、选伴侣、选工作，都在委屈自己，当然不幸福。

同时哥哥与父母的关系是违逆的，这种违逆不是不孝顺，在父母生病或需要帮助时他也尽心尽力，但会伴随着烦躁的感觉。仔细观察一下周围的成年人，一般小时候与父母关系紧张的，后来就会有这种现象，他们可能在金钱、物质方面对父母照顾得很周到，但就是脾气不好、说话也不中听，抗拒与父母接近、抗拒表达关爱，只会用嫌弃、指责和控制的方式："你怎么不吃药啊？医生让你吃，你就吃！"缺少情感上的陪伴能力，如无必要不愿停留在父母身边，能离多远就离多远。

孩子小时候与父母在某些事情上存在主张上的冲突和违拗的感觉会留在记忆里，他会觉得父母从未理解、关心过自己。虽然他们成年后头脑懂得了父母的无奈和那些没有表达的情感，但再次与父母连接时，身体、情绪和感觉还是会重复那种紧张、排斥和不舒服。

在孩子的每一个自我意识飞跃期，父母的沟通与态度相当重要，孩子们经历的一切都会进入到潜意识形成情感体验，从而形成心理特征。父母要认识到在孩子的执拗敏感期，短期的执拗和反抗是形成独特自我必需的一个过程，对待孩子应持有一种尊重的态度"你可以为自己的事情做决定"和生命成长的喜悦感"孩子长大了，有自己的想法了"，保护孩子自我意识的同时履行好监护人的责任，照看孩子健康长大，比如孩子饭前不洗手的行为一定是不被允许的，这时考验家长教育水平的时刻来了。

3. 目标策略

一位妈妈非常介意自己孩子早餐吃不吃鸡蛋，每天早晨都会上演这一幕：

妈妈："吃个鸡蛋吧。"

孩子："不想吃。"

妈妈花样劝吃:（凶一点的）"我给你扒，必须吃，不吃营养跟不上。"/

（软一点的）"你看我都扒了，吃了吧。"/（哄的）"一个鸡蛋几下就吃了，你吃了吧，吃了咱还得赶紧去把你昨天选好的最喜欢的裙子穿上"……

孩子感觉非常不舒服，最后勉强吃下或真的吃不下。

直到孩子16岁，妈妈才突然意识到这个问题"诶？我为什么每天早上都要逼着孩子吃一个鸡蛋呢？"

我们想让孩子吃鸡蛋，因为鸡蛋比较有营养，但是不吃鸡蛋孩子就不健康了吗？很多时候，我们思考问题会钻进死胡同，变得"认知狭窄"，只关注问题，没有关注目标。孩子不吃鸡蛋，是我们想解决的问题，但只有鸡蛋可以带给我们营养吗？显然不是，牛奶、鱼排、奶酪、牛肉、鸡肉等非常多种类的食物都可以代替鸡蛋来满足身体的需要，而给孩子补充营养才是我们真正的目标。

执着于让孩子吃鸡蛋很可能是自己的一种执念，或许因为自己小时候鸡蛋比较缺少，或者从自己父母那里接收到了"鸡蛋是最有营养的食物"的信息；也有可能孩子小时候总是生病，他不吃下去会我们很焦虑。焦虑一出现，我们就会把它当成问题来解决，不过从跟孩子以"鸡蛋"为战场开始拉锯的时候，我们可能就忘记了为啥非得让孩子吃鸡蛋，只感受到"他不听话"从而"担心着急"。所以，我们在冲突中要时刻提醒自己，真正的"目标"是什么，运用目标策略，谨防把我们的"目标"变成"鸡蛋"。

认知狭窄会让我们偏执，孩子不听指令，更会让我们着急愤怒，可越是这样，孩子对鸡蛋越排斥，我们跟孩子都希望自己说了算，最后就成了一个控制与反抗的问题。

4. 创造环境

家长需要提供给孩子发展所需的环境，主动地创造环境也是替代性解决方案。有家长问我，孩子总是撕书怎么办？

如果我们只是管理孩子不让他撕书，往往会失败，总有我们看不住孩子的时候。"撕"这个动作，是孩子智力发展重要的一环，他是有需求的。我们可以给孩子创造一个可以"撕"的环境。给孩子准备好书架，书架上的书是看的，再准备一个箱子，里面放不用的旧本子，只要我们认真跟孩子说明，哪怕是一个不到 1 岁的孩子，也能够分辨出箱子里的是可以撕的，书架上的是不可以撕的。

女儿在田野里玩儿，提着空酸奶瓶捡土块，将土块一个接一个的放进瓶里，下面的一幕令我惊呆了，孩子捡到了一块比瓶口大的土块，尝试几次放不进去，果断用牙齿咬掉了一小部分，然后顺利地把剩下的那块装进了瓶子里。

我也会担心土接触嘴有点脏，但当时我并没有说话，我知道在孩子进行探索时打扰她，会使她对环境探索产生迟疑，总是这样孩子容易变得死气沉沉、缺乏生机，并伴随着挫败感。这事儿既不紧急又不很危险，我们可以为孩子准备更安全的东西来满足探索的需要，各种各样的瓶子和能够将瓶子塞满的填充物，孩子会获得更良好的发展。

5. 选择权

我们可以通过适当的策略，避免跟孩子无谓的冲突，保护他积极的独立意识，但有一些事情却不是简单的策略能够解决的。我们经常会遇到孩子自己有想法，我们却无法同意的事情，比如，孩子到底要不要洗手。

作为监护人，保护孩子的健康和安全是第一要务，孩子不洗手肯定不行。孩子处在执拗敏感期，直接强制孩子洗手很可能会引发一场亲子冲突，当然我们并不需要刻意回避亲子冲突，而是从其他角度满足他的需要。

这是权利之争，对于 3 岁的孩子，有没有适合他的权利呢？是有的，那就是选择权。如果我们适当满足孩子的权利，可以减少很多不必要的冲突。我们可以提前给孩子准备两种不同颜色的香皂或两种不同图案的毛巾，为了增强孩子被尊重的感觉，还可以让孩子去超市挑选自己喜欢的，不提洗手的事情（不纠结在事情上），而是说："宝贝，妈妈饭做好了，你今天是想用绿色的香皂洗手，还是想用红色的香皂洗手呢？"或"宝贝，你今天洗完手以后想用小青蛙的毛巾擦手，还是想用小白兔的毛巾擦手呢？"这都是一种选择。

孩子获得选择的空间，体会到的是被询问的态度、被尊重的感觉、可以为自己"当家作主"的幸福感。

6. 辅助决定

小时候孩子不肯睡觉，我们可以给选择权"宝贝，你是看 3 分钟书睡觉还是让妈妈给你讲个故事后再睡？"，但当孩子大一点，"心眼"多了，他已经意识到妈妈现在所做的是为了让自己睡觉，感觉到这种选择的方式也是在控制他，于是坚决不配合"哪个都不选"，显然选择权已经满足不了他了。当然父母这时也应感到欣喜，孩子又成长了一大步，作为父母，我们只能退步，怎么退呢？必要时父母需要辅助孩子做出决定。

一个 3 岁的孩子确实还不能为自己的行为负责，孩子要看 10 个小时手机，可以吗？当然不可以，这会伤害孩子的眼睛；孩子不要刷牙，可以吗？当然也不可以，因为这会有损于孩子的牙齿。作为监护人我们需要保护孩子，并把这一点传递给孩子，我们需要有一种坚决的态度："保护好你的身体是我的责任。"

这时我们可以尝试对孩子说"宝贝，正常的休息可以让我们更健康，可以保护好我们的身体，如果你觉得现在还不想睡，可妈妈又觉得你需要早点睡，这个事情我们应该怎么解决呢？"

这样将孩子的观点和我们的观点都摆到台面上来，让孩子自己思考和做出决定。这个决定是在成人提供框架的基础上做出的，既能满足孩子的需要，又能满足成人对孩子照顾的需要。

给孩子一定的限制同时给他决定的自由，也是在帮助孩子建设规则和锻炼解决问题的能力，与选择权相比，这种方式级别更高，一旦孩子能够在双方都同意的框架内成功解决问题，他的自信、执行、思维等能力都会大大提升。

比如孩子提出"我想拍球，拍 10 分钟球再睡觉"，这时我们可以回应"噢，拍球后你觉得就可以睡觉了，是吗？"孩子回答是肯定的，然后我们再说"妈妈也觉得你拍 10 分钟球就可以睡觉了，只是有一个问题，如果你拍球的话，楼下的邻居会觉得影响他们睡觉了，那怎么办呢？"如果孩子能够提出滚球或其他不发出声响的游戏，那我们跟孩子都成功了。

当然如果孩子做不出决定，成人可以慢慢引导，从简单的决定开始。不过，我们商量好的 10 分钟后，孩子可能还会反悔："我要再玩 10 分钟！"这时，我们可以稍微强制一些，因为这时我们在遵守双方的"协议"而不是直接的控制："这是刚才已经说好了的。现在我们要执行了。"而不是，"你不是刚才答应了吗？"，大家可以体会一下后面这个反问句的破坏性。

审视一下自己的语言，对孩子说得最多的是什么呢？"不行"这两个字，你对孩子说的多吗？相较于"拒绝"型的管理，家长给予选择、创造环境、辅助决定都是在做框架，在框架内既保护了孩子的安全又满足了孩子的需求，还让孩子有了一定的自主，孩子不会感觉自己被一遍遍否定。

> 一个十多岁男孩与爸爸一起买鸭制品熟食，爸爸："今天吃什么你选吧！"
>
> 孩子："爸爸，买鸭脖。"
>
> 爸爸："买鸭脖干什么呀，肉那么少！"
>
> 孩子："那买鸭掌吧。"
>
> 爸爸："鸭掌太脏了不能吃！"
>
> 孩子："那我吃鸭头吧。"
>
> 爸爸："鸭头有毒素。"
>
> 孩子不说话了。

孩子的决定被否定，自主权就是空谈。给孩子的选择和决定范围一定要真心实意，是不是既能满足孩子又能自己接受。哪怕孩子的选择或决定并不是我们最期待的结果，也要真心接受，事实上结果也不会太糟糕。

7. 选择困难

> 朋友侄女 10 岁，来她家过假期。她带孩子进商场买几件衣服："你喜欢哪件，自己挑。"

侄女:"我不知道。"

姑姑:"你先挑一家店,看起来不错我们进去先逛逛。"

侄女:"我确实不知道该挑哪一家。"

姑姑没办法最后只好带孩子来到了两个相邻的专柜:"这两个专柜都是适合你穿的,你从这两家里面选一家吧。"

侄女对比着看了两眼:"你帮我选吧。"

姑姑很犯愁,从两家专柜中选了一家后挑选了两套衣服,让侄女从中选了一套,即使是这个小小的选择,也纠结了很长时间才最终确定。

姑姑回到家里,问侄女:"你吃米饭还是吃馒头?"随便。"你今天在家里待着还是跟我去单位"随便。每一次选择都很难。

通过这件事,朋友和她嫂子都发现,"选择困难"可是个大问题。妈妈帮助孩子决定惯了,在自己身边还没感觉,但是姑姑一下子就发觉了,如果一个人总是选择困难、犹豫不决,确实让人担心。这种情况并不少见,10岁出现这个问题还好,先从最小的选择开始,比如吃米饭还是馒头,我们可以等孩子选好再吃,让孩子慢慢明确自己到底想要什么。但如果成年后还是这种模式就糟糕了。

小金生活不如意,婚姻、事业一团糟。他毕业于一个普通的学校,却有很好的工作起点,入职不久恰好遇到企业改革,从一个小透明转到集团公司核心部门。按理说,他能力也够,跟领导见面的机会也多,不过几年以后,他慢慢地从核心部门调到基层部门,十年过去了一直也没有升迁,还是基层员工。婚姻一开始也很幸福,后来也离婚了。

小金有很多优点,彬彬有礼、干净自律、很容易跟人亲近,平时也热爱学习,看起来很上进。但他总是做一些给他人生"拖后腿"的事儿。

小金看房看了三年,中间无数次找各种朋友给参谋,收集各种信息,用他自己的话说,"干个房产中介都没问题了。"后来终于决定买期房,交了订金,又后悔,把订金要了回来,此后不到一星期突然说自己买房了。

他本来买房的目的是改善居住环境，结果最后考虑的是，新房比较贵，装修还得多花钱，这套房是带装修的二手房各方面都没有什么亮点，也没什么缺点，他觉得比之前看的那套期房好，他总感觉新房不踏实。

后来他又纠结装修的问题，买之前图装修省钱，买之后开始犹豫：要不要再装修一下？也不着急住，原本的装修不好看，现在不装怕住的时候有甲醛，但装了又怕过时……同时开始后悔：新房没退会不会好点？新房虽然离单位远，不过离孩子学校近，现在这个离哪都不远，但也没那么近。以前看了一套房子也很好，当时觉得一般，现在想想那套还真不错。要早买那套就好了，那时候房价还低……

聊起工作也这样："想当年……你说要是当时我不调动就好了……我当时还错过了……跟我一起的同事都……如果我当时抓住那个机会……都是因为当时……我真后悔，我就不应该……"

说起婚姻："其实当时我还认识另一个很好的姑娘，当时没有进一步，当时想的是……我跟我对象认识的时候，我觉得还挺好的……谁知道后来……"

8. 我可以拒绝

处于执拗敏感期的孩子之所以会令家长抓狂，根本上是对父母控制的一种反抗和拒绝，而父母能否接住这种反抗和拒绝很重要。

小魏最近非常崩溃。朋友的弟弟做信用卡推广，为了完成任务，经常请小魏帮忙申请银行的信用卡，然后不开卡取消掉。有一天，银行打来电话："我们查询到您在我们银行多次申请信用卡，均未开卡，想落实一下情况，如果存在着过多的失信行为可能会认为您本身存在高危风险，有可能会拒卡，严重的话会记录进您的个人征信记录。"

还有更令他崩溃的事情，因为不知道如何拒绝别人，小魏的另一位朋友，请他给一笔贷款做担保。结果，他的朋友因为无法还款，法院判定由小魏来偿还，小魏陷入了巨大的经济危机中。

这样的结果，固然跟小魏没有认真思考后果有关，但是我们也会看到他平时做事的模式——他总是喜欢帮忙，别人也喜欢找他，他从来不拒绝别人。

能够拒绝是非常珍贵的品质，如果孩子在家庭里从来没有成功拒绝的经验，那真是太糟糕了。当一个指令"吃一个鸡蛋"发出，如果孩子的决定是拒绝，那家长对孩子的拒绝，是拒绝还是接受呢？

如果孩子的拒绝总是被拒绝，他将面对的是"拒绝"反复重现，面对这种固化"拒绝"，会形成应对模式，成年后他也会用这种应对模式面对他人的拒绝，形成潜意识。容易出现两个极端，要么因为"习得性无助"缺乏拒绝他人的能力，甚至是讨好；要么变得坚硬、阻抗，对他人总是抗拒，这是习得的。当然，并不是不能拒绝孩子，我们在家庭里既要给孩子拒绝成功的机会，也要给他被拒绝的体验。当他感受到两种不同的情感体验，并且相互公平，他就能够很好的拒绝他人和面对他人的拒绝。"拒绝"在成人身上也是一门很大的功课，力所能及的帮忙当然应该，如果无底线无原则，我们既可能伤害自己，别人也会看轻我们。很多人在拒绝他人、被他人拒绝时有不好的心理体验。

不拒绝的时候，是不想让自己或者他人难堪？还是不想失去这份友情？

拒绝的时候，是否会有内疚或焦虑的情绪？感觉自己很残忍，对不起他人？

被他人拒绝，是否会有愤怒、羞耻或悲伤，自我否定或责备他人。

"害怕被拒绝"也会极大影响我们的生活，很多人在向他人求助前会纠结、犹豫，担心被拒绝，还有的人如果被拒绝立刻缩回来，同时还会怀疑双方之间的关系，觉得自己不被喜欢了。

微信上，朋友给我发了个半公益的课程链接，只收一点点场地费："帮我发你朋友圈？"

我看了介绍，感觉很不错，顺手发到朋友圈里，然后转给他一份场地费："已发，顺便我也报名参加。"愉快地结束了。

几个星期后，还是这位朋友，又发了一个报名链接，是收费的工作坊，费用小几千，同样的开场："帮我发你朋友圈？"

我看了下，回复俩字："不要。"

看到我回复，朋友发过来代表疑惑的呆萌表情"？"

我回："我不适合发这种信息。"

他紧接着问，"要不我发你群里吧。"（我有个家庭教育的家长群，他也在群里）

我说："这样可以，别忘了发个红包给大家，并且带上一句'经群主同意'。"

这件事情对我触动很大，朋友并没有在被拒绝后退缩，也没有认定是我不肯帮忙，也没有觉得很糟糕，而是自然而然地进行第二次沟通，提出了另外一种可能的方案，这估计已经是他健康的反应模式了，非常值得借鉴。

不知道大家会怎样回复，被别人回一句"不要"，我大概率不会继续尝试了，我会说："哦哦，好的"，很可能还会加一句："麻烦你啦"，内心："哎，是不是太冒昧了"，也许会决定："以后不是确定人家能帮忙的事儿，还是不要问了吧。"如果是你被拒绝你会有什么反应呢？

也许你跟我反应一样，会愧疚："哦哦，好的，打扰了。"——停止试探

也许你会生气："真是的，这点忙都不帮。"——攻击他人

也许你会怀疑："是不是她讨厌我？"——自我攻击

在拒绝孩子时我们一定要让孩子清楚地知道我们考量的是什么，把"事"说明白，孩子才能学会"对事不对人"，这时候替代性的解决方案也非常重要，如果孩子被拒绝的同时能够有可行的方案替代，孩子不会产生无助或无力感，反而在被拒绝时会更积极地想办法，并更能遵守界限。替代性的解决方案绝不是转移话题，就像前面撕书一样，给孩子准备他"可以撕"的东西。如果没有

替代性的解决方案，那就要学会不含敌意的拒绝。

拒绝是人与人交往时的边界，与人们能否舒适的与他人交往有关，还与自我保护有极大关系。前几年频发的儿童被猥亵的案件促使我在三个多月的时间里，专门教研儿童防性侵课程，很多调查资料以及在检察院进行未成年被害人的心理疏导的经历告诉我们，很多孩子在遇到猥亵、侵害的第一反应是呆立不动、不知所措，这些孩子缺乏拒绝的能力。

拒绝他人的不合理要求以及拒绝他人侵害都是非常重要的能力，这种能力不是与生俱来的，孩子需要先在家庭中获得练习，情感的、依恋的、分离的、拒绝的体验，会帮助他提升解决问题的经验及能力。与遇到危险时保护自己不同，在练习拒绝这个话题上，父母的做法更像"心理疫苗"，去除毒性，使孩子在安全的情况下增加心理抗性，也就是——如果拒绝，请不要带有敌意。

"妈妈我饿了。""饿了也没饭吃，谁让你不好好吃饭。"这是含有敌意的拒绝。不含敌意的拒绝，是在表明事情的规则和界限。

我有我的界限

什么是有明确的界限？养育出一个有明确界限的孩子有多好？一些家长很满意自己的教育，感觉孩子越来越省心，也就是说觉得孩子发展得比较好，这些孩子往往有以下几个特质：

生活的能力很强，能够很好地安排自己的生活；

学习的动力很足，明确学习是自己的事，追求突破；

处理事情的方式非常有逻辑，勇于挑战，具有主动和积极性；

能够照顾到他人的感觉和情绪，并且对自己的感觉情绪也有很高的理解；

不侵犯他人也坚定地维护自己，有社会责任和社会道德感，具有良好的品行。

不管是自理、自律，具有同理心，还是有明确地为自己负责、为他人及社会负责的态度，都跟孩子是否有稳定感有关，也跟他有良好的界限感有关。

1. 有边界是尊重自己

小陶在朋友眼中很善良也喜欢照顾别人。一次我们一起搬书，我知道她前一阵子刚把腰扭伤了："你就负责扶着车子，我来搬，千万不要再伤到腰了。"但她总是不由自主地想要伸手。习惯照顾别人的小陶在工作中却很苦恼，她不忙的时候，帮助别人是很快乐的，但是在忙的时候，同事仍然理所当然地把不属于她的工作扔给她，而她也不知道该怎么拒绝，每次都是违心接过来，这种没有边界感的做法把她自己弄得很累。

小陶："我自己也有工作，还得加班，难道他们看不出来吗？是不是我帮顺手了，他们觉得是我应该的，他们为什么不考虑我的感受呢？"

我："你可以明确地说不呀？"

小陶："我不知道该怎么说，都是同事，我怕他们会觉得我不好。"

我："如果你在别人忙的时候请求帮助，他们都是怎么做的？"

小陶："我平时能干的都自己干了，对了，有一次我实实在在是需要别人帮忙，同事当时也在忙自己的事，就很直接地跟我说明情况拒绝了我。"

我："那当时你有没有觉得很难过，有没有觉得他讨厌你，或者是跟你关系特别差呢？"

小陶："那倒没有，因为他真的在忙。"

我："你看，如果别人在请求帮助的时候你真的有事，是不是也可以直接说不呢？"

小陶："我说不出口……"

总是当老好人，虽然让别人感觉挺好，但并不一定会受到他人的尊敬，这种没有边界感的做法还会让自己很累。

作为心理咨询师，修炼边界是必修课。我的朋友们因为痛苦而找我，多数是想要倾诉和听听我的建议。心理咨询师要经过大量的感知训练，我的情绪感知能力很强，但是平时跟朋友相处或者跟人在一起时，我一般并不会用心理咨询的状态对待他们，这是工作和生活的边界。

一位朋友因为苦恼来找我，在他倾诉了一会之后，我说："我现在不是心理咨询师，就作为你的朋友，我觉得你现在这个阶段，这样想也没有什么问题，但是我觉得你还是没有站在中立的角度，想法有些偏激。"

他突然很愤怒："我就是让你帮我纾解纾解情绪，你为什么要评论对错呢？"

我说："如果你拿我当你的朋友，我在跟你聊天的时候，就是一个朋友而已，我不想用心理咨询的态度来对待你，那样很奇怪，我也会累，对你也没有什么好处。"

他生气地走了，我当时并没有心理负担，我觉得他那样对我，其实是越界了。后来他又来找我聊天，这次我们聊天舒服了很多，他不再对我有超出我们朋友范围内的期待，当然我的倾听基本功还是在，但是我不需要调动我所有的感知，所有的精力，像心理咨询的工作中那样，我们之间的相处就变得轻松起来。我觉得明确表达自己的界限，并不会得罪别人。实际上坦然的拒绝别人，真诚说出自己不能做或不想做，这样反而会让关系变得更好，更健康。

2. 有边界给别人舒适的感觉

我准备结婚那会儿，真是什么都不懂，婆婆把我俩叫过去，给了我一个存折："这是航哥工作后交上来的钱。"又给了我一个存折，"这些是我们给的，家里孩子多，别嫌少，这些钱你们买房子用。"我婆婆有想过让我们把房子买在他们老家，可我还是想在青岛定居，婆婆也没干涉，买房子是我们自己定的。婚礼结束，婆婆说："以后你们是小家庭了，钱你们自己管着。"不再让我老公把钱交给她。

"你们需要我做什么就说，我能做的尽量做，如果不说，别怪我没做。"我两个孩子出生时，月子都是婆婆在照顾，照顾得很好。第二个孩子出生时，她正在帮航哥他二哥带孩子，他们两口子都工作，孩子太小没人带，不过我婆婆让他们自己想办法，过来给我照顾月子。我婆婆说："不管怎么样，月子我做婆婆的得伺候。"就这样，二哥二嫂轮流请假照顾孩子，后来我看婆婆实在牵挂那边，在坐月子第 20 天，我让我婆婆回去，她再三拒绝，最后无奈地说："你以后千万别怪我啊。"我说怎么会呢，毕竟我爸爸妈妈也在照顾我。

在我心里婆婆真是非常通情达理，吃苦耐劳，默默付出。等我接触更多的家庭和更多的心理学知识才发现，她给我这种非常好的感觉，是因为她非常有界限。她既做到了在中国传统习惯里婆婆要照顾孩子，又做到了不干扰小家庭的事务。

3. 有边界会促进事情向好的方向发展

航哥换的工作是我们共同的朋友介绍的，恰好我跟他们单位上上下下都很熟，特别是他的领导们，他刚入职那会儿遇到了很多麻烦。有时候他会跟我讲单位的烦恼，在我看来更像是一种倾诉。我也会跟他一起分析，很多次会有个念头冒出来："我给他领导打个电话说说情况。"但是这个念头只是一闪而过，就被我摁掉了。

我觉得，从航哥的角度是这样的麻烦和困难，从别人的角度可不一定。更重要的是，如果我参与了，对他来说可能是一种打压，就像我们前面说的，他成了"被照顾者"，我成了"照顾者"，在"被照顾者"的角色里面，他会弱化自己，对于男性来说，还会有隐藏的"被侵犯"的愤怒。

自己的工作自己知道，我不了解全部情况，如果只是从他跟我描述的片段来干涉的话，那就是名副其实的"捣乱"了。用了半年多的时间，航哥的工作逐渐走向正轨，他也展现出我没有的一大优势——很会协调和平衡人际关系。

4. 没有边界会带来负担

当我们想再生一个孩子的时候，很多人喜欢问问老大，"你想不想要弟弟妹妹啊？"这是入侵孩子边界的问话。拥有几个孩子是夫妻双方的事儿，虽然孩子也是家庭成员，但是这种事孩子是没有决定权的。如果孩子说不要，你再生，家庭矛盾无法避免；如果孩子说要，等他跟弟弟妹妹发生冲突的时候，他会后悔自责：我当时为什么要答应要弟弟妹妹呢？更何况有的家长可能还会这样说："当时是你说要弟弟妹妹的！"把责任一股脑的推给本不应该负责的孩子，对孩子来说，是一种不该他来承受的负担。

不健康个人边界的常见表现：

为讨好他人，而放弃自己的价值观或权利；

时常想要拯救你亲近的人，为他们解决人生问题；

让他人定义自己；

期待他人自动满足自己的要求；

拒绝他人时，心情不好或感到愧疚；

为了得到他人的关爱而故意崩溃；

当被糟糕对待时忍气吞声；

不询问便触碰一个人……

个人边界是指个人自主决定的人际间的规定和尺度。通过这个边界，我们可以知道什么是合理的、安全的和被允许的行为，以及当他人越界的时候，自己该如何回应。可以解释为这样一个问题："我多大程度愿意被对方入侵"，他人对待我的有些方式是我允许、让我感到舒服和期待的，另外一些则会让我不舒服、感到被冒犯。有些冒犯很明显，比如一些不尊重我们的言行。但有时这种冒犯会很隐蔽，比如替代我们决定我们的想法和感受；强制给我们他认为好的东西；过度"关心"我们，干扰我们独立决定等等。当然反之亦然："我会有多大程度地入侵对方。"

拥有不健康的个人边界的人，要么是容易对他人的情绪和行为负责，要么是期待他人对自己的情绪和行为负责。成年后过度依赖他人也是边界不健康的表现。

5. 边界风格

说了半天边界的好处和必要性，大家千万不要以为我和我家人的边界感很好。可以说，我们家人的边界感很强，但是边界感强就是边界感好吗？并不是（我也正在努力）。

妮娜·布朗提出，个人边界可以被分为四种不同的风格。

（1）柔软型：一个拥有柔软型个人边界的人，容易融进其他人的边界之中，容易被他人影响和控制。柔软型的人会经常感觉很难对他人说"不"，可能会有过分共情、陷入他人情绪不能自拔、被他人操纵和利用的问题。

（2）刚硬型：一个拥有刚硬型边界的人是封闭的或隔离的，很难信任他人和感到安全，所以很少有人能够真正靠近，无论是在身体层面或还是情感层面。很多有这类边界的人都有过严重受伤的经历。有一些刚硬型边界的人是"有选择性的刚硬"，虽然大多数人靠近都会使他们不舒服，但他们并不总是封闭，有少数人能够靠近他们。

（3）海绵型：海绵型的个人边界像是介于柔软型与刚硬型之间的摇摆体，就像一块海绵一样。他们在受到情绪上的感染上介于两型之间，又很矛盾，对于边界没有清晰的意识，不确定该将什么纳入边界之中、将什么排除在外，时而会担心侵犯了他人，又时而会担心没有和他人建立连接。

（4）灵活型：这是理想中的边界类型，看起来和有选择性的刚硬型或海绵型相似，但灵活型边界的人能够自己控制边界，决定让什么进入、让什么保持在外，也能够抵御情感上的感染和控制，很难被他人利用。

很显然，灵活型是非常健康的个人边界。

6. 界限的一个核心

边界感是培养出来的，这是孩子社会化进程中重要的部分，核心内容就是"能分清楚这是谁的事儿"。

我曾看到一个7岁的孩子，从妈妈口袋里拿出手机坐到一边玩，妈妈并不想让孩子玩手机，试图制止，孩子大发脾气，最后妈妈妥协了。可能有些家长认为孩子不应该玩手机，但仔细想一想，这件事最先的界限应该是"这个手机是妈妈的，你不能随便动"，然后的界限才是"今天你的手机时间已经超额了。"

我们看到3岁的孩子不单是执拗，还会有非常强的物权意识，这时父母应与物权意识相配合，用规则让孩子体会到界限。

　　小孩子洗澡都很喜欢玩泡泡，我家孩子也一样。有一次两人在浴室里边洗澡边玩泡泡，洗完，她们在浴室里喊，"妈妈，我们洗完啦！"我帮她们把身体冲干净，可这次她们不但将自己的沐浴液用光了，还把我的用掉了一大半，当时我很生气，缓了又缓才没有当场发脾气。

　　我知道发脾气是一种有敌意的拒绝，调整好情绪再与孩子沟通是一件很重要的事情。我深深地吸了几口气，觉得自己可以平心静气地与孩子说话了："宝贝们，今天你们洗澡看起来很开心啊。"

　　孩子："是啊。"

　　我拿着她们沐浴液的瓶子："嗯，这些沐浴液是谁的？"

　　孩子："是我们的啊。"

　　我拿着自己的大瓶沐浴液："那这个呢？"

　　孩子："这个是妈妈的。"

　　我："嗯，妈妈想告诉你们的是，你们的沐浴液你们可以随意使用，如果你们用完了想用妈妈的沐浴液呢，需要跟妈妈说一下，妈妈同意了才可以用，妈妈希望下一次你们在玩的时候，如果想用妈妈的沐浴液告诉妈妈一声，妈妈同意了你们再玩，这样可以吗？"

　　孩子："好的。"

　　孩子很欣然地就接受了，实际上孩子对物品的所有权很敏感。当然我还有后续动作，分别给两个孩子每人买了一小瓶沐浴液（之前她们两人是共用一瓶），同时告诉她们"这分别是你们个人的"。又买了一大瓶家庭装，她们的小瓶子快用完，我就再灌满。

　　有时候孩子确实没玩够："妈妈我想用一下你的沐浴液可以吗？"我有时同意，有时不同意。孩子年龄越小父母同意的次数应越多，年龄大些父母同意的次数可以稍微减少，但多数还是需要同意的。如果不同意也要温柔而坚定："妈妈也需要用沐浴液，今天不同意你们用。"

这样孩子充分体会到"我可以自由的决定怎么用自己的"这种自由感，也建设了"用他人的需要经过同意"的界限感。分床的话题里也提到过类似的界限与拒绝，"这是爸爸妈妈的床，我们同意你们在这儿睡是因为我们觉得你们还需要被照顾，我们爱你们，但是你们也要知道这个是爸爸妈妈的，如果我不同意你们就要离开。"

有一天，我洗漱比他们都晚，等我准备睡觉的时候，两个女儿一左一右搂着爸爸，我走到床边："我睡哪？"

两个孩子争先恐后地喊起来，"爸爸是我先选择的。"

哦嚯，可以啊，跟我讲规则。我们家对于公用物品的规则是谁先选择谁就暂时拥有。她们的意思是她们先选择的爸爸，爸爸身边的位置就是她们的了。我挑了挑眉毛，"这是我老公！"我宣布主权。

她们异口同声："这是我爸爸。"

"我先选择的老公，才有了你们。"她俩呆住了，发现还真是这么个事儿，嘻嘻哈哈地给我让地方。

关于手机也是这样，我们先抛开孩子到底应不应该玩手机的问题，首先应告诉孩子的是："这个手机是妈妈的，你需要遵从"谁的东西谁有决定权"这样一种前置规则，让孩子在规则的框架下行事。

当然孩子可能会说"妈妈我也想要一个自己的手机"，这时我们可以与孩子约定一个时间，比如"你到四年级可以拥有手机，手机的使用时间需要限制"。给不给孩子手机，我觉得这不是应该讨论的问题，我们更应该讨论如果孩子没有边界，没有自律，没有安全感，没有朋友，不够自信，手机将会是引发家庭矛盾的导火索。

网络上有这样一段找不到出处的发人深省的话："我们不需要知道电子游戏是什么，它会不会造成近视，它会不会上瘾，我们只需要一个背锅侠，一个可以掩盖家庭教育失败、学校教育失败、社会教育失败的东西，现在它叫游戏，十五年前它是早恋，三十年前它是偶像，三十五年前它是香港电影，四十年前它是武侠小说。"

我的孩子也曾经问过我"爸爸也玩游戏，妈妈怎么不管？"我的回答是"爸爸已经成年了呀，18 岁以后就可以为自己的事情完全做决定了，等你们 18 岁，你们想玩多长时间妈妈也不会管的。"让孩子清楚界限在哪里。

在孩子的成长过程中，他清楚的明确"这是谁的事儿"会建立好的边界感，哪些是自己的事儿，哪些是别人的事儿，包括这是谁的物品，这是谁的责任，这是谁的想法，这是谁的情绪。这些明确的选择和判断是边界的核心，会让孩子一生受益。

（1）这是谁的事儿？

小姜因为孩子问题找我，梳理以后，发现小姜对孩子的教育过于细碎和保护，需要多借助丈夫的力量，特别是丈夫管理孩子的时候，小姜需要退出。小姜的丈夫大多时候对她和孩子挺好，但是脾气上来就很急躁，小姜很担心，觉得丈夫太凶，她总是忍不住以保护者的姿态，挡在孩子面前，她说："难道要助长爸爸的脾气吗？他那么凶的时候我该怎么办？"

跟两口子沟通后，我帮他们理清楚最重要的界限问题：小姜跟丈夫冲突，最好不要当着孩子的面，这时候，两个成人，这之间发生争吵很正常；当丈夫教育孩子，那是父子俩的事儿，如果妈妈参与，丈夫会因为妻子的袒护，脾气更急躁，儿子因为有妈妈做后盾，对指令根本听不进去而无法无天。

（2）这是谁的情绪？

莘莘刚上小学一年级，因为班级里刚上学的孩子们太难管了，莘莘的老师情绪很暴躁，莘莘很害怕老师。家长不知道该怎么办。我们要帮助孩子理清楚（用提问引导的方式，不是告诉讲道理），老师因为什么，因为

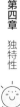

谁发脾气？你有没有错误的行为？如果你没有错误的行为，老师的情绪是谁的？是针对什么行为的？

7. 界限的三大原则

家长们了解了爱和自由对孩子的重要性，可能会出现一个困扰，管多了怕孩子受伤害，不管孩子确实乱套。孩子该吃饭不吃饭，该睡觉不睡觉，一不满意脾气就特别大，自己不收拾东西……多数时候是自由与规则的关系没有处理好——自由过多或者规则不足。当我们拿不准某件事情应不应该同意，我们可能需要跟孩子一起来参考三个原则，在这三个大的原则下的事情，都是可以做的：不伤害自己，不伤害他人，不伤害环境。

不伤害他人。很好理解，除了不能辱骂别人，更不可以故意伤害他人。包括：不可以打扰他人，别人的东西不可以乱动，尊重他人的隐私和想法，他人有选择的权利等等。

不伤害环境。也很好理解，除了爱护公物，保护花草，还包括走人行横道，垃圾扔在垃圾桶里。

不伤害自己。这个好像也很好理解，孩子如果想要用刀子划伤自己，肯定是不可以的。但仅是这种明显的伤害吗？

十几年前，幼儿园开办之初，老师跟家长就"孩子有没有不穿室内鞋的自由"展开激烈讨论。

室外鞋不能穿进屋里，大家都没有任何异议，这样让室内环境很干净，维护大家的利益。但是，在教室里是否必须穿室内鞋，是不是"可以拥有的自由"？很多孩子不想穿室内鞋，因为家里是木地板，家长允许孩子光着脚，确实，我家孩子在家里也是光着脚跑来跑去的。所以在幼儿园里要穿室内鞋，孩子就会不适应。

特别是对于我们幼儿园来说，家长看中的就是"爱和自由"的教育理念，孩子被要求必须穿室内鞋，感觉是妨碍了孩子的自由，不仅家长会介意，我们老师也懵了：对啊，孩子有选择穿不穿的自由才对吧？

十几年前，"爱和自由"更多的停留在理念方面，具体到生活中如何做，大家都很模糊。这个讨论持续了有一个月，才尘埃落定，结论是必须穿室内鞋，这是为什么呢？好像没有伤害自己，也没有伤害他人，也没有伤害环境啊？

如果不穿室内鞋，孩子去卫生间有滑倒的危险；走在教室内，会有不小心踢到东西受伤的危险，别人搬椅子，可能会被压到脚，也是一种危险。

把自己处于危险之中，也是伤害自己！

有了这样的讨论，我们清晰了很多事情：等一会再吃饭是可以的，但是因为赌气拒绝吃饭是伤害自己的行为，不刷牙是伤害自己的行为，吃垃圾食品是伤害自己的行为，无限制的看动画片是伤害自己的行为，外出活动不排队是伤害自己的行为。

如果孩子自己有决定和需求，而且没有伤害到自己、伤害到他人和伤害到环境，那么理论上这件事就是应该被允许的。抚养人需要好好揣摩这三个原则。如果父母与孩子都能做到遵从这种原则，这那么孩子就会有一个很稳定的行动依据，就会特别有边界感，明白这是一个界限问题，他就不会觉得父母想控制他，父母不喜欢他，他会形成一贯性的准则，更容易自律。

8. 日常需要给孩子建立的七大基本规则

不带敌意的拒绝孩子，其实是用规则来规范孩子。

无自由，不人生。通读本书大家可能会发现，我们尽量给孩子空间和时间，让他自由的发展，促进儿童内部整合，成长为心理健康的人。智力的发展，也会强调智商潜力是自由才能够带来的，孩子自由的观察、自由的联想、自由的推理，从而获得智慧。

规则是相对于自由来说的，健康的规则可以使我们孩子能自由的发展，并有更好的规范，不仅仅是指有更好的跟他人建立连接的方式，孩子的社会功能更好，还体现在能给孩子带来安全感，更有力量地伸张自己的权利，勇于面对错误。

自由、规则，犹如唇齿。它们并不是矛与盾的关系，而是互相依存的。一个集体环境，大家想做什么就做什么，会出现什么样的情景？力量大的人会拥有更多的权利，那么必然有一部分人是被压抑的，短时间内我们可能是处在力量大的一方，但当有比我们力量还大的人出现，我们也会成为被压抑的一方。

现在网络传播的力量很大，我们通过网络上对一些人或事件的关注，确实推动了一些法制的进程，但是如果我们都不约束自己，随意抨击他人，轻易地让一个自己讨厌的人"社会性死亡"，这样的网络环境真的是我们想要的吗？如果有一天我们自己被误解，那"社会性死亡"就会降落在自己头上。

没有规则就是一种暴力，生长在一个暴力环境中，不会有真正的自由。在0-6岁阶段，我们给孩子建立的基础规则让他终身受益，这也是蒙特梭利幼儿园的通用规则：

（1）粗野、粗俗的行为不可以有。

一类是个人行为，比如当众挖鼻孔、随意打喷嚏；一类是关系中的行为，比如打、咬、踢、掐；一类是语言上的，语言暗示、控制、威胁、恐吓、侮辱等，让别人不舒服，或者做不愿做的事情。

书的后面部分会提到诅咒敏感期和语言控制期，这里要与语言暴力加以区分和鉴别，语言暴力明显特征是给他人带来伤害的同时施暴者会获利。

今今、秀秀和珂珂在一起笑得直不起腰来，走近一听，发现她们在说："××（东西）像不像臭粑粑烂稀。"这里基本上不用干预，这是三个小朋友在用自己的方式社交，每个人都很愉悦。

茹茹和思思在前面跑，边跑边喊："墨鱼蛋，略略略。"熠熠在后面很生气地追。这里茹茹和思思把自己的快乐建立在熠熠的不开心上，茹茹和思思获利，熠熠被伤害，就是粗野的行为。

（2）别人的东西不可以拿，自己的东西归自己所有，并有权利自由支配。这里强调的一点：除自己的东西外，任何东西都是别人的，未经允许都不能拿。

很多家长会疑惑，孩子真的可以决定所有属于他的物品如何使用吗？比如，把贵重的物品送给别的小朋友。讲座中我问过家长们："你们觉得多少钱的物品算是贵重物品？"有的家长觉得是 50 元，有的家长觉得是 80 元。我们定好自己家庭贵重物品的概念，就可以跟孩子有很好的界定："超过 50 元的物品是贵重物品，需要征得爸爸妈妈同意。"从而让孩子有据可依，家长必要时可以行使监护人职责。

送出去的东西反悔是可以的吗？送给别人的就是别人的了，不可以。但是可以跟对方协商，如果对方同意归还，那就又是自己的了。

（3）从哪里拿的东西请归位到哪里。

物品分为私人和公共的，无主的且非公用的就是别人的东西。特别是公用的东西用完后需要归位，送回到原来的地方，这是非常重要的规则。

有些玩具，比如对智力发展特别有用的豆子类玩具，如果撒到地上，孩子们需要自己收拾。但是，我们经常会遇到孩子哭闹不想收拾的情况，因为对于小孩子来说，这项工作太困难了。"你觉得豆子撒了太多了是吗？我陪你一起收拾吧，来，我捡一个，你捡一个。"我们可以帮助孩子收拾，但是不能代替孩子收拾。

还有的时候，在幼儿园里，孩子们玩完了，忘记收拾老师会提醒。但是如果他离开了屋子，老师会帮忙收起来。为什么呢？因为老师没有及时提醒是老师的责任，并且，把一个离开的孩子叫回来，不觉得过于斤斤计较了吗？

孩子很有意思，如果是老师帮他拿的，他可能会说："老师，这是你拿的，你归位"。这时要告诉孩子"谁使用谁归位。"

（4）请排队，请等待。

公用的东西谁先拿到谁先用，包括固定的体育设施，比如秋千。在幼儿园教师考核的时候，有一道题：甲玩秋千很久了，乙也想玩，跟老师要求玩秋千，老师应该如何处理。

错误答案：让两个孩子轮流玩。

正确答案：甲先选择的，甲有权利选择玩多久。可以建议乙去跟甲商量，甲同意就可以。如果乙不愿意商量，需等待。如果乙不敢商量，老师可以提出陪着乙，或者帮助乙商量一下。

（5）不可以打扰别人。

不可以打扰别人。无论是在学校还是在家里，都不可以随便打扰他人，有事情需要别人帮忙时要询问别人的意愿。强调一点，想帮助别人也需要询问："你需要帮忙吗？"或者"我可以帮你，你需要吗？"这件事很重要。

在孩子打扰他人前就应该阻止孩子，如果孩子已经打扰他人，那么这个时候老师没必要再去干涉，因为这时候介入也是一种打扰。

我们需要教给孩子"对不起打扰一下"，首先我们自己要做到，在打扰孩子前需要说这句话。我们还可以给孩子做如何介入他人活动的示范：等他人说完再介入，或者他人手头的工作在一个方便打断的时间节点介入。

（6）要学会道歉并有权利要求他人道歉。

要让孩子知道，道歉是一件有勇气的事情。如果孩子还没有勇气，我们可以等孩子有勇气的时候再道歉。

> 呆呆应该跟妮妮道歉，但是呆呆说："我现在还不想道歉，我要等一会才行。"转头就要去玩别的游戏，老师制止了他，可以等，但不能玩着等，对别人不尊重。
>
> 如果妮妮说："我不需要他的道歉。"这是妮妮的选择，当然是可以的。

> 木木跟小朋友起了冲突，不愿意道歉，老师要忙别的，就找到我，请我陪着木木。我陪了他很久，他躺在垫子上，我能感觉他是紧张和抗拒的。刚好手里有一本书，我就边看书边陪着他。书里有一句话，我感觉跟当下很贴，念出了声："犯了错并不等于犯了罪。"又过了一会，木木说："好吧，我去道歉。"

有时候，孩子很害怕，我们要理解。当然也有时候，孩子道歉非常敷衍，提醒孩子道歉要看着别人的眼睛，别人接受道歉，事情才是结束。

（7）学会拒绝别人，同时也要尊重和接纳别人的拒绝。

要学会说"不"，一个不会拒绝他人的孩子，以后容易被伤害。教会孩子说不，同时让孩子也懂得尊重和接纳他人拒绝自己。在这样的规则下，小朋友们被拒绝也都是很坦然的。

9. 建设规则

很多父母都会陷入一个误区，当孩子出现问题时，在某个规则上反复提醒。父母没必要每次都提醒，只要能够借助有效合适的方法帮助孩子养成良好的习惯就可以了。前面提到的孩子饭前不洗手，跳过询问"宝贝，我们去洗手吧？"直接问"宝贝，今天你是想用哪种香皂来洗手？"就是避免废话，因为我们已经重复很多遍洗手规则了。现在我们与孩子持有的是一种默认态度，我们不跟孩子在饭前需要洗手的规则上冲突，反而给予权力，达到让孩子在享受选择权的同时来内化规则。

有时候孩子有想法，我们无法同意。"幼儿决断"章节里我们也提到讲道理不如立刻行动，孩子也会更清楚父母的底线在哪里。对孩子讲道理、威胁甚至恐吓，孩子对指令抵触，并且很可能将来会收获一个特别会反驳、同样能讲道理的孩子，或是一个怎么说都不听、把父母的话当耳旁风的孩子。

得得在等待妈妈的过程中，被妈妈用手机安抚在旁边，同时妈妈也约定："等走的时候，就把手机还给妈妈。"妈妈办完事，该走了，得得躲着妈妈，不给妈妈手机，拿着手机边看着边围着妈妈绕圈。我用眼神提醒，直接行动（之前沟通过这个问题了），妈妈还是提醒了三遍，不怎么坚决地把手机抢回到自己手里。得得连打了妈妈好几下，妈妈又着急了，"好了好了，回家妈妈再给你看。"妈妈用这样的方式，犹豫不决，事后补偿，孩子真的会很难管。

父母在明确规则时一定要注意方法，要么给予选择权或辅助决定，要么直接用行动，总之传达给孩子的是这件事已经斩钉截铁地定了，没有讨价还价的机会。对孩子有帮助的规则具备以下特点。

第 1 点，规则是简化的。简化的规则更容易被孩子掌握。

我们是怎样跟孩子建设防走失这件事情的呢？假设在商场，很多爸爸妈妈会这样告诉孩子："如果你找不到爸爸妈妈了，你可以找服务员求助。"实际上这样建设是有危险的。大多数孩子不能够判断保安的、民警的、武警的、消防的、交警的这些制服有什么区别，反正我到现在还是认不太全。各个商场的工作制服也不一样，让孩子判断谁是服务人员有一定的难度。在关于儿童自我保护的课程里面，我们明确提到，很多拐骗孩子的案例中，拐骗孩子的人反而长得非常的温和无害，甚至是穿着让人比较信赖的制服，在孩子没有成熟的判断能力之前，如果我们教给孩子利用身份来识别好人和坏人，会让孩子陷入危险中。并且在一个商场里准确地找到总服务台，对孩子来说也是一个巨大的挑战，可能要穿越楼层，还要学会跟工作人员沟通，我是谁，爸爸妈妈是谁，发生了什么。

在这种情况下，一个简化规则可以很好地帮助孩子——站在原地等待。因为它很简单，孩子更容易记住并使用。如果孩子学会了站在原地等待不乱跑，我们也会用更快的速度找到他。这个规则在很多地方适用。

我曾经搬过一次家，那个时候孩子还很小，我们从一楼，搬到了带电梯的 17 楼。搬家后第一件事，就是教给孩子乘坐电梯的安全规则。

除了保持安静，按按钮来控制电梯的门，还跟孩子反复的强调并练习，如果爸爸妈妈拿着东西在前面走，你不小心被我落在后面，被关在电梯里了，你需要做的最重要的事情就是站在原地等待，等我们找到你。因为是两部电梯，这样简单的规则，保证了我们可以快速从两部电梯中找到孩子。而且有一天，这件事真的发生了，我非常庆幸当时给孩子建立了这样的简单规则，我两个手都拿着东西，眼睁睁地看着电梯门在她出电梯之前关上，我迅速放下东西，按下按键，不到 2 分钟，孩子又出现在我面前。

我开车送孩子上下学，也有一个简化的规则——等妈妈说可以了，你们再下车。我停车以后首先观察反光镜，确认车的周围并没有其他车辆经过，也没有其他的人或者东西，就会跟孩子说"现在可以了"。等孩子大一些的时候"跟妈妈一起观察车周围有没有车和行人"，等全家人都确定了周围是安全的情况下，孩子再下车。慢慢地他们就学会了自己判断，还会跟我确认："妈妈现在周围没有车和人了，我可以打开车门了吗？"逐渐的这个规则就内化成了孩子自己的行为准则。

　　第2点，规则最好是明确的。

　　在我们幼儿园里，小男生之间是可以进行野蛮游戏的。现在幼儿园里男老师少，平时爸爸参与的也少，对于一个男孩来说，他可能没有充足的接触男性榜样的机会，野蛮游戏就是他成长为男性特质中不可缺少的一个环节。

　　但是孩子们之间争斗打闹，特别是身体上的冲撞，很容易发生危险，同时我们允许野蛮游戏，并不是允许我们侵犯他人，所以需要一个非常明确的规则指令——当别人喊停，就必须立刻停止。所以简化的规则是"停"这一个字，背后明确的意思是，只要我们中间的任何一个人喊停，全体小朋友都要停下来。我们正向语言部分讲过，如果只说不让孩子干什么，孩子有可能因为无法正确理解规则，导致不能有效地采取正确的行动。

　　第3点，规则最好是一致性的。

　　在我服务的几家教育机构和幼儿园里，对于规则的一致性要求都很高，我们要求孩子怎么样，我们自己也要做到怎么样，比如要求孩子跟我们道歉，我们做错事情的时候也会主动跟孩子道歉；我们允许孩子拒绝，我们会发现孩子接受我们拒绝的时候也会很坦然；当我们聊到他人的东西不可以碰，属于孩子的东西，我们也会非常的尊重孩子的物权，不会随意碰孩子的东西，绝不强迫孩子分享。这里面有一个非常重要的意思，让孩子清楚——规则是保护大家的。

　　廖廖来到教室后，看到酪酪在扒鸡蛋（这是幼儿园给孩子们准备的，孩子们可以用专用盘子和切蛋器进行加工），他也想切，搬了小椅子坐在酪酪旁边："我可以跟你一起吗？"酪酪拒绝了。廖廖就坐在旁边，他很想参与，但是又努力地管着自己，因为他知道，这是酪酪的工作（蒙特梭利把幼儿的活动称作"工作"），他想参与得经过酪酪的同意。廖廖有些着急地在小椅子上扭来扭去，好几次都想伸手，但他管住了自己。等了一会儿，他又问，我可以参与吗？又被拒绝。大概五六分钟以后，在廖廖第四次询问是否可以参与的时候，酪酪同意了，然后他俩边开心地一起切鸡蛋吃，边热火朝天的聊天。

当孩子弄明白规则是保护所有人的时候，规则对孩子的约束性就会很高，他会主动维护规则，并且有良好的自主意识，自律发展得更好。

第4点，建立规则的必要性。

一次在冰淇淋店外排队，一个大概五六岁的小男孩，跟窗口内卖冰淇淋的大姐姐说，想要一个巧克力口味的冰淇淋，可能因为他比较矮够不到窗口，周围环境又太嘈杂，大姐姐没有听清，就把头使劲探向窗外："小朋友我听不清，你能大点声吗？"

小男孩又说了一次，这次明显感觉不耐烦了。大姐姐努力地把耳朵往外探了探："我还是没听清是要什么口味的？"我看到她真的很努力地想听清，声调都有点变了。

这时，小男孩突然暴怒，张口一句脏话，接下来夹杂着粗野暴力的语言，直接把那个大姐姐骂懵了。我们所有人都非常惊讶地看着这个小男孩，不知道他小小的身体里怎么能有这么多暴戾。这时本来在他身边的妈妈，突然转头走了。

我太惊讶了，在这种情况下，难道不应该管教一下自己的孩子吗？我们能够理解妈妈这时可能非常尴尬，也可能她平时就管不大了孩子，所以逃跑了。可是妈妈的逃跑意味着孩子的无法无天，也意味着孩子将来面对需要他解决的问题，他也会逃跑。我们面对自己做错的事情，需要极大的勇气，也是非常重要的规则，孩子需要勇于面对自己的错误，及时修正，我们的孩子才能够成长为一个正直的人。

一次聚餐，在座的一个叔叔开玩笑地冲我家孩子吐了吐舌头，她突然感觉被羞辱了，冲叔叔吐了口水，我立刻去制止她，她却变本加厉。我知道，她现在很难被劝阻，她在展示她的力量。于是我把她带到走廊僻静处，她靠墙站着，身体摆出一副防御的姿态，仿佛在说：不管你说什么我都不听！我蹲下来看了她一会，"你刚才生气了？"

"哼！"

"那我在这里陪着你，如果还生气我们就在外面多待一会。"我笑着说。

我们可以先把孩子带离可能令他更加愤怒和不理性的环境，然后再处理事情，等他情绪平静下来，再跟孩子一起面对解决，最后我跟孩子一起去跟叔叔道了歉。

10. 界限与规则的疑惑

有家长疑惑：我教育孩子要懂礼貌，要说"请、谢谢、对不起"，孩子看到别的孩子不懂礼貌非常困惑，我跟我的孩子说："别人如果偷东西，我们能学别人偷东西吗？"孩子理解这个，但是懂礼貌这件事，他很委屈，他说："他为什么不对我说谢谢？"我也不知道该怎么处理了。

我的孩子也问过我类似的问题，我回答的时候非常谨慎，因为我知道我的答案会影响她的世界观。

孩子 5 岁时，我领着她走在大街上，她突然问我："妈妈，那个叔叔怎么不把垃圾扔在垃圾桶里呀？"

我没有直接回答："如果我们每一个人都把垃圾扔在垃圾桶外面的话，

会发生什么？"

她想了一下被逗乐了："那马路不就被垃圾堆满了吗？哈哈哈。"

我说："是的，所以我们必须要把垃圾扔在垃圾桶里。"

她接着问："那个叔叔为什么不这样做呢？"

我说："那是因为他可能还没有意识到这个问题，他可能还需要一段时间。"

她高兴地说："妈妈我已经意识到这个问题了。"

我们要表达对他人的宽容和理解，对我们自己来说，该做的还是要做。谁还没有犯过错呢？很惭愧，就像"理想化父母"章节里面所说，以前我也没有意识到，在学校门口小吃街随意丢弃垃圾的行为有问题，现在意识到了，这也是我特别喜欢做教育心理这个行业的原因。每个人都可能会犯错，每个人都有成长的可能，不管是对自己、对孩子、还是对他人，我们都可以使用这一信念。

有家长疑惑：孩子从小被教育不说脏话，但他会遇到一些说脏话的同学，家里哥哥上学后，学会了说脏话，弟弟也同样要求公平："为什么哥哥能说，我不能。"好吧，老大的问题没解决，老二的也来了。

这个问题很有意思，我们家孩子也发生过。有一段时间他们不知道是因为网上学的还是跟同学模仿，聊天的时候也有时会用非常不文明的字眼来表示感叹。我们首先要理解，如果家里没有这样的语言习惯，那么孩子有的时候是好奇，如果是模仿同学的话，他们会认为这样有群体归属感。

我很轻松的温和的，正视着她："宝贝儿，你刚才用了"××"这个词儿。"

她："是啊。"

我："那你知道这个词的意思吗？"

她："就是很过瘾的意思。"

陪你成为你自己——送给新手爸妈的儿童心理发展工具书

256

我："那你知道每个字的意思吗？"

她："不知道。"

我"××，是交配动作，而且是比较粗野的说法，不管是从隐私的角度，还是从文明的角度，这个表达都不太合适。"（有些词是代表生殖器官是隐私部位，也不适合大庭广众之下说。"）

她："哦。"然后就没再说过了。

这里的重点：

用轻松平静的说法跟孩子沟通，让孩子感觉到轻松；

不用回避，正常的说，孩子也会正常想；

不要指责；

判断孩子的年龄，如果前面没有给孩子做隐私的教育或者孩子还没有到达可以理解这些知识的心智，不要这样做。

大家的疑惑其实是没弄明白规则和界限不同。懂礼貌，不乱扔垃圾，不说脏话是规则。当孩子说："别人可以我为什么不行。"家长的困扰其实是不知道怎么面对自己的孩子，因为这种情况下我们很难改变他人。"别人偷东西"是法律的硬性规定，"不说谢谢"是道德范畴，关于道德范畴的事情，我们可以判定为是"个人的选择"，这就是界限问题。遇到这种情况，如果我们把目标锁定为：建设自己的孩子，就不会迷糊了。

家长疑惑：我对孩子的规则比较在意，我家孩子去别人家玩从来不会乱动别人的东西，不过有位邻居家的孩子到我们家，看到我孩子的玩具，喜欢就要拿走，孩子的零食，不打招呼就吃，我家孩子很难过。还有一个亲戚家的小妹妹，我教育孩子要让着她，最后发展为那个小妹妹总是欺负我们家孩子。明明是他们的错，我也知道我们家孩子很委屈，该怎么办呢。

　　家长的界限不清，孩子的界限也没办法建立清楚。这位家长会约束自己孩子不侵犯他人，但是没有教育孩子怎样不被侵犯。"让着别人"是一种美德，可也得有边界啊，要不然就成了"允许他人侵犯自己的边界"。我们可以告诉孩子"照顾"和"帮助"妹妹，但没必要什么都让着，比如妹妹非要拿走他最喜欢的玩具，我们可以教给他在妹妹求而不得的时候怎么安抚妹妹的情绪，但不是必须把玩具"让"给妹妹。我们可以明确告诉孩子，自己的东西你可以说的算，可以分享也可以不分享，别人乱动可以拒绝和阻止。

我有我的物权

1. 关于分享

孩子们之间分享东西，包括我们成人之间分享，是中华民族的传统美德，当孩子拥有了一些东西，他自然而然地想要分享出去，或者想要独自占有。孩子不分享是可以的，这符合界限的一个核心：这是谁的？也符合界限的三大原则：既没有伤害自己、伤害他人，也没有伤害环境。

在自我意识建立的过程中，"我"所拥有的物品被他人支配，是对"我"的侵犯。物权被建立，也就是"我"对物品有确定的所有权、支配权，由此迁移到"我"有人权，然后，"我"逐渐发现我的人格是独立的，发展自我意识，明确"我"的概念及坚定的自我边界。从物权过渡到人权，从外部过渡到整体，孩子逐渐明白了什么是独立和自主，什么是责任与权利。孩子的世界观尚未建立，如果成人强迫孩子分享，会使他们认为，自己的东西必须分享，否则不会拥有亲密的关系，一旦形成这样的世界观，孩子将来容易不懂拒绝。

性格较温顺的孩子，很难守住自己的边界，这样的孩子被要求分享，表面看起来很好，仔细观察还是会发现有些异样，只是容易被忽略。

幼儿园每周一是分享日，小朋友可以带自己喜欢的健康食物、绘本、照片、玩具与同伴们分享。我女儿有段时间周一带着喜欢的零食，到了幼儿园门口就会说："妈妈我要把零食放在车上，我不要带进幼儿园里。"我当然是同意的，我感觉到了她有点紧张，这跟从家里把零食带出来的兴奋截然不同，可是又没有很严重，我没有干涉，后来持续很长时间了，我决定了解一下为什么。

又一个周一的早上，她把零食留在车上，我问："宝贝，你把零食放在我的车上，是不是不想分享给别人啊？"孩子紧张地犹豫了一会儿，我问"你是觉得带进幼儿园必须分享吗？"她点点头。我继续说："你可以不分享，不分享是没有问题的。"我明确地说出这句话的时候，孩子明显地放松下来，高高兴兴地带着自己的零食进去了。

孩子不想把零食分享给其他小朋友，从未对我讲过，她在幼儿园（混龄）里看到其他大孩子都在分享，以为自己也必须分享，她愿意带零食，却会很紧张，而这种紧张感对于年龄不到 3 岁的她来说，并没有能力具体描述。因此越是对于不愿或不能表达的孩子，越应该认真、仔细地观察他的情绪状态，而不能简单地认为，孩子好省心。

我们要让孩子能表达清楚自己的观点，如果孩子内心不情愿，又不会拒绝，会产生心理压力。事实上真正属于孩子自己能自由支配的东西很少，无非是一些零食和玩具，"我们不能给予他人自己未曾拥有的东西"，建立物权时，如果孩子认为"物品"不是完全属于自己，有离开的风险，他可能会像黏着妈妈一样，护着自己的物品。

孩子性格上比较随和，让他分享，他没有明确说自己愿不愿意，这时候一定要跟他确认："你真的愿意吗？"如果他说："我有一点不喜欢。"那我们一定要坚定地告诉孩子："你可以不分享"。小时候我们没有建设这一点，长大后他可能形成讨好型人格，容易委屈自己，要么不会拒绝，要么觉得讨好才能得到他人的关注，要么觉得不要给他人添麻烦。随和的人也是有攻击性的，为他人服务而忽略自己，内心必然隐藏着愤怒和不平衡，他们较少出现直接的对外攻击，大多数情况下他们会转向对内攻击，或隐形的对外攻击，要么在关系上，要么在身体上。前面小沈的故事就是委屈自己，期待获得关注的行为模式。不求助是一种对内的攻击，身体和情绪都非常容易出问题。吵架的时候说："我辛辛苦苦带孩子，为了这个家，你们是怎么对我的？"这属于隐形的对外攻击。

有时孩子为了回避"我需要"而产生的羞愧，让自己回避需要、隔绝情感，变成超理智型的人。孩子内心觉得"我并不想分享"：分享了，我会不舒服，不舒服的感觉我不要，所以我要断绝自己对这个东西的喜欢，我要隔绝失去的痛苦，于是隔绝情感。我们身边总有一些人讲话头头是道，喜欢讲道理，如果向他表达："我需要的是你情感上的关注"，他无法做到；对他说"请理解我的感受"，他也无法做到。他总是把道理上的条条框框弄得很明白，但就觉得日子过得很烦躁或者委屈，我们也觉得无法跟他交流。当我们用讲道理的方式来处理他人的情绪，意味着我们不具备处理情绪的能力，无法面对情绪，我们会制造一个厚厚的壳子，隔绝那些令我们痛苦的情感，既不向他人表达，又不让他人情感进入自己的内心。

第一个自我意识飞跃期，从物权扩展到人权，我们明确这是你的还是我的，这也是帮助孩子明确界限的核心部分。这里我们不仅仅要帮助孩子认识到什么东西是他的，还要帮助孩子知道什么东西不是他的，这两点同样重要，没有主次之分。经常看到有的孩子不经允许动了别人的东西，家长不当回事，如果我们不让孩子知道什么东西是别人的，他也不会有安全感，他会有一种恐惧，"我的东西也会被别人随意碰"。就像前面提到孩子直接从妈妈的口袋里拿手机，拿之前询问妈妈："我可以用你的手机吗？"这一点千万不要忽略。我们同意给他们用我们的东西，是对孩子的爱和允许，我们表明这个东西是我的，是给孩子建立规则和界限。

从核心自我的角度，孩子需要稳定性。离开妈妈时的哭闹，他还没有跟妈妈分化，认为妈妈跟自己是一体的；同时他还没有确定妈妈的存在是恒常的，妈妈的爱是恒常的，对于他来说，每一次妈妈的离开都是"永远不会回来"的恐惧。小孩子的物品是他自己的一部分，也处于未分化的状态，一段时间内，他对物品的控制令他感到安全。当孩子觉得这件事情我完全可以做主，这个东西我完全可以决定给不给别人，他就有机会拥有自我的稳定，心智继续往前发展。他会合理地管理自己的物品，可以分享也可以不分享，会拥有弹性的态度。

有的孩子甚至成人，遇到他人不分享，不管是物品、还是情感，会非常愤怒。"你就应该给我"，"我给了你，你理所当然地应该给我"这不是情感，这是交易，甚至说这是一种情感绑架。分享是一种自然而然的情感，分享时是真实的情感流露，自己也不会绑架他人无原则的付出。在尊重的基础上，大概最晚5岁左右，孩子就会非常愉悦地分享了。

一次我带4岁的女儿去讲课，去之前给她买了一个很大的面包，她坐在机构大厅里等我，全神贯注地吃（她吃东西总是很专心）。机构负责人第一次见我女儿，她觉得我女儿吃得那么认真非常可爱，盯着她看了一会。女儿吃着吃着突然发现一个阿姨在看自己，她抬头看看阿姨，低头看看面包，再一次抬头看看阿姨，低头看看面包，思考了一会儿，把面包掰成了两半儿，一半儿大一半儿小。她看看大的那一半儿，再看看小的那一半儿，最后把小的那一半递给阿姨。

整个过程中两人一直没有语言上的交流，用这位机构负责人的话来说"真的感觉你的孩子很清楚自己要什么，也愿意与别人分享，她的这种分享特别真实，我非常感动。"

孩子社交发展过程中，有一个时间段会用交易的方式获得友谊，只有对物品享有真正的决定权，他才是安全感十足的，分享令他快乐。收到过很多家长反馈，孩子在3岁左右看起来很"自私"，5岁左右就具有分享的品质了。

孩子知道我可以分享给我喜欢的人，也可以不分享给我不喜欢接近的人，这也是一种主观选择的自由，无差别交友并不是一个健康的社交状态。不一定必须和每个人成为朋友，即使是成人也不一定能做到，我们更需要的是有效社交，选择的朋友身上会有某种特质满足我们某方面的期待。我们与有些朋友有强烈的精神共鸣；有些朋友让我们感觉到陪伴，可以一起同行；有些朋友使我们感觉很可靠，我们需要帮助他们会挺身而出；还有些朋友可以同我们一起玩耍、娱乐和放松。孩子同样需要体会自己的需求和期待，我们希望孩子分享时，内心是自愿的、舒服的、有考量的、有界限的。

教育出一个有教养的孩子是必须的，但不能跨越孩子的发展阶段，就像不能教给4个月的孩子学走路，也不能奢求3岁的孩子达到"五十而知天命"的心态。当然，很多家长也觉得不分享是可以的，但是实际情况更加复杂一些：

如果孩子把从来不跟他人分享，包括爸爸妈妈、爷爷奶奶也不分享，我们可能会很担心，这是不是太自私了。

孩子不分享给他的小伙伴，小伙伴说："我再也不跟你玩了。"这个时候我们可能想要干涉，我们担心孩子没朋友。

朋友带孩子到家里来玩，孩子拒绝朋友的孩子玩自己的玩具，我们可能觉得很为难和丢面子。更何况在朋友面前，在公共场合，孩子不分享，我们可能会别扭，甚至觉得自己没有教育好孩子。

（1）家庭中的分享

首先我们要分清，家里的不属于孩子自己的东西被孩子占有，不给长辈，这是侵犯界限的行为，我们专门买给孩子或者送给孩子的，孩子不分享给长辈理论上是可以的。

当然，我们也不能对此感觉理所应当，那可真是不孝顺了。孝敬长辈可以从这几个方面来建设：老人的意见即使不认同我们也不当面反驳；家长对老人孝顺的态度，给孩子做榜样，家长自己经常分享东西给老人；家里不属于孩子的公共物品以老人为先，餐桌上请老人先吃，洗好水果先给老人拿一个。久而久之，孩子就学会了孝敬长辈。

（2）社交中的分享

小朋友到家里玩，玩着玩着两个人有了矛盾，孩子可能会说："我绝对不要把玩具给他，我再也不跟他玩了。"我们理解"我不跟你玩了"这只是孩子表达情绪的一种方式，1分钟或者10分钟他可能就会忘记。这时我们需要先处理他的情绪："噢，刚才你们两个闹矛盾了是吗？你是不是有点生气呀？为什么那么生气呀？愿意跟妈妈说一说吗？"同时，我们可以坚定地站在孩子一方，向对方抱歉地说："哦，不好意思，他现在还不想分享给你。"给孩子展示如果不想分享可以用更温和的表达方式。

如果两个孩子各不相让，甚至在对方父母在的情况下，我们的孩子说"我不欢迎你。"双方家长就真的尴尬了。为了避免尴尬，家里即将有小客人来访，可以提前跟孩子沟通。

给孩子做一个预设："大概几点，哪个叔叔阿姨要带着谁，到咱们家里来玩，你觉得哪些玩具是可以分享的？哪些是不可以给他玩的？"让孩子先做一个分类："可以跟好朋友分享的玩具是公用玩具，今天暂时不属于你自己，可以吗？"

当两个孩子出现争执，一定警惕，我们不能用这样的语言："你不是答应了要把这个玩具给别人玩吗？"道德上的指责，对他来说非常难以接受。用规则"暂时的公用物品"来判定就好了，谁先拿到谁先用。如果孩子反悔了，我们再面对孩子反悔的情绪，规则依然不要放松。

如果分类时孩子说："我什么都不分享给他。"我们就可以说："好的，妈妈想要买一些玩具，但这些是公用的，一直是公用的，客人不在你可以玩，如果客人来了，这些玩具是大家一起说了算的。"当然也可以跟孩子讲："这些玩具是买来分享客人的，不是你的，客人不同意你玩，你也不可以随意地动人家的东西。"创造交换的交友空间。我们还可以把约定地点从家里改到公园。通过这些方式孩子会更愿意跟来访的小朋友进行玩具的交换，就算出现冲突，我们的孩子也能够明确这个玩具确实不是自己的。

孩子们之间的冲突不可避免，可能孩子在冲突后强词夺理，"这是我家，我家的东西都是我的"，这也正常，父母需要注意，"这不是你的好朋友吗？"这种方式有些糟糕，因为下一步，孩子可能更加有情绪："不是就不是。"

这时往往不是简单的玩具归属问题，更可能是两人想法不一致。小朋友在玩游戏时没有听自己的或者不同意自己的观点，孩子感觉被侵犯，引发情绪。这些情绪他又不是很会处理，就用威胁或粗暴的方式展现自己的愤怒。我们要清楚孩子此时的排斥不是真正的想法，只是一种情绪的表达方式，一种展现自己力量和控制力的方式。

注意不主动提我们看到的或以为的事情，"我看到你现在很生气，刚才发生了什么事儿了吗？"先同理情绪，再问事情的经过，按照这个顺序，一般孩子会非常愿意告诉成人发生了什么，大多数孩子之间的冲突只要成人看到了背后的情绪，再帮助纾理一下，冲突很快就会过去。

一次幼儿园放学，我接孩子回家，碰到她的同学和同学奶奶，我们回家是同一方向，我邀请她们上车一起回家。我上一秒刚邀请完，孩子下一秒就说"我不要让她们上来，我不要让她们坐我们的车！"当时真的是超级囧，还好智慧的我立刻就回应了一句"宝贝儿，这个车是妈妈的，妈妈邀请奶奶和小朋友上车，你如果觉得不舒服呢可以生会气，也可以坐得离远一点儿"，孩子不说话了。

孩子发展自我独特性的实质是申明界限和主张权力，作为父母我们也可以为孩子做出榜样，在适当的时候提出自己的权力主张，让孩子从中模仿，我们在主张自己权力时同样不应带有敌意。孩子与我们出现分歧，心平气和地跟孩子讲清楚这件事由谁作主就可以了，如果孩子继续闹情绪，既要看到他的情绪，也应温和而坚定的坚持自己的立场。更多的时候孩子仅仅是需要成人接受她们的情绪而已。

我家孩子3岁，征得她的同意后，把她经常坐的小沙发送人了，没过几天孩子开始反悔："我要我的小沙发，我要我的小沙发""我不要送人，我一点都不想送人"。

这时我们当然可以告诉孩子"送给别人的东西就属于别人了"，但还不够，因为孩子的情绪没有被照顾到："噢，你很想你的小沙发是吗？你觉得送给别人了以后，你见不到它了，你很难过是吗？噢，妈妈抱抱你吧。"面对和处理情绪的过程才是最重要的，千方百计地说服孩子不要难过，孩子感觉一直被否定。

孩子对做过的事情反悔，是非常正常的情感反应，孩子需要接受事实，是恰到好处的挫折。遵从同理情绪、看到需求和给予陪伴原则，孩子就能够慢慢从负面的情绪里走出来。我家孩子这件事的难过情绪持续的时间有点长，前三天的情绪比较剧烈，后面隔几天就会想起来，特别是她不开心的时候，还会跟我冲突，我们看透她在表达情绪，接住就好。

2. 关于零食

家长们对孩子吃零食的态度截然不同。有的家长对零食很放松，孩子怎么吃都被允许；有的家长对零食如临大敌，一口也不让吃；也有家长觉得孩子可以适当吃，但怎么才算"适当"呢？不太好界定。确实，零食有一些危害——伤害牙齿，妨碍胃口，添加剂过多……但是孩子就是喜欢零食，我们强力压制的话，可能会有一些负面效果，特别是越压制越想要。我们可以跟孩子制定零食规则。

首先，如果完全不让孩子吃零食，可能会有隐患，前面口欲期部分提到过，当孩子有焦虑的情绪，在口欲期固结的情况下，他有口舌上的欲望。比如容易吃手，还有可能其他表现，比如啃被子角，咬着自己的衣服领子，用上嘴唇咬下嘴唇，或者用舌头舐自己的上嘴唇。所以，如果孩子对零食有特别的需求，从心理上来说是比较好的事情，可以缓解焦虑。所以我会建议对焦虑的口欲期固结的孩子，适当的放开吃零食。可以预防将来孩子做出更多的伤害自己的行为，比如可以预防成年后的吸烟、酗酒、吸毒、暴饮、暴食、厌食症和贪食症等。

如果孩子吃完零食不爱吃饭，我们可以带着孩子看表认识时间，跟孩子这样约定——饭前、饭后、睡前 1 小时不可以吃零食，其他时间是允许的。

如果担心孩子吃零食伤害到牙齿，可以跟孩子约定，吃了糖刷牙要更认真，让孩子知道保护好自己的情况下，可以做一些自己喜欢的事情。

我家孩子小时候特别爱吃糖，有一段时间，她出门路过小卖部都要买一包糖卷，最后发展到为了要"路过"小卖部，一天要出去好几次。我觉得这样有点麻烦，就买了大包装的糖卷，里面有 15 小包。回到家，我坐在桌子边拆开一小包给她，她当然很开心，很快就吃完了。我立刻又拆开一小包，马上递过去，她还是很开心，但吃的速度慢了很多，她刚吃完我马上拆了第三包，这时候明显感觉她有点不想吃了，把糖卷叼在嘴里。她只要想吃，我就给她拆，第 1 包快吃完，第 2 包就安排上了。不到一个星期，她对糖卷彻底失去了兴趣。

当然我们千万不要带着恶意这样做，我会这样做，跟我的成长经历有关。小时候妈妈开小卖部，我吃什么都毫无限制，初中以后，我每天上学都带一大包零食，能塞满半抽屉，成年的我一口零食都不想吃。这是我的经历，所以在孩子吃零食这件事上我是很放松的。

在我们家，并不给孩子准备碳酸饮料，关于饮料的规则是在饭店或者朋友聚餐的情况下，孩子可以喝，这个频率并不高，能满足孩子对碳酸饮料的好奇，又不是长期大量喝。有些家长对孩子特别紧张，如果你或者孩子小时候曾经身体不好，对零食会紧张很多；如果你小时候经常被拒绝，潜意识里你也许会拒绝孩子。当然，每个家庭的情况不一样，类似的规则大家可以参照。

3. 关于零花钱

孩子自己选择零食和玩具，是他表达主张重要的渠道，涉及金钱和消费，同时跟财商有关，我们需要早早地跟孩子建立好规则。大概三岁左右就可以让孩子实现对零食玩具的自主选择。

> 这时候要建立一个规则：一次选一个。
> 还要加入一个控制：在指定的区域选。
> 还有通用规则：结算后才可以食用。

"指定区域选"可以对孩子的选择进行一定的控制。如果没有这项控制，孩子如果要选择一个奇怪的东西，比如冰箱，或者他选择的零食不合适，我们可能会不同意，孩子觉得规则如同虚设，还是由父母这个权威在控制，规则的内化程度会弱很多。孩子四岁，进入科学探索敏感期，这个时候，规则要升级。

升级版规则：一次选两个。

控制：学会辨别什么是可购买食品或玩具。

孩子大一点，可以适当地放宽一下限制了，比如说多两排货架的选择，或者一次挑两个零食，孩子会感受很愉悦，成长真快乐！"宝贝，你长大了你可以多选一样零食，同时你长大了还应该学会一个技能，什么样的零食可以选。"

除了孩子需要知道可信任的超市有哪些，还要形成自主判断能力，比如，学会辨别添加剂。不知道大家注意到没有，配料表里有时候有括号，括号里面是添加剂种类。孩子不识字，我们可以让孩子认识括号，告诉他这个符号里面的字越多，添加剂越多。还可以让他通过图片来认知哪些是健康的食品及食用频率和数量，支持自己健康成长。塑料玩具可以带孩子认识塑料标志代表的含义。

让孩子拥有更多自主权，同时培养能力，孩子五岁，大多进入了数学敏感期，他已经会伸出手指头来数数了。他对数与量的对应已经有了概念，这个时候就应该让孩子懂得什么是钱。

升级版规则：一次选 10 元以内的物品。

控制：零花钱

现在电子支付是主流，建议给孩子准备真实的货币，带着孩子买零食，准备好 10 块钱，告诉孩子，你又长大了，挑选的总数只要不超过 10 块钱就可以。孩子可能不停地问，这些加起来有没有超过 10 块钱？孩子对金钱的使用有了初步的经验。

下一步就可以给孩子固定的零花钱，每周或者每月多少。不建议让孩子用做家务的方式换取零花钱，前面也提到过，家庭成员共同分担家务是家庭责任的一部分，换成零花钱会把应该做的事儿跟金钱挂钩，失去责任感和内驱力。建议周一 1 块钱，周五 1 块钱，觉得钱少的可以周一到周五每天 1 块钱。我还会让孩子提醒我发放零花钱，让孩子更有计划性。建议从 1 块钱开始，是为了让孩子对数字更有感觉,1 块钱集合成 10 块钱,发展到周一 5 块,周五 5 块,两个 5 块钱集合成 10 块钱,50 块钱,100 块钱,财商的基础部分就形成了。

拿自己的钱去结账,更有自主感,当然也可以这样做:带孩子逛市场,单独准备 10 块钱给孩子,如果她们另外有需求,用她们自己的零花钱。

一次我带孩子去夜市,给她们每人 10 块钱。老大走到第 1 个摊位就买了一个 10 块钱的玩具,再往前走又看中了其他的就后悔了。她开始哭啊哭,陪她哭了一会,我并没有同情她也没有给她想办法,就是抱着她、陪着她,哭了半天,她突然想出了一个办法:"我要把这个玩具退回去。"我说:"如果那个摊位的叔叔同意的话,你可以去试一下。"结果太令人激动了,她真的把玩具成功退掉了,而且完全是自己交涉的。

这个经历对孩子来说特别有意义,我们给孩子真实的钱,就是为了增加他的社会体验,循序渐进的管理自己的财物和目标。如果我们一直不给孩子零花钱,孩子将来对金钱的概念可能会比较模糊。

小戚很头疼,孩子上初中了,各种理由跟她要钱,她觉得孩子的要求越来越过分,经常为了买而买,买了就送人或者浪费,不买跟她闹腾的厉害,不知道该怎么办。

我第一时间问她,孩子有零花钱吗?答:"没有。"

好吧,指导了一番小戚怎么给孩子零花钱,两个星期,新的困难又来了。孩子要求,透支下一个月的零花钱。我向小戚了解,是否孩子在很多事情上跟她有拉锯,比如玩手机?她说是的。

需要分清楚哪些是他个人购买,哪些是家长购买,并不是孩子有了零花钱所有的个人支出都是他负担。比如,我们想让孩子多喝点奶,这个需要我们买,常备的饼干也是;再比如,报名的特长班、绝大多数的必要的书籍文具也是需要我们买,这是监护人责任。

还需要特别注意，一定不能把零花钱跟孩子的表现挂钩，应该是恒定状态，才能让孩子有稳定感。就像在"错误的外驱力 – 摒弃奖励与惩罚"章节中提到的，当我们用手机管控孩子的学习，手机变成外驱力，如果你同意孩子使用手机，正确的做法是不论他表现如何，在每周的某天的哪个时间段可以使用是恒定的，不以他的表现而变动。零花钱也是，不出现"你东西没收拾，零花钱取消"这样的情况，就不会出现零花钱上的拉锯。时代不同了，我们小时候觉得家长没钱，现在孩子感觉家长有钱。当孩子要钱成了习惯，家长有钱不给就成了敌人。如果从小零花钱就是规则，孩子会更好地规划。

我有这样的想法跟我的小时候也有关系，妈妈开小卖部，很小我就已经知道金钱的概念，特别是在 8 岁时，1987 年，我妈妈带着我开办了我人生第 1 个银行账户，那时候还是一张手写纸质存单。这件事情对我一生和金钱的关系有积极而重大的意义。过程中我还有一个特别的经历。

账户是零存整取的，每个月，我需要存入 10 块钱，有我卖废品的钱（我爸爸总是能喝出很多酒瓶子），有帮妈妈跑腿的钱（有时候她离不开，我可以自己坐着车帮她去批发市场进货，她会给我一小部分的盈利做回报），也有我自己赚的（过年批发明信片卖给同学）。但是到第四个月，我钱不够没有存。

习惯了自己解决问题，没有告诉爸爸妈妈，但又不知道该怎么办，拖一天是一天，到第七个月，实在拖不过去了，告诉了妈妈。妈妈带着我去银行，我的钱不够，她又补上了不足的部分，我才知道，可以补存！！原来有些事面对就好了。等一年后结算利息，多出来 10 几块钱，我把借妈妈的还给她，初中毕业 14 岁，我银行里就有 2000 元"巨款"了。

孩子零花钱管理得好，我们可以带着孩子练摊，开办银行卡，存款是理财的基础，更有计划性，对孩子来说是一种很重要的感受。在这提一下压岁钱，对于孩子来说，家长的"我把压岁钱给你攒着，将来给你"是最大的骗局。如果孩子在青春期跟我们说："妈妈你把钱给我，我有用。"我们是给他还是不给他呢？如果不给他，青春期的孩子可能会出现过激的情绪和行为；给他，这可能是一大笔钱，如果孩子没有很好的使用和规划过零花钱，会有风险。所以，我们对压岁钱的态度一定要在一开始就建设好。

我家孩子小时候，我是这样处理的，把压岁钱分成两部分，一部分是情感往来，一部分是对孩子的祝福。比如，叔叔阿姨给你 300 压岁钱，爸爸妈妈也需要给他们家孩子关心，因为爸爸妈妈跟叔叔阿姨是朋友 / 亲戚，所以才会有这样的往来。我跟孩子约定，不管别人给你多少压岁钱，你都可以留下 100 元。也就是说，阿姨给你 100，都是你的，叔叔给你 300，其中 100 是你的，200 是爸爸妈妈的。即便是这样，孩子每年也能拿到 1000 元左右的压岁钱。

但是现在，我不建议这样处理了（大家不用怀疑，我也是会犯错的），我们给孩子建立规则，也是帮助孩子完成社会化进程。

压岁钱在法律上是孩子的钱。八周岁以上的孩子，虽然不能独立实施民事法律行为，但是，可以独立实施纯获利益的民事法律行为，孩子接受赠与后，获得的压岁钱应当归自己所有，未满 8 周岁的孩子，应当由父母代理实施民事法律行为，父母接受压岁钱后，视为接受别人的赠与，压岁钱就归孩子所有。

大家注意 8 岁这个时间点，所以我建议大家 5 岁就开始建设零花钱的概念。我推荐一个类似的做法，孩子小时候可以把他的压岁钱按比例留出一小部分，自由支配。其他的我们要声明监护人责任，对他的零花钱进行监管，特别是压岁钱特别多的家庭。不管是存款还是买成基金，或者是保险都可以。等他大一点我们可以跟孩子一起讨论做决定，这样可以让孩子很早学会规划。

再大一些，大概 10 岁左右可以让孩子参与家庭财务运转的规划。把一个月的家庭收入换成真实的货币，比如收入 9000 元，换成 60 个 100 元，20 个 50 元，190 个 10 元，100 个 1 元。

找一些纸，每张纸上写一项支出，比如，电话费、水电费、物业费、还贷、保险、购书款、预计购房（车）款等等，把每一项所需真实的金额放在这张纸上，如在写有"物业费"的纸上放 156 元，让孩子直观感受我们的家庭计划。

有的家庭收入特别高，也可以只列出预计花费，比如每月我们的花费预算是9000 元，我们该怎么花这些钱。如果孩子基础好，还有升级版的做法，让孩子试着规划，怎样在不降低生活质量的情况下，有更多结余。

我有我的喜好

1. 审美

3岁左右，孩子进入执拗敏感期的同时也进入了审美敏感期。最突出的表现是要穿自己喜欢的衣服。孩子认为的漂亮与成人的想法完全不同，成人可能会在色彩搭配、款式长短等方面考虑更全面、更整体，而孩子只会关注自己想要关注的部分，如果我们希望孩子将来的审美和搭配比较好的话，此时就一定要格外尊重孩子的选择。

我家女儿在很小的时候，多数情况下都会极为关注细节部分，比如颜色只选粉色，深粉、浅粉、亮粉、桃粉、胭脂粉，只要是粉色就可以，其它颜色一概不穿。我们可以想象，深深浅浅的一身粉真让人崩溃。可是孩子不这么认为，她认为只要是粉色自己就很喜欢。

随着年龄的增长，孩子自然地就学会了搭配，审美水平也会提高。她最开始时只喜欢粉色，两三年以后过渡到紫色，然后喜欢蓝色，到小学二年级时连以前最排斥的黑色都觉得很好看，后来又逐渐接受灰色、墨绿色等其它颜色的衣服。如果成人将自己的审美强加给孩子，可能孩子对美的感觉会慢慢消失，或变得比较呆板、缺少弹性，要知道哪怕成人的审美也会随着时间变化而变化。我们把自己对美的理解强加给孩子，孩子长大后，这种"美"肯定是过时了。

小谢 40 多岁，穿着超短喇叭裙，带有蕾丝的花边。很多人说她的体型比较适合穿直筒的裙子，她也承认，但是只要买衣服，就想买这种。她讲述了她小时候的经历："上初中快过年了跟妈妈逛街，看上一件羽绒服，它非常漂亮，浅绿色的布料，深一点绿色的叶子，真好看啊，我求妈妈给我买一件，妈妈说等过年再说。等到我们家集体出门买过年衣服的时候，我又求我妈妈，但她坚持给我买了一件藏蓝色羽绒服，很大，很不合身，妈妈说：袖子挽一挽，可以多穿几年，还耐脏。"

"我当时非常生气，稍大一点我知道家里为了省钱。"说着她哭了，"但我现在依然非常难过。我知道自己穿这条裙子不好看，我也发现自己确实不太会买衣服，可是一看到这种裙子我就特别想买，我知道，我特别想要满足的是妈妈没有满足我的那种需求。"

我也有类似的经历，小时候捡姐姐剩下的衣服穿，几乎没有自己选择的余地，成年后很长一段时间根本不会给自己选衣服，花了很多钱，买的衣服却并不太适合自己。

女儿小时候还会很关注衣服上是否有自己喜爱的猫咪、花朵或纱边等装饰，只要有这些就很开心，一次她在夏天里里外外穿了 11 件衣服，这些衣服都是她认为好看的，长长短短全部叠加在一起，在成人眼里这种穿法一定是"乱七八糟"，这时孩子还没有整体的审美，首先是对细节上的关注。孩子审美的发展有一个过程，从细节到整体，他必须经历这些感觉上的满足，才会有自己对美的理解。孩子的审美发展需要探索和尝试，我女儿曾经把袜子穿在手上、左右脚穿不同款式的鞋子出门，夏天穿棉袄，冬天穿裙子，她们的想法千奇百怪，我们不需要限制孩子，扩展性与发散性的思维让孩子们拥有更多可能。

我在整理衣柜的时候，不小心被她看到她冬天穿的绿色棉袄，她超级喜欢这件，她兴奋地抓住棉袄，我很悲伤，我已经预感到，至少这件棉袄要重新洗了。没想到她带给我"惊喜"不止如此……

我家孩子炎炎夏日傍晚非要穿这件棉袄出门，下半身穿了一条小清凉的平角短裤，脚上拖拉着小凉鞋晃晃荡荡地去逛夜市，引来整个夜市关注的目光。

孩子穿着她的小棉袄开心又自豪，周围的人也都投来一些善意的微笑和目光。开始我的心里有些尴尬，离孩子稍微远一点偷偷地笑，走了一会儿又觉得挺可爱，后来干脆坦坦荡荡地走在孩子身边，我们两人都非常开心。孩子也会觉得热，她打开了棉袄的拉链，我相信如果她真的很热一定会脱下来的，不过佩服啊，她坚持穿到家。

孩子夏天穿棉袄，会立刻对孩子的健康有影响吗？只要是正常的孩子，他应该会对冷热有感觉。孩子的感觉需要亲自体会，成人担心的可能是自己的面子。一旦成人在意自己的面子，势必会压制孩子的自我发展。这时就要权衡一下到底是自己可有可无的面子更重要，还是孩子自我意识的发展更重要？到底自己将来想收获一个叛逆或犹豫不决的孩子，还是一个有主见、自律性高、责任感强的孩子？

4 岁男孩巴巴特别喜欢穿超人的衣服，还带着披风，夏天已经很热了，他妈妈同意他这样穿。要知道超人的衣服是连体的，还带着脚套，真的好热啊，经常看到孩子满头大汗。孩子长得也快，连换洗的、小了的，家长连续买了五六套。孩子一直穿了五六个月，终于有一天孩子不再要求穿这样的衣服了，

前面也提过，孩子有"神话"模仿敏感期，巴巴内化了英雄的品质。夏天穿得多可能大家还能勉强接受，但是冬天穿很薄的衣服出门，可能大多数家长就不能接受了，我们不同意孩子做有损健康的行为，但是孩子进入了执拗敏感期，冲突就会发生。一方面孩子想要做主，另一方面，他没有很强的预设能力，他更容易"活在当下"。

冬天了，我家孩子穿了一身秋衣秋裤就要出门，我提醒："外面很冷啊，

你穿这些有些少，我会担心你。"

她一本正经："我不会冷的。"既往经验告诉我，跟她讲外面冷她也不听。

我没有再多说，把话题转了个向："好吧，你既然觉得这样可以，我觉得外面冷，妈妈给你带一套棉袄，一会你冷的时候告诉我，然后再穿吧？"

她同意了，手牵手出了单元门不到 5 分钟，我感觉到她开始发抖，她摇了摇我的手："妈妈，冷~"

我没有很着急说："哎呀，那赶紧把衣服穿上吧，谁让你不听我的呢，你看冷了吧。"这样的语言会让孩子感到被攻击，小孩子也是有自尊心的，她可能为了面子真不穿了。我："哦，我知道了。"

我领着她继续往前走，她停下来认真地说："妈妈你给我把衣服穿上吧。"

我没有讽刺她早干什么去了，我说："好呀。"

以后她再也没有冬天穿很少出门的情况，除非孩子体质真的弱，否则孩子冷上三五分钟，也不会有很大的问题。这一次尝试，孩子就知道自己该怎样去调节自己穿衣服的多少了。孩子要有自己的主张，他的感觉要真实，就算尝试失败也不能被挖苦讽刺。

3 岁以后的孩子非常介意他人与自己的想法不一样，如果这时孩子问："妈妈，你觉得我这件衣服好看吗？"我们觉得不怎么好看，但能感觉到孩子非常满意，我们可以回应："你觉得好看吗？"孩子会肯定的回答。"你觉得好看就可以呀！妈妈觉得自己喜欢的就是最好看的。"

孩子能形成自己的观点，这非常重要。早期的孩子不太关注他人的穿着是否好看，对他人的眼光也不是很介意。什么情况下开始介意？成人不恰当的多次灌输"你这样不好看""你这样别人会笑话你"，孩子就不会为自己审美做决定，转而用他人的眼光看待自己，犹豫不决、很需要他人的建议，一旦当他人给出建议与自己的真实需求相冲突，又会感到无所适从。

2. 每个人的想法不一样

4 岁的寅寅用黄色彩笔画了一个自己特别满意的圈圈，展示给好朋友戈戈，自豪地问："你看我这个黄色圈圈好不好看？"而戈戈的选择是红色彩笔画的圈圈："黄色圈圈不好看，我的红色圈圈才好看。"寅寅一下子哭了起来，找老师："老师，他说我的黄色圈圈不好看，呜呜呜……"

寅寅很难过，怎么别人说红色圈圈好看呢？而且这个别人是自己最好的朋友。值得称赞的是我们的老师在了解清楚情况后处理得非常到位："你觉得很难过，是因为戈戈说你的黄色圈圈不好看是吗？"（同理情绪，了解需求）

寅寅重重点头："嗯，他说红色的圈圈才好看。"

老师："噢，你觉得你的黄色圈圈好看，是吗？"

寅寅："是的。"

老师："你觉得你的黄色圈圈好看，他觉得他的红色圈圈好看，每个人的想法是不一样的，都是可以的，你自己觉得好看吗？"（认可的同时建设观点）

寅寅："嗯，我自己觉得是好看的。"

老师："你自己觉得黄色圈圈好看，那在你的心里黄色圈圈就是最好看的，你的朋友可能觉得红色圈圈好看，他喜欢红色，那么他觉得红色圈圈好看也是可以的，都没有问题。"

寅寅愣了几秒钟，像是思考了一会儿，好像消化了这件事，他又跟戈戈玩到一块去了。

孩子有在自己的选择、自己的感受、自己的决定、自己的物品等方面渴望他人的认同的阶段，这个阶段成人一定要给孩子建设这样一种信念：你可以有自己的想法和决定，也可以支配自己的物品，只要没有侵犯到别人，没有伤害到自己都是可以的，当然别人也是如此。

信念的核心是让孩子明确:【每个人的想法不一样】。

我有我的想法,你有你的想法,每个人都可以有自己的想法,而且想法可以不一样,但每个人的想法都应该被尊重,独特性并不是自己一定要与别人不同,而是每个人都可以不同。

我想控制世界

1. 攻击行为

3 岁左右的孩子会有固执、收紧和防御的状态，有很明显的反抗他人控制、在意自己感受的表现，也可能会有一些攻击行为产生，比如推人或打人。这时的攻击更多的是为了防御，如果母婴关系基础不太差处理起来是比较简单的。

当他人与自己的想法不同，自己的目的没有达到，不被理解，或者自己被侵犯的时候孩子容易产生情绪，哭是情绪表达，推人打人也是，只不过这种方式不太正确而已。他们对情绪还不能很好地理解，对方不分享玩具下意识地想直接抢，抢不到就抓，对方说话听着不舒服、对方不跟自己玩也会推、打，这时的推人、打人动作更偏向于一个未经思考的小动物的直觉性行为。

还有一种可能的原因是孩子的感受性的敏锐度特别高，正常人群中大概有20% 这样的孩子，他们就像一个灵敏的接收器，些许风吹草动，他的感受立刻被触发。

我在给家长讲课时带大家这样体验：家长们坐在座位上，我突然朝一位家长快速走近，离他很近才停下，这时我们就会观察到一个现象——家长会身体紧张，甚至会不自觉地往后仰。

除了看得见的身体之间的距离外，我们看不见的身体外延空间也有它的范围。这是一个自己能够把握的自我空间，这个空间的大小会因不同的文化背景、

第四章 独特性

279

环境、行业、不同个性等而不同。社会心理学研究表明，公众距离在 3.6 米到 7.5 米之间，比如我在讲课时跟听课人的距离；正式社交距离最好在 1.2 米到 3.6 米之间，比如领导在视察；个人间交互距离在 0.45 米到 1.2 米之间，比如，我们见到一个朋友；亲密的安全距离在 0.45 米以内，父母、夫妻、亲子之间。大概在 1.2 米以内距离时，人们能够感知到对方大量的身体信息，观察到表情、细微小动作等，当然亲密距离越小就越能接收到对方气味、呼吸和体温等私密信息。

感觉真的是一件非常神奇的事情，孩子的感觉要比成人敏锐得多，成人内心很痛苦表面强装平静，孩子能感觉到；成人在低声谈论以为孩子听不到时，孩子也真的能听到。

大家可以试想一下自己平时所处的环境，如果把空调、冰箱、电脑、打印机等一切能发出声音的东西全部关闭，自己会产生怎样的感觉？我们可能会觉得整个世界突然异常安静，平时我们已习惯被这些声音干扰，为了降低干扰，我们会主动对很多事视而不见、听而不闻，感觉阈限也就越来越高，感觉变迟钝。

孩子是天然的、纯净的"接收器"，是没有被干扰过的，对声音、气味、呼吸、体温、表情、肢体语言都会非常敏感，一旦有人离自己较近、动了自己的东西、接收到厌烦或拒绝的信息，他比成人更容易产生被"入侵"的感觉，如果孩子是 20% 感觉异常敏锐的孩子之一，对他来说这种感觉就像有人拿着喇叭在自己耳边猛烈吹响，孩子会非常激动，出现推人或打人的行为。

还有一些其他情况，比如家庭里过度以孩子为中心，孩子在社交时就会有一种错误观点，认为他人必须以自己的意志为转移，愤怒的情绪会更高涨，也更可能会产生攻击行为。一些有心理创伤的孩子也更可能出现攻击行为。对于有推人、打人行为的孩子来说，虽然做法不对，但我们依然应该理解这种反应，只有理解问题才能顺利解决问题。

2. 正向引导

当我们理解推人、打人的孩子，理解他们很敏感，情绪还不会表达，没有很好地社会化，相信正确的方式会帮助到他，我们会自然的采用更好的态度、更平和的方式面对和解决。

孩子不能分辨自己的想法与情绪是如何连接在一起的，也不知道想法和情绪怎样指挥他的行为，更不知道这样做的结果是什么，或者说知道结果但无法控制，包括很多成人也依然如此。我们需要把事情分解开，该认可的认可，该改变的改变。孩子推人、打人的行为怎么认可？

确实这些行为是不可取的，但孩子出现的仅仅是行为吗？这里面有情绪，有原因，有表现，有需求。

被别人抢了玩具，孩子感到很生气，这部分是对的吗？显然是的，这部分是应该被认可，却经常被家长忽略，直接跳到对行为进行制止"你干什么？"然后他们会生气或者委屈，内心语言"你没有看到他抢我的东西吗？"委屈的背后，也会慢慢变得越来越倔强、越来越对抗。

第一时间跟孩子捋清楚情绪和事情："噢，他抢了你的东西你很生气是吗？"或"噢，我看到你现在很生气是因为他拿了你的东西。"通过这种方式表达"我理解你"。孩子产生的情绪是被认可的，这一步一定要完成在解决问题前。

下一步，我们会说什么？"打人是不对的，不许打人。""错误的提醒"章节里面已经详细阐述负向提醒无法改变孩子，孩子们处理问题本来就没有什么策略，我们一直用错误的语言"不要打人"给孩子提供错误的方案，他就没办法在处理问题的第一时间提取正确的方案。所以第二步应该直接正向语言建立正确行为，"你可以用嘴巴告诉小朋友，对他说，这是我的，请还给我！"

厘清情绪和需求，修正行为，重复用这种正确的方式对待孩子，一般孩子在两三周的时间就可以改变。如果是一个行为非常粗暴的孩子，成人就需要多加一个环节，在孩子生气准备打人或准备继续打人的时候，在跟孩子沟通前，直接用身体抱住愤怒的孩子，一方面可以有效停止攻击行为，另一方面能够让孩子感受到成人对自己的关心。同时，身体被控制时，孩子更能清晰地感受边界。

因此请大家牢记以下步骤：第一，抱住孩子；第二，同理孩子的感觉、情绪、看到孩子的需求，理清事情的经过；第三，用正确的方式告诉孩子正确的做法。

我们也需要检测，家庭中过度以孩子为中心的情况，一方面孩子很难顾及别人的感觉感受，另一方面反而会培养出一个没有力量的孩子。因为成人没有展示给孩子什么是力量，孩子在安全的环境下，在熟悉和弱小的人面前很威风，真正遇到危机可能缺少面对和处理问题的能力。

3. 频繁打扰

4岁左右的孩子是开放的、向外拓展的、快节奏的，他们非常喜欢尝试，动作也很敏捷，喜欢刺激的荡秋千、飞快地骑扭扭车，一些新鲜的、未接触过的东西对他们特别有吸引力，求知欲很强。这时我们尽量给予满足，一旦满足到位，孩子的生命力会更蓬勃，好奇心和想象力也会发展得更好。精力旺盛、话多、喜欢显摆自己甚至吹牛也是这时期孩子们的特点，但凡他们懂了一点儿事就拿出来显一显，让别人看一看，认为自己非常厉害，当别人聊到他感兴趣的话题也会强行插入，有很强的表现欲。

我们在通电话，孩子在旁边不停地"妈妈，妈妈，妈妈……"；我们与伴侣正在聊天，孩子想跟我们说话，用手强行扳过我们的脸；孩子不管在什么场合，也不管父母是不是特别累，精力旺盛的不停对我们讲话和问问题……面对孩子频繁打扰的情况，我们该如何处理呢？

一方面我们要理解他想要得到满足；另一方面我们也要明确界限在哪里，提醒孩子应该尊重父母，也应该尊重他人，他不能随意地打扰别人。

孩子需要从成人对待自己的尊重态度和行为上学习如何尊重他人，他需要看到优秀的展示。孩子在专注做事时，尽量等孩子完成或合适的时间节点再打断，等待别人把事情做完是一件很重要的事。如果父母真的需要打扰和插入孩子的工作或交谈，最好先轻拍孩子肩膀，当确定孩子看向我们："不好意思打扰一下，我想现在跟你说个事情……"。大家要重视这小小的技巧，虽然不是成人示范得好，孩子就一定能学会，但示范得不好，孩子就一定学不会。

我们也要分清楚自己是真的有事还是在假装有事。如果父母刷剧，孩子求助被拒，他既不傻又不笨，很明白我们没有紧急和重要的事，孩子想与父母交流，得到的反馈却是家长的反感、冷漠，孩子小时候他会"求关注"，长大了会抗拒亲密。

茵茵初中，青春期重度抑郁，强烈自杀观念伴随多次自伤自杀行为，经医院治疗，遵医嘱配合心理咨询。沟通中，茵茵描述了伤害身体时的感受："太难受了，用刀割自己的时候，心里感觉一阵轻松。"她用潜意识和行为明显表示需要家人的关注，却对家长亲近的行为表示严重抗拒，她说："我想让他们陪的时候，他们不在。现在想起来了，我不需要！"

当父母真正有事，我们可以对孩子讲清楚"宝贝，我知道你现在很着急想和我说话，你需要等一会儿，你大概需要等三分钟"。很多家长讲了这句话，孩子很有可能还是不遵从，很正常，因为他们精力如此充沛、如此想要表达，等待如此漫长，所以经常出现的情况是，20秒左右孩子又开始继续打扰，我们需要在一段时间内做出一份坚持。我们要表现出我们现在做的事真的很重要，这种坚定的态度要让孩子感受到。

跟小邹讨论家长课程，她4岁多的孩子进进出出，不停地来办公室打扰我们，妈妈也反复地回答"你先等一会儿。""你吃点东西吧。""你喝点水吧。""你先出去玩一会儿吧。"孩子出去待不了1分钟，就会又冲进来，小邹求助地看着我。孩子刚好又出去了一下，我抓紧对小邹说："一会儿孩子再进来，我们讨论我们的，不用排斥她，假装她不存在。"刚说完孩子又推门进来了，这次无论她怎么喊妈妈、拉妈妈的手、在妈妈身边蹭，我和小邹认真的继续讨论方案，虽然被打扰得很厉害，但我们都保持（装）住了非常认真的态度。孩子没有得到妈妈的任何回应，转身出了办公室，听见她对外面的老师说："我妈妈在工作，我等一会再进去找她。"

妈妈没有严厉地训斥或烦躁地推开，孩子才能从成人平和的态度里吸收到真正有益的东西，他会观察妈妈的行为了解到妈妈确实有事，发现和判断打扰行为无效，学会收敛自己。同样，如果该睡觉了，孩子不停地折腾，排除孩子白天精力没有发泄完的原因，我们可以强行睡觉，更好的是真的睡过去，他大概率会安静下来。

还有一种情况，父母很累想休息一会儿，可是孩子念叨"妈妈，你给我讲故事吧"，"爸爸你陪我玩游戏吧"。可以先温柔地抱抱孩子："我知道你很想让爸爸妈妈陪你玩，爸爸妈妈今天确实是太累了，需要休息一会儿。"我们清楚地表达自己的需要，这非常重要，"我需要休息一会儿"是正式的表达，有些家长被孩子打败了，语气带着一些抱怨："你就不能让我休息一会儿？"把责任和决定权放在孩子那里，显然是界限不清晰的。

跟孩子讲清楚自己要休息多长时间，比如躺半个小时，就要真的躺下休息，不论孩子怎样打扰我们都要休息，不要勉强地起来应付下孩子再躺下，反复这样做会让孩子非常不满足，另一方面也给孩子一种错觉，认为爸爸妈妈现在可以不休息。累的时候需要适当休息，也会给孩子做出健康生活和健康表达的榜样。

还可以跟无聊的孩子讨论一下无聊的时候可以做什么，还要记得孩子成功地等待到我们事情结束，立刻给孩子正向的肯定和反馈。

4. 威胁控制

4岁的孩子进入了自然科学探索期，他们的认知急剧扩张，未知的东西也越多，孩子们感到恐惧，特别需要成人陪伴。依恋的同时，他们仍然会为了成为独特的自我而努力，通过对父母的干涉和控制，满足自己矛盾的心理需求。这既是一种主动的需求，也是一种主动的控制。比如有的孩子对母亲的改变极度敏感，妈妈换了个发型或眼镜、穿了条与平时风格迥异的裙子，他可能会坚决反对，对母亲有极强的控制欲。

在早期教育中，为了让孩子顺从，"你要是不听话，就不买玩具了。"家长把自己与孩子需求连在一起，这种方法虽然方便好用，但其实有害。孩子界限越来越不清晰，父母的教育也越来越艰难。孩子们也可能经常使用"你要这样，我就那样"或"你要不这样，我就不那样"的句式来控制家长，这是一种自我主张，也是一种威胁控制。

这时，如果我们是修心有成的家长，或者是被父母放松着养大，更容易给予孩子允许和接纳，在心情平和的基础上，了解孩子为什么要控制，希望达到什么目的，孩子对我们控制时，我们应对会更容易一些；如果我们心情不能平静，会在孩子控制我们时格外气愤，升起很多负面情绪，有意无意疏远排斥，甚至是讨厌他，可能就会将整个过程推向带有伤害性的状态。

使用控制和威胁的方式，是孩子趋向成熟、拥有更多社交技巧的一条必经之路。这时，孩子学到一个新技能：掌握别人的"命门"。孩子们真的很聪明，他们把自己想要达到的目的，和父母最介意的事情联系在一起，我们越在意什么，他就越会借用这些来控制我们。

我们在聚会上想要跟朋友聊天，孩子就会趁机索要手机，不然他就会故意捣乱，不让我们愉快地交谈，这时，"让孩子安静不要打扰我们聊天"就是我们的"命门"。一旦我们满足了他，他就获得了一种成功的体验，在生活中变本加厉地威胁和控制我们。

我们劝说孩子睡午觉："如果你睡午觉，我下午就带着你去买糖。"于是孩子知道了——睡午觉是妈妈想要我做的事情，而买糖果是我自己想要做的事情，孩子将两者联系起来，学会控制。

同时，孩子会用我们"最不喜欢的行为"来对抗我们，当孩子知道父母最不想让自己磨蹭，就会故意拖拉给父母看，实际上也是在暗中与父母较量。

如果不想被孩子这样威胁控制，就不要跟孩子"交易"，我们需要做到以下几步：一是看到和解决孩子的需求，二是看到和解决自己的需求，三是务必要把这两个需求分开。尽量不用这样的句式："因为……所以……"或"如果……就……"。

当孩子说："如果你不给我买玩具，我就不睡午觉。"妈妈为了赶紧让孩子睡觉选择同意，这就是交易，虽然他的力量增长了，可是这种力量是建立在侵犯界限的基础上，是不合适的，那怎么将两个需求分开回应呢？

我们可以先回答："噢，你是不是特别想要那个玩具，你当时看到它的时候你就很喜欢？"（回应孩子的需求部分）

然后接着："你现在的任务是睡午觉，等你午休起来以后我们再讨论玩具

的问题。"（分先后，但不关联在一起）

当然有时孩子可能还会继续坚持："不行，你必须答应我下午买玩具，否则我就不睡觉！"这时我们还是要在平时约定好的规则框架内讨论买玩具的问题，可以对孩子讲："今天上午我们已经买了一次玩具了，那么你觉得你要想要这个玩具什么时候可以买？"假如我们平时的规则是一天买一次就可以告诉孩子明天再买，假如我们的规则是一周买一次，我们可以带着孩子看日历并且告知什么时间能买。如果还没有建立规则，这时建立规则也可以，"你想要玩具是吗，这样吧，我们先讨论一下多久买一次玩具合适。"

我们把孩子的需求讨论完，接下来再表达我们的需求。我们可以对孩子说："现在是午休时间，就算你睡不着，也需要躺一会儿。"

解决问题就事论事、认真对待、不急功近利，把各自的需求都表达出来，就能把孩子的需求和我们的需求很好的分开，时间久了，孩子自然也能够习得这种解决问题的方式。

5. "粗野"的语言

4岁的孩子会用各种各样的方式挑战我们，这时的孩子非常喜欢"惹事儿"。"屎、尿、屁"这几个字眼，对于4岁多的孩子来说，是"最喜欢的玩具"，令家长们更抓狂的是，孩子们乐此不疲，不分场合的"屎尿屁"，我们越阻止他们越兴奋，有时需要我们发脾气他们才会停下来。

这时孩子同时进入了语言爆发期，他们擅长找到能够引起别人强烈反应的语言。对于孩子们来说，"屎尿屁"很有趣，"屎尿屁"先是引起自己的兴奋，他们认为自己讲到了别人不讲的东西以及"秘密"暴露的快感。更有趣的是，它还能引起小伙伴的"共鸣"，几个小伙伴一起，只要提起这个话题，大家就能笑成一团。孩子们发现了语言神奇的功能，不管是伙伴们的开心，还是成人的阻止、皱眉、尴尬的反应，都让孩子从中体验到控制——语言就像一个神奇的开关，每次使用都可以"触发"反应，满足了自己对控制的需求。

不仅仅是"屎尿屁"，某些骂人的话，孩子们有时也会在比较长的一段时间里一直说，提醒不管用，有的家长会通发脾气甚至是打，希望孩子改掉这些

"恶习"。可是这样会有一个不太好的后续，孩子越来越大，发现父母的脾气是一只"纸老虎"，孩子"被打皮实了"，越来越难管。

我们可以这样处理：如果孩子不在公共场所使用"屎、尿、屁"的语言，或者说跟小伙伴一起说，每一个小伙伴都没有难受的感觉，我们可以置之不理，不用过多关注，因为这是短期的现象，对孩子来讲也是一种社交方式，记住一句话：越关注越来劲。孩子第一次尝试使用个别的不文明用语，也是遵循这个原则。不让孩子把它当成触发我们的开关。

> 航哥开车，我坐副驾驶，孩子坐在后座，她突然发出一个字音"cao"很大声，这是第一次从她嘴里听到这个。我跟航哥不为所动，非常隐晦地对视了一眼，我们的潜台词是：都不要对此有反应。该开车的开车，该聊天的聊天，孩子再也没这样说。

如果孩子说脏话或骂人就需要认真对待了。孩子很会模仿，我们不可能保证孩子的成长环境是纯净的，孩子观看影视作品或走在大街上，都可能接触到辱骂性的语言。即使是这样，我们也要首先尽量保证自己家庭里不出现这类语言，如果实在约束不了老人或伴侣，至少做到自己不讲，我们的自律是先决条件。

然后就是建立规则："请使用文明用语"。孩子可能明知故犯，突破规则，他们会趁父母不在，或者趁父母心情好时突破，当然这也是孩子力量成长的一种表现。值得注意的是，不是孩子每次出现粗野的语言都需要进行规则提醒，因为我们的反应越强烈，孩子就会越重复，他认为自己的控制得逗了。就像面对孩子的频繁打扰一样，孩子多次打扰未果，就会失去对这种打扰的兴趣，行为随之停止。同理，孩子懂得规则以后，再继续出现行为，我们可以试着当作没听见，不做任何回应，久而久之孩子觉得没意思，更容易终止。此时的不回应，不是把孩子推开或故意躲开，而是就像什么都没有发生过一样，该干啥干啥，才能让孩子真正感受到这样没用。

当孩子在公共场合用粗野的语言挑战我们，就像"建设规则"章节里面，处理孩子吐口水的方式一样就可以了。把孩子带离公共场合，在安静的地方，先是同理感受，你很无聊（生气）是吗；再明确指令，如果你无聊我们可以先想一想我们可以做点什么有聊的事儿（生气可以在这里平复一下情绪）；然后明确规则，我们需要共同维护好的集体环境；最后明确时间节点，如果你感觉舒服一些了，我们再回去。

6."求关注"的行为

最近熙熙在家里经常"尖叫"，爸爸妈妈非常头疼，夫妻俩下班都很累，一个坐在沙发这边看手机，另一个坐在沙发那边看手机。当然，手机上也会有工作信息，但也不总是在工作，两口子都累了，谁也不想搭理孩子，于是：

熙熙："妈妈，你陪我玩一会吧。"

妈妈："去去去，找你爸爸。"

熙熙："爸爸，你能陪我玩一会吗？"

爸爸："去找你妈妈。"

熙熙："妈妈，爸爸也不陪我玩怎么办？"

妈妈："你先玩一会 PAD 吧。"

孩子 4 岁多，会玩的游戏很少，玩了一会儿觉得没意思，找爸爸妈妈又不搭理，偶然她叫了一声，爸爸妈妈立刻都看向她："怎么了？"孩子说没事，过了一会又叫，妈妈说"人家都睡觉了，别大喊大叫的"。连续几天，孩子总是尖叫，爸爸妈妈通过我的分析才意识到，原来"尖叫"是孩子吸引家长关注的一种方式。弄明白这个问题，陪孩子连续玩了一段时间，孩子就没有再尖叫了。

很多二胎家庭中的老大也经常会用各种方式"求关注"，哪怕爸爸妈妈训斥自己，那也是一种连接，总好过没有人理自己。同时，更多的是，孩子通过表现出"我是个坏孩子"，来检测自己是否值得被爱。

"不被爱"="看吧，我果真是糟糕的"

"被爱"="原来我并不是那么糟糕"。

我们不能忽略这一点，不是当孩子发生问题或事情时父母才需要处理，而是平时就需要与孩子建立亲密连接，父母不是救火队员，而是儿童的建设者，是他一生幸福感的奠基人。小时候安全感被破坏的越严重的孩子，求关注的行为可能就越怪异。

幼儿园曾转来一个让老师特别头疼的男孩，他有很多奇怪的行为。入园第一天，午餐时间，盛着整个班级菜的大餐盆刚端上来，他就站在椅子上想用脚踩进餐盆，老师赶紧把他抱下来；吃饭的时候，他又把口水吐到别人的餐盘里，老师只好给小朋友重新取了餐；吃完饭，他跑到了教室边上，踩着储物架往上爬。他在做这些动作的同时，会非常仔细地观察老师的表情，如果觉得老师表现出的表情是不耐烦，他就会暴躁地发脾气；如果老师很平静他就会更加挑衅。眼神仿佛在说："哼！看你管不管我。"

这个孩子的安全感曾遭受到了非常严重的破坏，他认为自己是一个不受欢迎和不被喜欢的人。一方面他特别需要被关注，另一方面更需要在这种不受欢迎和不被喜欢的行为后，得到周围重要他人的谅解，只有这样才能矫正自己曾经不良的情感体验。处理孩子求关注行为的问题，本质上都是要让孩子体会到**矫正性的情感体验**。如果孩子曾经的体验是被排斥、嫌弃和忽略的，那么现在就特别需要体验到被关心、被认可和被陪伴。

前面我也提到：检验一种教育模式的好坏，就看它主张如何对待一个犯了错的孩子。当孩子做出让人难以接受的行为，成人如何对待他是建设孩子的重中之重。我们每个人都会犯错，儿童更甚，这是他们学习的一种方式，在探索世界的过程中，本就需要不停地用错误来试探世界，如果孩子觉得自己是不被认可的，他很可能走向一种极端，他认为自己是个"破罐子"，越是要"破罐子破摔"。孩子对自己最基本的观感是糟糕的，源于他人更多的时候看到是他糟糕的部分，他感觉"大家看不到自己表现好的一面"，于是认定"不管自己怎么表现好都没用"，这种无助使孩子没有力量修正自己的行为，只能通过破坏性行为吸引他人与自己交流，恶性循环。

面对这些看起来有些过分的行为，可以使用正向的语言直接与孩子沟通："请从桌子上下来，坐在椅子上"，但不能从语言、表情或行为上表示对孩子人格的厌恶。一个"小恶魔"的背后，藏着一颗受伤的心灵，在孩子强烈的挑衅下，请保持温和平静的态度。

我们需要做这样的练习，习惯看到孩子行为背后的真正需求，被看到可以使孩子曾经产生的消极感受慢慢被矫正，同时也能矫正父母对待孩子的态度习惯，父母应时刻让孩子感受到，即使做错了也依然被爱着，孩子必须用重要他人持续而稳定的关心、认可，温暖的情感来代替曾经被忽略、被排斥的情感才能从内心深处将负面信念扭转，以及在行为方面做出改变。

我们了解到这些，就知道如何与他们相处了。当他们出现过激的错误行为，我们首先要进行制止（最好用拥抱控制他的身体），然后平静地问"你现在有点无聊是吗？我可以为你做点什么呢？你需要我陪你一会儿吗？"当孩子确认我们是一个安全的人，我们可以继续做下一步："这些饭菜是我们大家的。如果你需要我陪你一会儿你可以对我说，'老师，我需要你陪我。'没有否定，没有呵斥，只有积极正向的交流，孩子就可以从我们身上得到一种矫正性的情感体验。

7. 攀比

"小明有电话手表，我也要。"孩子提要求，如果我们不答应，有时候他会生气哭闹。对家长来说跟"孩子小时候别人有气球他也要"这种感觉是不一样的，我们觉得孩子出现了"攀比"的品德问题。

"攀比"和"不分享"都容易引发成人对孩子的评判。"我觉得我们家房子太小了，小明家房子就很大……我觉得我们家也应该有像小明家一样的好车……"这时候，我们不仅仅有对孩子过分要求的愤怒、道德评判的焦虑，可能还夹杂着对自己"无能"的羞愧。

我们需要理解这样的感觉，因为人家有我们没有，所以我不开心，这在我们成人身上也很常见不是吗？认真想，孩子变了吗？从"也想要气球"到"想要电话手表"到"也想住别人家那样的大房子"，本质上并没有什么不同。只是从"低价"到"贵重"，从"玩具"过渡变到"我们给他提供的生活资源"。

这也是孩子控制我们的一种方式，当然这越界了。作为监护人，我们需要给孩子提供力所能及范围内的生活资源，超出的部分是孩子越界的部分，但孩子并不知道，所以当孩子"攀比"，我们需要增加规则中的关于"贵重物品"的约定，明确界限上"房子车子是爸爸妈妈选择的生活，这是家长的事情"。我们的应对还会影响孩子对事情的看法，"爸爸妈妈没本事，你要好好学习长大了自己买。"看上去这样回答没什么大问题，实际上，隐患真不少。

爸爸妈妈没本事 = 你们没本事为什么要求我有本事？

你好好学习 = 人家没有好好学习也有钱。

长大了自己买 = 我不确定我能不能做到，无力。

这其实也是建设世界观的好机会。我们可以跟孩子聊聊自己的成长经历，告诉孩子现在我们拥有的一切是爸爸妈妈一起经营出来的。小时候是什么样子，刚结婚是什么样子，工作经历是什么，收入来源是什么，让孩子们知道现在的生活是一个状态，我们很满意。

缇缇委屈地跟妈妈说，"迪迪爸爸是博士，他说我爸爸妈妈比不上他爸爸妈妈。"妈妈不知道怎么回答，向我求助。

缇缇的爸爸妈妈都是警察，考警校的分可是非常高的，于是我建议她这样说："爸爸妈妈当时学习也很不错啊，选择大学的时候，爸爸妈妈的理想是当警察，所以没有选择继续进修。迪迪爸爸想要进行科学研究，他就需要成为博士。我们想要保护大家，所以需要上公安院校。"

跟孩子表达，我们的生活是我们的选择，这很重要。即使我们不那么优秀，我们的生活也是我们的选择："我觉得我们的钱够用，也没有那么忙碌，因为爸爸妈妈想有更多的时间跟家人在一起和你在一起。每个人的选择不同，你也当然可以选择自己想要的生活。"

8. 浪费

"浪费可耻"也需要拿出来讨论一下，我们有没有对孩子浪费的行为非常愤怒，教导孩子节约是必要的，只是我们有没有教导孩子不浪费食物，而自己在浪费。榜样的力量是强大的，如果是在社区或者单位讲座，很多人进入课堂第一件事是跑到第三排以后坐着，偶尔我问问题，大家不好意思回答，我也经常笑：如果您的孩子不积极举手回答问题，作为家长你会不会担心？

生活条件好了，很多时候，我们对节约的态度也发生了改变，比如，我们会提醒老人剩菜剩饭就不要了；有时候我们的做法也有些问题，比如不必要的一次性用具。

所以建议大家，对自己的生活审视一下，不是说大家一定要有统一的生活方式，而是在可以注意的地方，我们给孩子做好的示范。我们对生活的态度影响孩子，规则的一致性也是如此，同时，4 岁以下的孩子因为敏感期密集，在"发展"与"节约"之间，我们也需要掌握平衡。

3 岁半的点点喜欢在纸上画边框。点点拿出一张 A4 纸，她抿着嘴从左上角起笔，向右，再向下，再向左，再向上，沿着纸的边，用一笔画了一个比纸的边界稍小一点的长方形边框，当笔运行回左上角笔触碰到起笔，一个完整的大大的长方形完成了。完成后她长舒了一口气，看一下自己的"作品"然后放在一边，画下一张。一天能画几十张。

家长很困扰，这不是浪费吗？想建议点点在纸中间大片的空白上再画点什么，或者纸反过来用，点点非常委屈，拒绝家长的提议。

这时候就是发展的时刻，她在练习控笔，对她来说，一笔画一个完整的长方形也是满足了她对"闭合的线条"的逻辑建设以及"完美"的感觉。这是她的需要，画是她的作品，内心成就感爆棚，任何破坏她作品的行为她都是抗拒的。4岁以上的孩子才需要直接建设"节约"的概念，对于小孩子来说我们可以用别的方式来处理。比如把点点的"作品"归拢起来，经过她的同意，我们可以用来打草稿，如果她不同意，就放进她的作品集，长大一点了，她会同意"废物利用"。

生活中，孩子的很多"浪费"行为都可以这样解决。不到一岁的宝宝把面包片放进牛奶里捏，要么，洗干净手，捏完再吃（笑）；要么喂喂宠物；如果都不行，我们可以给孩子建设"有准备的环境"，专门准备游戏桌（与餐桌区分），废旧纸壳和小水盆配合也可以达到这个效果，当然还能有后续，把湿了的纸壳晒干，仍然可以重复利用或者成为"可回收垃圾"。

小孩子可能会用袜子接水，成人知道这永远是接不满的，可是对于孩子来说，这样他可以充分理解容器和水更复杂的性质，将来上学，水库类型的题，他更容易理解。在水流下方接个盆，水就不会被浪费了。孩子喜欢打开龙头，用手堵住龙头，或者想要用手切断水流也是如此。

沉浸在我的世界里

1. 不分现实与想象

孩子 4 岁时是扩张和控制的，再长大一点这种状态有所收敛，在孩子 5 岁两个月左右会开始一段的珍贵时期，从对外控制转向内部的自我整合与扩容，就像孩子心中的小宇宙发生"爆炸"，这时他们看上去经常发呆或无聊地走来走去，表面上很平静，但内心正经历着天马行空的想象与创造，孩子在无聊或发呆时更容易思考和感受到自己的身体、想法、感觉和情绪。与孩子内在色彩斑斓的想象空间相比较，外面的教室、家好像缺少了一些什么，失去吸引力看起来无聊，这时的孩子有时候还会分不清现实与想象，持续时间大概一个半月到三个月。

　　晚上吃饭时间，一位家长给我打电话："黄淮老师，孩子喝奶茶不合适吧？"

　　我："嗯，确实不太合适，奶茶里有过多的糖，也有太多的添加剂。"

　　家长很疑惑："孩子回家以后说去你办公室聊天，你送给了他一包奶茶，还送了一个带星星图案的黄色杯子，王老师给他冲了奶茶，说了半天多么多么的好喝！"

　　我听到后结合孩子的年龄，立刻笑了，"这完全是孩子想象出来的世界，我没有给他奶茶，同时我也没有一个黄色的带星星图案的杯子。"

家长更迷糊了："怎么会这样，为什么呢？"

5岁多的孩子进入一个想象力发展的爆发期，内容可能是各种脑洞大开和奇思妙想，也可能是把某个场景幻化成真。不必大惊小怪，孩子会把自己特别想要的东西或内心想象的东西联想得非常仔细，颜色、味道、形状等各个细节都想象得非常真实，以至于他们以为这真的发生了。

当孩子把某个场景想象得过于真实时，分不清现实与想象，怎么回应？是打击他的想象力和创造力吗？如果这时家长说："我和黄淮老师确认了，她没有给你奶茶。"孩子会一本正经地认为我们不了解事实，坚持事情确有发生，这与小孩子的撒谎行为一点关系都没有。因此每次与家长沟通同类问题，我都会特意嘱咐"听了就听了，就当孩子在给我们讲一个故事，不会引起什么不良后果，就让孩子想象就可以了。"如果想更好地配合孩子的发展，我们可以这样沟通：

孩子：妈妈，今天我去黄淮老师办公室，她送给我了一包奶茶，还送给了我一个带星星图案的黄色杯子，王老师给我冲了奶茶，特别甜特别好喝。

妈妈：噢，那么好喝呀，喝了以后你开心吗？

孩子：开心呀。

妈妈：那黄色杯子你喜欢吗？

孩子：我喜欢呀。

妈妈：那你喜欢星星图案还是黄色颜色啊？

孩子：我都喜欢。（讨论到这里就可以停止了，家长不必揭穿孩子。）

揭穿孩子，他困惑到底发生了什么？难道真的没有吗？不，是妈妈不相信我。他也会很慌乱，会影响他的想象与创造。有时孩子们的想象跟外在空间、外在人际互动联系起来，所以他们还可能"语出惊人"。

一位小姑娘早上进入幼儿园时，气呼呼地对迎接她的老师说："哼！我姥姥死了！"老师们都惊呆了，老师们都经过这方面的培训，所以表面上没有做其他回应，等孩子进教室，立刻给孩子妈妈打电话落实情况，如果孩子姥姥真的去世了，近段时间老师会专门针对孩子的情绪进行观察、很多话题也要谨慎、关键时刻还要予以建设。

结果令老师哭笑不得的是，孩子的姥姥一点事情都没有，原来早上姥姥送孩子，孩子想要一种小零食，姥姥觉得最近她零食吃得有点多拒绝了，她就很生气，在心里想象着诅咒姥姥，于是突然冒出了一句"我姥姥死了"。

遇到这种情况，我们不必与孩子争辩"姥姥没有死""你怎么能这么说姥姥呢"，我们先提醒自己"童言无忌"，不用上纲上线。处在 5 岁多的年龄，孩子在头脑中把与自己作对的人想象成糟糕的后果，孩子再接触过有关死亡的信息，很可能会使用死亡字眼来表达自己强烈的愤怒情绪，孩子并不知道这些字眼在成年人的世界里是有忌讳的。诅咒老人去世的话题毕竟不合适，该如何与孩子沟通？

老师：我和妈妈沟通过了，姥姥在家里呢（注意没有否定地说"姥姥没有去世"）。听说你早上跟姥姥发生冲突了，你很生姥姥的气是吗，发生了什么事儿？

孩子：嗯，我特别生姥姥的气，她不给我买 ×××。

老师：噢，姥姥没有给你买，所以你很生气，我知道了。（沟通结束）

如果孩子还有倾诉的需求，老师或家长可以继续陪伴倾听，让孩子把情绪都流淌出来。这个过程中只是陪伴倾听，教导或评价都不需要。孩子这时的诅咒，实际表达的是愤怒的情绪，因此在沟通中，老师更多的是在表述事实，事实就是姥姥在家，不用直接与孩子争辩，再把孩子生气的情绪摘出来探讨，事情就解决完了。从"姥姥死了"到"姥姥不给我买，我生气"这个过程中老师在引导孩子**用正确的方式表达生气情绪。**

总之，5 岁多孩子的内在世界神奇无比，他们会在想象与现实之间来回切换，有一种穿越的朦胧感，看事情也会像镜花水月一样。在大脑经历过这一段爆发期后，又会经历一段看起来很无聊的时期，在无聊里孩子会逐渐寻找到自己对现实世界新的热情，完成整合，各方面能力呈螺旋上升式增长。

2. 独处是一种能力

曾经幼儿园里的一位小男孩引起了我的注意，他在 5 岁左右有些变化，性格不再像以前那么活泼开朗、生活作息也不如以前规律，我观察到他平时会长时间坐在小椅子上发呆，即使不发呆表情也比较茫然，偶尔会观察周围，可这种观察好像没有注意力，像周围的人和事与他无关。

持续两三周发生了变化，他在教室里来回走动，走动的时候手会有意无意地掠过教具或擦过墙面，看到小朋友们做游戏，会站在旁边观察但不参与其中。又大概过了一两周，新的变化再次出现，他开始参与其他小朋友的游戏并且哪里热闹去哪里。起初在团体里他是一个外来的、小心翼翼的服从者角色，别人说什么他都会认真听，积极主动配合，后来他开始试图将自己作为团体里的控制者角色出现。同时，假如别的小朋友玩具没有归位，挤撞了其他人，他会非常敏感。

接下来孩子开始管理他人。比如，提醒小朋友"你要把东西放回去""你应该道歉"，同时他还喜欢跟老师告状："老师，刚才 ×× 碰了别人不道歉""老师，×× 吃饭前没有洗手""老师，×× 东西掉地上了没有捡起来"……

这个孩子到底怎么了？我通过与孩子父母的沟通，了解到最近家里也没有发生什么影响孩子心理变化的事，我又跟踪观察了更多 5 岁孩子的状态和表现，发现了一些规律。

排除孩子因为被忽视和边缘化产生的无所适从，一个 5 岁多的孩子的无聊是不需要被成人完全解决、引导和干扰的。这时孩子在寻找自己内在想象世界与外在现实世界之间的一种平衡，是一种过渡，孩子可以在无聊中发展出非常多的能力，比如在有限的环境中创造出无限可能的能力。

大家是否还记得自己小时候的游戏场景？那时我们的玩具少且简单，一把冰糕棍、一沓纸牌、一个溜溜球、一根绳子可以玩出无数花样，我们会发挥自己无穷的想象力让简单的材料变得更加有趣，过程中我们的规则意识和把简单东西复杂化的能力也会得到锻炼。当然现在很多成品玩具对孩子也有一定好处，还有一些玩具是专门为建设孩子某一项能力而研究出来的，没有任何问题，但我想提醒的是孩子从无到有的创造性能力是需要练习的。

孩子处于无聊状态一段时间后会想办法取悦自己，我们需要耐心等待孩子的消化过程，给孩子足够的时间蹦出自己的奇思妙想，同伙伴们分享和玩耍，显然这是一种非常难得而有意义的过程。

无论父母平时多么尊重孩子、保护孩子，孩子还是会吸收到社会的碎片性信息，有矛盾的想法或认知的偏差等，处于无聊状态时孩子正在进行内部整合。5岁时孩子大脑已经发展为大概有1100亿个神经元的巅峰状态，这些大量的神经元的信息也需要时间整合。不仅如此，如果孩子有情绪压力可以通过无聊或发呆的方式缓解和消化。

> 我非常清楚记得自己5岁多时已经开始内省。那时候对我来说最不快乐的事情就是父母吵架，那种紧张的气氛包围着我，但好在我可以到处奔跑，爬高爬低，可以找小伙伴玩耍。我也经常一个人爬到家附近的一个小山坡上，平躺在小小的草坪上，嘴里叼一根带有甜味的青草看着天空发呆，想很多很多。

这个场景在我的记忆里很深刻，长大后才明白，那段大片发呆的时间正是一个自我思考的过程，很多情绪都在其中被消解掉，对待事情开始使用思维逻辑，这也是八大智能之一的自我认知智能，也叫内省智能，是自我反省、自我思考、自我整合的过程。

成人不必紧张，只要不是被边缘化的孩子、不是环境中没有适合的小伙伴或玩具，就不用过度担心孩子近期什么都没有学、什么都没有发展、浪费了时间。

社交是一种能力，独处也是一种能力。如果一个孩子自我发展得足够好，在热闹的环境中能够自然融入，在独处的时候也可以不慌不忙、享受其中，对亲密关系不需要过度索取，在各种状态下自如自在。"自在"这个词可以恰到好处的形容具备独处能力的人才会享受到的一种幸福感，他们不会担心自己被抛弃，也不会特别在意自己是否孤独，他们完全享受当下，享受自己的想法，心智更加成熟。就像这个小男孩一样，孩子自我整理后重新关注现实世界。

3. 打小报告的孩子

5岁半是儿童道德发展的巅峰时刻。孩子不仅会"严格"要求自己，同时也介意别人的行为是否符合规则。从4岁多时介意和控制抚养人到5岁多介意和控制周围的人，孩子的领域又扩展了，也会出现一种现象——"爱打小报告"。

打小报告的孩子看上去很强大，像班长时刻监督大家按规则行事，但他们的内心却非常脆弱，别人不听会委屈发脾气。随着孩子情感的发展，情绪也会越来越丰富，在喜怒哀惧的基础情绪上，无聊、哀愁、嫉妒等高级情绪出现，而嫉妒情绪是在孩子打小报告时出现的高级情绪。当孩子用道德约束自己，却看到别人不遵守规则，嫉妒从而愤怒。

我觉得与一个喜欢打小报告的孩子沟通不是一件容易的事情，因为沟通时，成人既不能纵容孩子成为一个爱嚼舌根、爱管闲事、喜欢捕风捉影和喜欢利用外部力量来维持秩序的人，同时还需要理解孩子这种状态的正常性、建设他们的道德感，保持他的正义感，培养为社会秩序做贡献的能力。因此在沟通时需要考量到非常多的因素，"一刀切"是行不通的，一般我会根据孩子报告的阶段来决定使用哪种方式来处理。

如果孩子处在刚刚开始报告的阶段，我会对他说"谢谢你的提醒，我稍后会去处理"或"谢谢你的提醒，我稍后会去观察（了解）这件事情"。我们把"报告"称为"提醒"，并表示感谢，孩子主动维持社会秩序我们需要看见和认可。

稍后处理的好处是：一方面使自己的情绪不被孩子点燃，我们通常在接收到某种信息时，会有即刻反应出现，比如会受到报告孩子的主观影响，对违反规则的人产生厌恶，这时处理起来不会那么客观；另一方面，避免孩子认为我们是在按照他的意愿来解决问题，陷入孩子对我们的控制。

我们的处理方式指向能否建设孩子良好的处事方式。无论最终怎么解决，我们一定要展示出对事不对人的处理方式，哪怕周围所有人都亲眼看到了，我们在介入和处理时也需要就事件本身与事件中的对象认真落实，如刚刚的情况是如何发生的、当时在想什么、为什么要这样做等。这个过程会让报告的孩子看到事情发生的背后有什么，培养孩子遇到事情探究、思考和落实的能力。还有的时候我们需要认真思考是否适合当着报告的孩子的面处理这个问题。

贝贝向我报告说："兰兰拿了诗诗东西，我看见了。"

我先与跟贝贝讨论："你看见后觉得这个东西是谁的呢？""诗诗同意吗？""兰兰是在诗诗不知道的时候拿的吗？"

再根据孩子的回应情况决定是否延伸："你告诉诗诗比较好还是直接制止兰兰比较好？是告诉老师还是告诉妈妈比较好？"跟孩子理清每一种做法背后可能会发生什么。直接告诉诗诗各方会有什么反应，直接制止兰兰各方会是什么反应，告诉老师或爸爸妈妈各方是什么样的反应，让孩子尝试思考，亲自体验、感受和决定哪一种方式是最好的。

明确这是谁的事情，强化界限意识。如果孩子甲在团队玩耍过程中看到孩子乙没有遵守规则，我们需要和团队一起确定规则是否明确，帮助甲厘清这是整个团队的事情；如果甲看到乙和丙有争执并且判断了谁对谁错，这时我们需要跟甲明确这是乙和丙的事儿，如果乙和丙需要帮忙会主动求助，让孩子清楚如果别人不需要我们，不要轻易进行干涉。

我还会考虑到孩子发展阶段。如果孩子处于一直用报告行为求得别人关注的阶段，我可能会先处理得稍微感觉"冷"一点，回答说"嗯，你看到的这件事告诉妈妈，妈妈知道了。"用简单的"知道了"来回应，再从陪伴上满足她的需求。

有一种情况例外：当侵害行为发生时，孩子的报告行为需要被直接肯定与鼓励，告诉孩子"你说的、做的很对，你先告诉老师（爸爸妈妈），由成人来处理，这种方式非常好。"这样可以让孩子明白什么事情应该插手管，什么事情不该插手管，怎样保证自己安全的情况下请求帮忙。

　　5岁多男孩先先，从其他幼儿园转过来，刚转来的时候非常有攻击性，一言不合就会"大打出手"，老师付出了很多努力才逐渐矫正了他直接攻击别人的行为，可是偶尔还是会欺负个别的孩子。长得又高又大的瑟瑟就是经常被欺负那一个（孩子的力量感跟身体强壮不是成正比的），瑟瑟家长专门来找我："他总欺负我家孩子，我很担心呀，黄淮老师这个事情应该怎么处理呢？"我们聊了很长时间，我注意到一个细节，瑟瑟虽然被欺负，可在家里念叨最多的仍然是先先，先先今天说了什么、做了什么……

幼儿园阶段，孩子们之间冲突，甚至是被欺负，多数时候心理上问题不大，成人处理的偏颇才会给孩子造成伤害，虽然瑟瑟被欺负了，他却并不回避欺负他的先先，很多被欺负的孩子反而会"黏着"那个欺负人他的人，这表明被欺负的孩子是有需求的，比如，瑟瑟内心对先先强有力的表现产生一种崇拜感。在侵害发生的当时，老师收到报告当然要制止，如果在家里孩子倾诉父母可以从瑟瑟需要发展力量入手，解决问题时不对先先的行为否定，只从瑟瑟的角度出发，让瑟瑟发现先先身上力量的奥秘，很快，被欺负的瑟瑟开始反抗。

很多喜欢报告的孩子喜欢把自己看见的所有违反规则的情况，事无巨细地报告给成人。一方面他发展道德感，另一方面也可能存在一种心理，自己想做但不能，即自我放逐和自我约束两种力量相互拉扯，孩子自己都没意识到，他也想突破规则，可是又感觉那样做不好，也夹杂着看到别的孩子身上有但自己没有的闪光点的复杂。"凭什么你们可以这样？"这时，想法中出现了"凭什么"。

第四章　独特性

301

4. 质疑

6 岁的孩子会说:"凭什么呀?""为什么呀?""这不公平!""你都不做让我做?"……各种质疑成人,他们开始犹豫甚至怀疑父母是对的吗?但他们心智尚未成熟,往往关注的重点是自己少了什么,而看不见别人。既追求公平,又只偏向自己。

对于进入质疑期的孩子,父母应调整原本的家庭教育指导方案。0~3 岁,我们是孩子的抚育者;3~6 岁,我们是孩子的引领者;6~12 岁间我们就要做孩子的同行者;12 岁以后变成跟随者,看着孩子的背影祝福他们独立。当孩子出现对父母的质疑,我们理解孩子要走向成熟,要发展独特的自我,就必须在意识上和思想上独立于父母。

女儿小时候我会邀请她们一起做家务,大女儿能独自乘坐电梯时,就承担了扔垃圾的任务,结果没过多久:"糖糖,能帮忙倒垃圾吗?"

以前她会直接答应,这次她突然说:"凭什么呀?为什么呀?为什么总是我倒垃圾呀?"我立刻意识到孩子进入了质疑期。

这时我们不能像以前一样:"你去倒垃圾,我们也在做家务呀,妈妈在做饭。"这时孩子"公平很狭隘",纠结"现在我做你没做"。对孩子们的这种抗议,最好的办法就是摆事实(不是讲道理):

"宝贝儿,昨天下午 5:30 是爸爸倒的垃圾,前天下午 6 点是爸爸倒的垃圾,大前天下午 6 点是妈妈倒垃圾。"

糖糖:"那妹妹怎么不做呢?"

我:"她现在才 4 岁,她 6 岁的时候她也需要倒垃圾,你放心,到时候我也会提醒她。"她想了想"哼"了一声,提着垃圾出门了。

我们如果带着攻击:"谁说的只是你倒了我们没倒?你哪只眼睛看到我们

没倒？"只会让孩子不服气。只是平和的展示事实，他反而容易接受一些，这不会让他们产生被权威压制的感觉。摆事实就是要做到用事实说话，时间、地点、人物、事件越清晰越好。

一次，因为只收到了妹妹衣服的快递，大女儿很不高兴的"哼"了一声抱怨道："妈妈你光只给妹妹买衣服不给我买，你看她的衣服那么多！"

我听到后没有回答，直接走到两个孩子的衣柜前，拿出了最近一个月我给她们买的衣服，摆在床上："这个月给你买了1、2、3、4、5、6、7共7件，给妹妹买了1、2共2件"，然后我就看着她，她也看了我一会儿，就把衣服收到橱子里了，接下来才说出了真心话："妈妈我也想要妹妹那种衣服。"

"如果你也想要的话，可以直接跟妈妈说，为什么只给妹妹买两件呢？是因为你把自己不穿的衣服送给她了，所以她还有很多你送给的衣服，非常感谢你的分享。"

质疑期是自我意识发展的第二个飞跃期，这时我们还能勉强管教得了，所以它不像第一个飞跃期执拗敏感期和第三个飞跃期青春期表现那么突出，常常被父母忽略，我们觉得孩子真难管，甚至感觉"七岁八岁狗也嫌"。这段时期孩子要发展自我，父母要学会怎样与孩子和平相处，做孩子的同行者，否则那些积攒的没有解决的麻烦会在孩子们的青春期集中爆发，威力更大，这时也是准备中考的关键期，父母们一定要提前重视起来，与孩子共建良好亲子关系。

5. 撒谎

孩子在质疑期还容易学会一种技能——撒谎，孩子认为撒谎可以让自己免除一些责任，避免一些训斥，得到一些好处。成人可能不明白孩子为什么撒谎，难道他不知道撒谎会得到更严厉的指责和管教吗？显然孩子不这么认为。孩子是即时"生物"，不管是即刻要得到，还是即刻要回避，是一种本能行为，即使是我们成年人，有时候也会使用这种本能。

我所在的这个区是全国家庭教育试点，我还负责区妇联家庭教育传播的主平台，跟一位朋友约视频版的家庭教育讲座，她平时也有很多讲座，也受家长欢迎，我跟她约两天后出视频，她一开始答应了，不到1小时，就在微信里跟我商量：这个星期太赶了，下个周吧。

我们非常理解视频录制有挑战，不过"能拖一会是一会儿"也是很多人的习惯反应。很多孩子也会有这样的心理，我现在就不要，哪怕训斥终究会发生，我也想让它晚点到来，而且万一成功了呢？孩子的想法是：如果只要我做事出现错误，家长就会指责我，从来不会认可我，撒谎得到的收益更多，于是撒谎的方式被采用了。

如果孩子经常用撒谎来逃避指责或回避事情，父母需要考虑自己的教育方式是否过于刻板，也需要让孩子明白错误行为带来的是自然后果，不外加父母的训斥，糟糕的事情发生并不全都是糟糕的结果，更重要的是我们如何解决问题。

孩子上一年级，晚上九点半，马上要睡觉了："爸爸，我的练习本用完了。"

航哥抓狂中："你怎么不早说？"

有时候早上起床："爸爸，我忘了背课文。"

爸爸抓狂中："昨晚怎么没想起来？"

重点是一个月有好几次类似的情景，我开始默默地担心：这样孩子还敢跟你说什么吗？果然，几个星期后，老师有好几次找到她爸爸（我家教育问题现在是爸爸管）：孩子物品准备不足，预习复习准备不充分，作业有时不完成。

如果在"爸爸，我的练习本用完了。"后面我们接的是"九点半商店关门了，明早我们买买试试，以后遇到这样的事情，我们需要早一点说。"这是正向引导。就算买不到，刚好可以让孩子体验没有本子用这种"自然后果"，她会自己记住。

为啥我知道这样不好，却不提醒航哥呢？爸爸是陪伴孩子学习的主力军，人家干活出力，咱就要管住自己的嘴，否则就得自己上。更重要的是，只有爸爸也体验到"孩子因为害怕不敢说关于学习的事儿，孩子会准备不充分，老师会关注。"这样的"自然后果"，他会修正自己的教育方式。指责唠叨只会让爸爸排斥和愤怒，多数时候，夫妻共育，"正确"并不代表一定是好的。

　　我们的教育应该具有一定的弹性，比如性格稍调皮的孩子思维可能更发散，更适合社交型的任务；性格稍中规中矩的孩子思维可能更深入，更适合研究型的任务。现阶段撒谎的孩子我们看见的优点是可以积极地运用所有的资源解决问题，虽然解决问题的方式暂时可能不成熟，漏洞百出，但是我们要看到孩子每一个行为的背后的积极意义。

我有我的性格

1. 个性与成就

我是 1979 年出生，父母那辈的人生方向是"革命路上的一块砖，哪里需要哪里搬"、甘当"螺丝钉"，那时他们长辈的教育多是指出错误，有要求就得服从。这种教育方式倾向于短板理论：一个木桶能盛多少水取决于它最短的那一条木板的长度。

到了我小时候，大家的生活开始奔小康，我们的目标变成了"楼上楼下电灯电话"，但教育理念还是没有太多改变，对孩子关注更多的依然是孩子的短板，做得对是应该的，没有赞美；做得错不行，就得挨罚。

40 多年过去，生活发生了翻天覆地的变化。很多传统行业渐渐消失，新兴行业层出不穷，精细化程度越来越高，社会分工也越来越复杂，在这种社会形势下，还有很多家长依然在关注孩子的短板，但显然原来的短板理论已经不适用了。一些家长开始了解长板理论，即一个人的长板有多长，就意味着优势能够帮助他发挥的作用有多大。

一个人的优势受个性的影

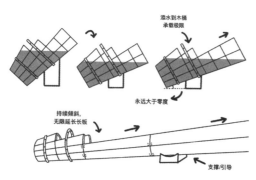

添水到木桶
承载极限

永远大于零度

持续倾斜，
无限延长长板

支撑/引导

响。有的人善于记住事物的形象，有的人容易记住抽象的概念；有的人思维过多，有的人做事冲动。很显然，不同个性的人有不同的优势。

我们以前经常说，孩子的性格是内、外向的。孩子上小学前，家长们在一起经常聊，谁谁家孩子活泼外向自来熟，令人羡慕，看到自己家孩子内向不爱表达会很着急，在上学后这些优缺点又容易被重新排序，父母又会觉得学习成绩和听老师的话更重要。

朋友小喻家有两个女儿，去他们家时就能看出大女儿和二女儿待人接物的表现具有很大差异：大女儿更外向、更热情，即使是面对年龄差异很大的、比较陌生的人，也能很快与人家打成一片，每次我一进她家门就被拽进她房间跟我分享她收集各种的"宝贝"，而且一聊就是半天，从她的学校生活聊到她最近看的有趣视频；而小女儿相比之下则更加害羞，有时会躲在姐姐后面，我一跟她说话她就会扭来扭去，把头埋在玩具后面或是跑出房间干自己的事情去了，但熟悉了之后她就会展露出自己的真诚，与她相处起来非常舒服。两个孩子是在同一家庭环境下成长的，受的教育和成长经历也没有很大差异，而依旧有迥异的表现。

事实上，这些表现没有绝对的优劣之分，很多人对孩子个性认识还存在一些不足。简单地说，一个人在从自然人长成一个社会人的过程中，形成自己的个性。个性也叫人格，由气质和性格两部分组成，气质是带自然性的人格心理特征，也就是说先天的；性格是社会性的人格心理特征，是后天形成的；相对而言气质的可塑性小，性格可塑性大；而且年龄越小气质起作用越大，成人后性格在人格结构中有核心意义。

教育在人格发展中有重要的影响力，健康的人格是幸福的基础，我们来看看自我实现者的积极人格特征：

① 全面和准确地知觉现实，认识和正视现实
② 认可与接纳自然、自己与他人

③ 对人自发、坦率和真实

④ 以问题为中心，而不是以自我为中心

⑤ 具有超然于世和独处的需要

⑥ 具有自主性，保持相对的独立性

⑦ 具有永不衰退的欣赏力

⑧ 具有难以形容的高峰体验

⑨ 对人充满爱心

⑩ 具有深厚的友情

⑪ 具备民主的精神

⑫ 区分手段与目的，信守道德标准

⑬ 富于创造性

⑭ 处事幽默、风趣

⑮ 反对盲目遵从，不随波逐流

2. 气质类型

气质是一个古老的概念，在日常生活中一般指"脾气""性情"等等，也就是那些由遗传和生理决定的与生俱来的心理和行为特征。气质实际上是人格中最稳定的、在早年就表现出来的，受遗传和生理影响较大而受文化和教养影响较小的那些层面。气质类型的分类方式有很多种：体液说、体型说、血型说、激素说等等。这些学说从不同角度给人的先天气质类型做不同维度的区分。

气质是人格（个性）的心理特点之一，美国儿童心理学家及精神病学家托马斯和柴斯领导的研究小组通过著名的纽约纵向研究（New York Longitudinal Study，简称NYLS）提出儿童气质包括9个维度，即：活动水平、节律性、趋避性、适应性、反应强度、情绪本质、坚持度、注意分散度、反应阈。1977年NYLS小组设计了家长评定的3~7岁儿童气质问卷（PTQ）选定符合9个气质维度且能清楚、独立地代表儿童日常生活一般表现的72个条目。该问卷为其它儿童气质测查量表的发展奠定了基础，目前仍是测查3–7岁儿童气质的常用工具，已被引入国内。气质也没有优缺点，只是在不同的环境下会有不同的表现，根据"3~7岁儿童气质量表"，儿童气质的9个维度如下：

活动水平	例如有些孩子喜欢跑来跑去，而有些孩子喜欢安静做手工就是活动水平不同。
节律性	例如有些孩子到时间就会自觉的主动吃饭、睡觉，非常有节制性，不用照顾者太过哄和费心；但有些孩子可能就会生活各个方面不是很有规律，这就是节律性低的表现。
趋避性	趋避性即趋向和回避的感觉，例如有些孩子在遇到新鲜事物时会非常好奇地积极参与，但有些孩子则比较谨慎，可能会出现因害怕遇到危险而呈现出回避态度保护自己。
适应性	适应性与趋避性不同，虽然有些孩子可以很快地加入新环境，但可能并不能够很好地融入这个环境中；而有些孩子可能开始时比较慎重，但后来的适应性却很好，所以这完全是两种概念。
反应阈	有些人遇到一点小事就容易有情绪反应，但有些人可能遇到非常严重的事件才会引发情绪反应。
反应强度	当有情绪反应时，有的人反应强烈，有些人反应弱，比如经常夸张的大笑和抿嘴笑的人反应强度不同。
情绪本质	有些人先天情绪本质偏向容易悲天悯人，但有些人即使遇到很糟糕的事情也偏向于自己找乐子。
坚持度	例如有些人做事能够坚持，有些人更倾向于改变来保持轻松的状态。
注意分散度	同样玩喜欢的玩具，注意分散度高的人更容易被打扰。注意分散度低的人更容易专注。

根据其中5个维度：节律性、趋避性、适应性、反应强度、情绪本质，将儿童分为4种：难养型、易养型、中间型、启动缓慢型。

难养型宝宝在睡眠、进食、大小便等问题上难养成规律，看见生人就害怕，对新事物采取拒绝态度，适应较慢，较难抚养，多为消极情绪，好哭，好动，遇到困难后大声哭叫。

易养型宝宝在睡眠、进食、大小便等问题上容易养成规律，易接受新事物和陌生人，见人就笑，对人友好，主动大方，情绪多为积极性，反应中等，适应快，较易抚养，将来不易出现心理行为问题。

启动缓慢型宝宝对新事物和陌生人的最初反应是退缩、适应慢，反复接触才能慢慢适应、反应强度低、活动水平低，无论是积极反应还是消极反应都很温和。

根据特点不同又分**中间偏易养型**，表现特点与易养型接近；**中间偏难养型**，表现特点与难养型接近。

其中难养型宝宝的表现非常类似"高敏感人群"（HSP）的特质。但现实中约有 20% 的婴儿属于这种特质，通常也被叫做"高需求宝宝"，因为高敏感对环境的要求很高。其实高需求宝宝的名称只是部分代表了父母抚养程度的难易，并不含有好与不好的成分。每种气质的优势，取决于家长的看待方式。

"高敏感族"（HSP）是美国心理学家伊莱恩·艾伦博士提出的概念，指天生具有敏锐感觉的一群人，"这种敏感并非疾病，也不是障碍，纯粹是天生具有的特质"。请认真回答以下问题，如果描述符合或者基本符合你孩子的情况，请记录"是"，如果不完全符合或者不符合，请记录"否"。

1.容易受到惊吓；

2.经常抱怨衣服刺痒，袜子接头或者衣服商标扎人；

3.不是很喜欢太大的惊喜；

4.对他而言，温柔的指正比严厉的惩罚更有用；

5.很体谅父母的心情；

6.会使用比自己年龄成熟的词语；

7.会注意到那些细微的、不易察觉的气味；

8.具有幽默感；

9.直觉很敏锐；

10.如果白天太兴奋，晚上就很难入睡；

11.遇到重大变化后很难适应；

12.爱问问题；

13.衣服如果湿了或者进了沙子，就想换衣服；

14.是完美主义者；

15.会注意到他人的痛苦；

16.喜欢安静地玩耍；

17.会问具有深度、思想激进的问题；

18.对疼痛非常敏感；

19.对嘈杂的环境会感到烦躁；

20.关注细节（注意物品位置的变动，懂得察言观色）；

21.做事比较谨慎；

22.只有在熟人面前才能顺畅地表达；

23.对于事物有深刻的感受。

如果以上描述中有13条以上你记录了"是"，那么你的孩子就有很大可能是高敏感孩子；如果你只记录了一两项"是"，但是在这一两个项目上孩子敏感度极高，那么他也有可能是高敏感孩子。

　　我家的两个孩子从出生开始就表现出了非常不同的特质。大女儿很少哭闹，几乎每天醒来都是笑嘻嘻的，小女儿则不然，不管干什么都要哭。显然两人先天气质完全不同，养老大轻松，到了养小女儿时就不那么容易了。

　　那时每周我们都会跟公公婆婆视频连线，每次视频几个月大的小女儿都在哭，婆婆："哎呀，小的怎么还在一直哭啊！"航哥就开玩笑说小女儿做什么都像上刑：吃奶哭、拉尿哭、换衣服哭、睡醒哭、入睡哭……我家那半年每天不分早晚哭声不断。她经常会整晚整晚的哭，只能抱着不能放下，甚至抱着她都不能坐下，如果她睡得不踏实，我们站着、走着、倚着墙都行，就是不能坐，不然她准醒，接着哭，更不要说放在床上了。我跟航哥轮流抱着她，主力是航哥，一次他抱着小女儿满地溜达，哄了几个小时可以小心翼翼地靠在沙发上借力休息一会儿，他可不敢乱动就坐着睡，醒来时脖子都快要断了。航哥偶尔还会幽默地说："老婆老婆，你快看我背上长翅膀了没有？"他的意思是，他后背的肩胛骨抱孩子抱的太久，疼的都要裂开了。可想而知一个高敏感高需求的宝宝养育起来是多么的困难。

璞璞5岁，特别爱生气，一丁点小事就会发脾气，噘嘴、紧攥拳头、使劲用脚跺地板，全身都在发抖。如果对他不了解的话，可能很难理解他气性怎么这么大。平时衣服上有商标那肯定是不行的，秋衣秋裤都得反着穿，因为反过来不会有缝纫留下的突起，新衣服必须洗很多遍洗成很柔软的"旧"衣服才行。衣服不能湿，哪怕湿一点都不行，必须把衣服换掉，手上沾了一点点沙子也必须清洗干净，对嘈杂的环境和尖锐的声音也很敏感，毋庸置疑他是一个敏感型的高需求宝宝。

养育这种孩子对于父母来说相当有挑战性，可能会被折磨得精疲力尽，却还远远没有达到孩子的要求。父母一定要知道，孩子小时候我们付出越多，长大后就会越省心，如果养育得好，他会具有高度的敏锐性、同理心、责任感，搁在父母身上直观的表现就是孩子会很孝顺。

相反，如果父母觉得孩子太麻烦，没有满足他们的高需求，随着孩子的长大，问题会越来越多，到时候父母可能就会焦头烂额，所以养育高需求宝宝需要特别注意6岁前的高质量陪伴和高质量情感回应。

而启动缓慢型的孩子一般在3岁前不会有明显特征（主要是家长感觉不到），但大概从4岁起会开始带给成人一些困扰，比如很多父母认为自己的孩子干什么都太慢、胆子小等等，一旦父母有了这样的想法，往往就非常容易忽略孩子的其它优势。

3. 性格

性格可塑性较大，环境对性格的塑造作用较为明显。在人格的组成中，气质更多地受个体高级神经活动类型的制约，主要是先天的；而性格更多地受社会生活条件的制约，主要是后天的。气质是表现在人的情绪和行为活动中的动力特征（即强度、速度等），无好坏之分；而性格是指行为的内容，表现为个体与社会环境的关系，在社会评价上有好坏之分。

很多家长希望改变孩子的先天气质，比如内向变成外向、被动变成主动，殊不知这样传递给孩子的信息是——你不好，你需要改变你自己。家长的要求作为家庭教养环境，使孩子从自信变成自卑，影响孩子的性格塑造。

由气质特点优势发展而来的性格成熟，才是我们更需要了解的。性格的成熟首先要发现并确立孩子的优势。如果我们教养得足够好，他的性格可能会发挥自己气质更多优势，劣势部分也会变得很弱甚至没有，这也是人们性格成熟的标志之一。我们将主要从传播范围最广的艾森克人格类型维度来讲述孩子的气质类型与性格养成之间的关系。

艾森克用内外倾和神经质这两个维度作为坐标轴构成的直角坐标系。这个坐标中涵盖了各种人格特质。从图中可以看到，各种特质是相互独立的，因此，在一个维度上得高分的人，在另一个维度上既可以得高分，也可以得低分。每个维度上不同程度表现的结合，构成了四种不同类型的人格，这四种类型正好对应于坐标的四个象限。有趣的是，艾森克划分出来的四种人格类型，正好和希波克拉底的四种气质类型相吻

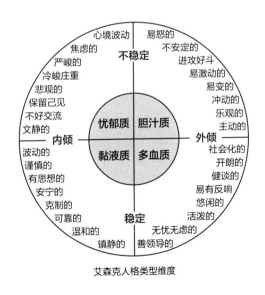

艾森克人格类型维度

第四章 独特性

313

合。艾森克和巴甫洛夫的理论都支持了四种类型的划分，说明四种类型的划分是比较符合实际的。

每个人显现出来的人格类型可能是一种，更多的是两种，所占比例不同。比如，一个孩子可能胆汁质占70%、多血质占30%。

我小的时候是典型的多血质类型，做事虎头蛇尾，兴趣广泛，人际交往特别好。工作后要管理几十个人，做决定时要尽量迅速、果断，少感觉别人的感受，否则会影响我的判断力，回想起来，那时候更多偏向胆汁质。再后来虽然工作做得还不错，但我发现它并不是我所喜欢和适合的，果断转到心理和教育行业，转行后我用了大量的时间去练习感受孩子的感受、感受家长的感受、感受关系中每一个人的感受，在整理心理学和教育学方面的知识点时自己需要非常条理、冷静和专注。30岁以后我做人格测试时发现自己的类型竟然很中心特质，也就是评分很靠中间，不左不右不上不下。

人格不会突然改变，当我们选定一件自己特别想做的事儿，会自我调整，本身我们选定的事业目标或者情感目标一般都是自己适合的，适合自己气质优势，调整自己自然也会很容易。所以教育不同的孩子，一定要运用适合的教养方式让孩子的人格逐渐趋向有利于未来目标的方向。

胆汁质的孩子在发脾气时，如果经常被温和地回应，可以慢慢学会较平和的处理问题方式；多血质的孩子在日常生活中，简单的规则影响有始有终的习惯；忧郁质的孩子如果有人能够陪他们提前做好规划和预习准备，也能顺利地掌握弥补自己弱势的方法；完美型的孩子如果被给予多角度看待问题的方式而不被限定，孩子也会比较有弹性。同时，不评价，学会与孩子沟通，给孩子做好榜样，是养育每一种人格类型孩子的基础。（不是要改变孩子的短板，而是不要在孩子短板上打击孩子。）

每一种人格类型都有自己独特的优势，与其家长花大力气改变孩子最初的类型，不如帮助孩子清晰的认识自己以及做好职业规划，正如前面提到的木桶理论——长板效应，充分发挥自己的优势。

在孩子择业、选科、报兴趣班时，成人需要知道孩子的人格类型才能做出更好的选择，孩子在过程中不但会感觉轻松，而且更容易取得成就，否则孩子可能会受挫。

4. 不同个性的教养重点

四种人格类型胆汁质、多血质、黏液质、忧郁质，比较容易分类和辨别，下面介绍4种人格类型的表现、优劣势和所需教养的重点。这些教育观点及重点技巧实际上并不专属某一个性类型，只是在某一类型的孩子教养上要重点关注。希望大家都读一读，对每一个孩子都有用。

教养重点中，包含对优势部分的建设内容比较少，但它们是长板的优先级，大家参照"行动力—被过度关注的结果"章节里的方法，认可和鼓励孩子们吧。

（1）胆汁质

胆汁质也被称为兴奋型，神经过程很强但是不平衡，也就是说感受性低而耐受性高。这样的孩子性格外倾且情绪不稳定。

特点：表现欲强，自我感觉良好，希望占上风、争上游、不甘示弱，喜欢新颖、场面壮观和气氛热烈的活动，能够保持旺盛的精神状态。

对事情的理解力比别人快，喜欢一边思考一边动手，可以在一瞬间就作出决定，不是特别顾及细节，做事匆匆忙忙，完成任务比别人快，不拖泥带水。做事情讲究效率，喜欢一气呵成，对感兴趣的事特别执着，对不感兴趣的事一点都不想做，会让人感觉很偏执，好像是不撞南墙不回头的样子。

对人和事特别重感情，一般情况下情绪高涨，工作效率高，干劲大，情绪低落时也会无精打采。动作举止幅度大，手势丰富，动作夸张，声音洪亮，行为急躁容易激动，可能会因为情急而重伤别人，但自己却觉察不到。

在性别差异方面，胆汁质的男生多表现为敏捷、热情、坚毅，情绪反应强烈而难以自制；女生多表现为热情肯干、积极主动、思维敏捷、精力充沛，但易感情用事，不善于思考能否克服前进道路上的重重困难和障碍。

很多胆汁质人格明显的孩子脑袋大，爱出汗，对肉食更感兴趣。

> 钣钣和鄱鄱是好朋友，皮肤都有点黑，鄱鄱特别介意这一点，总是想自己如果能白一点就好了；钣钣不一样，她比鄱鄱还胖很多，但是她从不为自己外表考虑什么，每天兴冲冲地来，她嗓门大，主意多，脑袋转得也比别人快，还不怕得罪人，敢说敢做，大家都围着她，像团队中的小太阳，也是小朋友中的大姐大。上学后也一路班委团委的，甚至在家里成立了乐队，组织同学到家里来开音乐会。

钣钣就是显著的胆汁质类型。这类型的孩子如果养育的好，会非常自信，有领导力，越挫越勇，坚强持久，注重公平和公正。养育不好会执拗，喜欢掌控他人，很较真，脾气暴躁。所以我们的养育重点有以下三个：

1) 情绪引导。

面对胆汁质的孩子引导情绪是重点，特别是孩子出现暴躁情绪的时候。如果我们希望孩子有更好的情绪处理方式，那家长就不能在孩子发脾气的时候以暴制暴，因为这样他看到和体验到的都是暴烈的样子，也就没有机会学习更好的处理方式，尽快地冷静下来回归到理性层面上。甚至当孩子感觉自己被冤枉或受到不公平待遇时情绪更加猛烈和激动，这时需要父母情绪稳定而温和，孩子越急，我们越要平静。

评价性的语言同样不能出现在这类孩子身上，诸如"你怎么脾气这么大呀"或"这个孩子怎么这么执拗啊"等语言是不合适的。

> 妈妈带孩子来我这里，孩子看到我咨询室里有很多小玩具，立刻开始"冲锋"，妈妈速度也很快，挡在孩子前面大喊："不要乱动老师的东西。"
>
> 孩子疯狂的踩脚、气势汹汹："我就要玩就要玩。"
>
> 妈妈说"不行！"孩子开始发脾气，跟妈妈"角力"，俩人快打起来了。
>
> 先不着急解决事情，"让子弹飞一会"。我走过去蹲下来，想抓住他的

手，他很抗拒，甩开我。我用了一点力气，让他甩不开我，又并不强制，他的手甩来甩去，我顺着他力气的走向跟着他，但是坚定的没有让他甩开。这样过了一小会儿，他的注意力开始放在我身上，然后我说："你看到了很多小玩具是吗？"

他嗖的一下转过来，看着我，眼睛亮晶晶的："是！"

我："你是不是很好奇，也很着急，特别想玩啊？"

"嗯！"他忙不迭地点头，挣扎的幅度也小了一些，不过身体还是往咨询室倾斜，恨不得立刻可以冲进去。

我："哦，那是我的，你如果想玩的话，我们得商量一下。"他有点不相信地看着我，不过身体放松了很多，我顺势单手牵着他，往沙盘室走，他立刻安静下来，期待着。

我："你看，这里有很多玩具，我知道你很想玩，你可以选一个，玩一会。"

他眼睛一下张的很大，立刻就要上手拿。我又抓住了他两只手，这次他看着我，没有挣扎，我说："你选好以后，我来拿可以吗？"

"嗯！"他站住不动，眼睛看着其中的一个。

我帮他取下来，他眼睛一直盯着玩具。"还有一件事儿，"我看着他，没有直接给他，他只能转过来看我。"你如果不想玩了，要还给我，放在我手里。"我明确地给他指令。"当然，你也可以换一个玩，还是一次选一个，每次都是我来拿，你玩完了就还到我手里。"

"好！"他踮着脚尖，很着急，我笑了笑，给他了。过了一会，他拿着玩具跑过来找我，让我帮他换一个，我非常郑重地感谢他遵守我们的规则。

很多妈妈都会惊讶，黄老师，为什么孩子特别"听"你的，你也没哄他们啊？嗯，是的，我对孩子没有讨好，只是去了解他们的情绪，守住自己的边界。懂情绪，孩子会觉得你理解他，守边界，孩子会尊重你。

2) 鼓励尝试也准备好体验自然结果。

孩子不撞南墙不回头，因为他们具有越挫越勇的特质，所以非常适合在安全的情况下让他们体验自然结果，他才能够慢慢学会用自己的经验去指挥自己的行为。

我家孩子1岁半时，正值寒冬，我在院子里洗车，地上流了好多水，她很兴奋，穿着薄棉袄用手拍打水，还把脚踩在水里，我帮她挽了袖子，大概玩了半个小时我们回家了。她玩得开心，没有感到冷，刚进屋，她突然停下来看了看自己的手，她的手通红通红的，手指像一根根小胡萝卜似的肿起来，她说："妈妈，疼！"

我回应："哦，疼，是吗？"她回答"嗯"时都要哭了，她不明白自己的手为什么那么疼，我解释："因为天特别冷，所以玩完水以后手就容易疼，我们把手洗一洗擦一擦好不好？"孩子虽然哭了一会，但是也明白了。这就是孩子可以感知到的自然结果。

在蒙特梭利幼儿园里基本上所有的碗或盘子的材质都是玻璃或陶瓷的，孩子们在使用这些教具时学到的最重要的一项技能就是轻拿轻放，在端托盘的时候，孩子们也要努力让自己保持平衡，注意力高度集中，如果真的不小心将这些碗或盘子摔碎了，也没有关系，因为这同样是一个非常自然的结果，孩子下次就会更加努力调整动作。

2岁半的山山在幼儿园里待了两个星期，总是受伤，既不是别人打他也不是环境不安全，就是他总是横冲直撞，老师们尽力保护着他，还是不可避免的腿碰上了小椅子，头碰上了门框。我们在了解家庭环境时发现，孩子由爷爷奶奶带大，在家里，他不管往哪里走，要么被爷爷奶奶抱住，要么眼前一切障碍物，甚至是桌子椅子，都要被清空，家里客厅常年空荡荡的。最后，我们建议带他回家长大一点再来，特别是让孩子多适应一下真实的环境。

自然结果一定是自然发生的，自然接受就好，千万不要千方百计地帮助孩子排除或者过度保护，这会剥夺孩子锻炼的机会，而深层次的含义是父母不信任孩子，是对孩子能力的弱化。当然也不能特意设置障碍让孩子体验"过度挫折"，这会让孩子感到敌意。

孩子体验自然结果时，父母的处理方式很重要。前面"做错事的孩子"已经阐述错误的处理结果会使孩子减少对事情本身的关注，也就是他的思维从如何修正自然结果中脱离，把注意力放在了如何跟父母斗争、维护自己，导致孩子出现违逆、逃避，甚至撒谎的倾向。成人过度的同情和帮助也是不恰当的，这会破坏孩子面对事情时勇于承担责任的优秀品质。成人也不能在孩子体会自然结果受到挫折时冷眼旁观，甚至是幸灾乐祸，这样孩子会受到伤害，内心绝望而无助，感觉自己不被爱。

一般对于较小的孩子来说，当他们体验到自然结果时父母还是需要积极提供帮助的，这种帮助可以是实质性的行动，也可以是情感上的陪伴。

"我有什么可以帮你的吗？／你需要我的帮助吗？"虽然我们会实质性地帮助孩子，但是在这种询问后，孩子主动的回答"我需要，你帮我做××。"也是一种能力未及时主动的意愿的表达，同样会增加掌控感应对挫折。"哦，我知道，这次失败了让你很沮丧。我陪你一会吧。"情感上的陪伴支持他渡过难关。

当然不是每一次自然结果都可以让孩子立刻明白如何与这个世界配合，他需要时间得出自己的结论，因为，不管我们成人的经验多么丰富，他的世界里只有他自己的经验才真正属于他，在独立之路上，这些经验就是财富。

3) 道德感的建设。

对于胆汁质的孩子来说，界限非常重要，可以帮助他们建设道德感。如果没有边界，他们道德感会出现问题，长大后可能会因为火爆的脾气而导致严重的社会后果。两车剐蹭，两名司机下车理论时，其中一名司机在暴怒情绪下用刀将另一位司机捅死的事件中，显然拿刀的司机在冲动的情绪下失去了理智。胆汁质类型的孩子因为精力充沛，想做就做，经常不考虑别人或者环境，出现侵犯他人界限的行为，可能会目中无人。

跟朋友在餐厅吃饭，一个男孩在桌子间的过道里来回跑，大声喊叫，后来不小心碰到了邻桌的一位端着酒的客人，酒全洒在了这位客人身上，这位客人就很客气地对男孩妈妈说"管一管你的孩子吧。"没想到妈妈却说"哎呀，孩子还小，碰一下没关系的。"

如果孩子一直被这样教导的话，他将来的道德感一定会非常弱。而建设道德感，除了稳定的规则意识，还需要亦师亦友的父子关系。

母亲与孩子情感链接做得好，可以提升胆汁质类型孩子的感受力，但是一般情况下我们很难做到既温柔，又跟孩子非常的有界限，因此父亲的参与对胆汁质的孩子来说极其重要。父母不能以暴制暴，因为我们会发现，这种孩子很"犟"，只会让他形成暴力的行事风格；但是也不能不管，当需要强制规则的时候，由爸爸来管更好一些，因为父亲还代表着权威。家庭中妈妈尊重爸爸是养育胆汁质孩子很重要的一个方面，同时爸爸也需要做出努力，才能受到孩子的敬佩和喜爱。

胆汁质孩子特别适合由爸爸带玩耍或聊天，如果爸爸能抽出更多时间带孩子爬山、游泳、骑车等比较刺激性的运动更好，孩子就可以在爸爸的带领下体验更强的力量感，这也是他优势的地方。爸爸粗放一些，多数理性较强，是坚持、勇敢和有目标的，从而将孩子有力量、有韧性、目标感强和不在乎细节等优势发挥得淋漓尽致，这也是将来做团队领袖必需的特质。

爸爸更容易建设孩子的领导力、果决的处事态度和公德心，虽然他们感觉别人感受的能力较低，但仍然可以从界限上顾及他人，这样一个孩子就会在规则的框架下做好自己的事情，又有力量又有担当，最后会成长为一个非常优秀的人。后面章节"家庭角色分工"里还会详细聊聊父性的力量。

（2）忧郁质

忧郁质也被称为抑制型（跟抑郁无关）。神经过程弱，兴奋过程更弱，感受性高，耐受性低，与胆汁质的类型截然相反。这样的孩子性格内倾，跟胆汁质类型唯一有点相同的是情绪不稳定。

抑制型的孩子一般有以下特性：表情中经常会带一点哀愁，大部分事情很难引发他强烈的愉快的情绪，在社交环境中说话声音比较小，在陌生或不熟悉的人面前表现得非常羞涩，但在家里却特别调皮，甚至像个"小疯子"。

这种孩子容易多疑多虑、患得患失，害怕和陌生人打招呼，对新知识、新观念和新环境接受速度较慢，但一旦接受就会记得非常牢固和环境中的人相处也融洽，对过去事情的记忆比别人清楚，看起来精力不是特别充沛，更喜欢安静一些的工作，有惊人的观察力，对别人注意不到的细小变化能够了如指掌，不喜欢嘈杂的环境，不太愿意与人诉说心里话和主动交往。

我们可以观察到有些小孩子刚学会走路就很稳，他下楼梯或者过坑洞会先蹲下，小心翼翼地把一只脚迈出去，然后蹲着转移身体重心到这只脚，才会收回另一只脚，再小心地站起来继续接着走，一般不会摔跤，有这种表现的孩子可能属于抑制型。

这种类型的孩子最大优点就是谨慎。谨慎可以带来安全，可以让孩子多方面、多角度的评估自己所处的环境，从而做出最有利于自己的判断，所以这种类型的孩子很会保护自己的安全。

比如老师上课拿了一个新的电子教学用具进教室，很多孩子看见了，可能会直接冲到老师面前"老师，这是什么？""老师，它会动吗？""老师，我可以摸它吗？"但忧郁质的孩子可能会远远地观察，同时内心还在默默地想：咦，这个东西到底是什么呢？老师是给自己用的还是给我们用的？一会是大家一起玩还是每个人轮流玩？这个东西有没有危险？它重吗？它动起来的话会不会跑得很快？会乱跑吗？它为什么会被设计成黄和绿两种颜色呢……他们在心里想呀想，甚至会产生上百种内心活动，却没有像其他孩子一样往前冲，他们大部分精力都用在思考层面，不确定自己的想法是否正确、不确定自己是否安全、不确定自己的想法和行为是否被允许，他们有很多个不确定，因此也容易出现犹豫不决甚至回避的态度。

进入陌生环境时，这类孩子会细心观察身边的一切，如果碰到有人和他目光对视，他会先躲避，如果对方转移视线，他又会继续看，这个过程中孩子一直在进行环境是否安全、人是否和善、我怎样才能被他们接受等一系列判断。

接受新活动、新知识同样如此，也正是这样，他们搞明白的知识会记得相当牢固，认可了某个人也会相处得非常亲密，熟悉了某个环境也会变得特别的活泼，就像在家里一样。这类型的孩子不仅在安全谨慎方面有优势，同时思维也非常条理和缜密，开始时各方面看起来比别人慢，但在日积月累的情况下，结果会非常好，因为他们所做的一切都够扎实。

他们在社交方式上属于被动交友型，一般不会主动交朋友，但最后与他成为朋友的人对他评价会很高。他们的健康成长需要家长有良好的教育意识，家长的想法和信念非常重要，如果家长理解、认可孩子的被动交友方式，那没问题；如果家长认为自己的孩子有问题，想以主流的社交方式强行改变孩子，孩子就会逐渐显露出问题。要培养好一个忧郁质的孩子，父母特别需要注意以下事项：

1) 千万不要评价孩子。

这类型的孩子安全谨慎、思维强大，冷静扎实，这些优点被很多家长误解为胆子小、磨蹭、速度慢、害羞，当这些评价给到孩子，原本的优势会随着成人的负面评价而消失，孩子会不自信，不清楚自己的优势当然也无法发挥这种优势。如同我们前面所说的"自证预言"，任何负面评价都等于给孩子贴了一个难以摘除的标签，会让孩子感到被贬低，不但无法使孩子改变，还会使他按照父母评价的样子成长，直到长成为止。因此父母想要通过这种方式激励孩子改变缺点的方法是行不通的。

2) 预先告知、提前准备。

孩子切换节奏慢，需要我们提前告知，曾经幼儿园里一个孩子忧郁质个性表现非常明显，老师会提前提醒他"20分钟后是午餐时间"。孩子根据自己的节奏慢慢地结束自己手头的工作、慢慢地洗手，再切换到吃饭的状态。

在参加活动或更换环境后也会出现抗拒，在"压力源"章节中，"来自环境的变动"这种压力的处理方式，特别适合忧郁质的孩子。提前告知他可以提前预备，大脑有时间加工自己该如何面对或配合。比如去亲戚家拜年，就可以先在家里给孩子讲一讲自己小时候与这位长辈的故事。

"那时候你姥姥工作很忙，放假姥姥会把我交给我小姨，也就是你姥姥的妹妹姨姥姥，她带我去地里挖地瓜烤着吃、带我下河抓小鱼，还骑自行车带我去赶集，有一次赶集给我买了一个发卡，我特别特别喜欢，好多同学都只有头绳没有发卡，所以他们都特别羡慕我，我很喜欢我的小姨，一会儿我们去她家拜年，你可以叫她姨姥姥，我很想姨姥姥，姨姥姥肯定也很想我，当然也会喜欢你的。"

孩子因为妈妈跟小姨之间的情感产生熟悉的感觉，也因为这些故事对姨姥姥产生印象，更愿意亲近。在孩子的学习方面，不管是特长还是知识提前准备也对他非常有帮助。学一件乐器前，带着孩子看表演，到朋友家近距离了解，讲乐器的发展史等等，以月为单位的预热会让他进入节奏快一点点。

上小学前，在家里进行情景模拟和讨论（不是直接教给方法）：家长孩子轮流当老师，举手举多高合适，迟到了怎么跟老师打招呼，发生问题怎么报告老师，东西忘带怎么办，老师听写没听清怎么办，听写跟不上怎么办，没听懂的地方怎么办，水洒了怎么处理……

3）等待。

忧郁质的孩子养得好可能是"学霸"，养不好容易变成"学渣"。他们爱动脑筋、肯钻研和善于思考，不考虑成熟不愿意轻易发言，"黑瞎子掰棒子掰一头扔一头"不会发生在这类孩子身上，属于后劲足的人，基础知识牢固，思维锻炼的足够，陪着孩子不掉队，就是伟大的胜利。在孩子后劲起来之前，我们看到别的孩子已经会那么多了，也不要着急，如果我们着急，孩子非常容易受挫，受挫产生抗拒，让孩子看起来更加缓慢。当孩子受挫或不愿主动时，家长们千万不要推着孩子往前冲，这会非常有碍于长板的发挥。

如果做好陪伴孩子依然停留在原地，我们要学会等待。孩子最需要的是信任，以及关键时刻的指点和帮助，绝不仅仅是催促、训斥和指责。静待花开，花就真的就会开了。

4）正确的引领。

有时候家长带孩子来咨询，想让孩子跟我打招呼，有些孩子藏在妈妈后面，或者紧张地抱着妈妈的腿。这时候我会蹲下来，跟孩子的眼睛平视，保持一些距离，轻轻地说："我是黄淮，请问你叫什么名字？"即使是忧郁质的孩子，在这种情况下也会轻轻地说出自己的名字，但也有少数孩子不回答。我会对孩子笑一笑："哦，你现在还不想告诉我你的名字是不是？"他会点头，我就继续回应"嗯，那好，过一会儿你想告诉我名字的时候再告诉我，好吗？"一会儿孩子在放松后就会告诉我名字，也会很愿意跟我交流。

跟小孩子沟通，蹲下来的动作很重要，这样可以让孩子感觉到被尊重，平视也会减少对成人的恐惧，不管是对别人的孩子还是自己的孩子。我建议家长们做这样一个体验：两个成人对视，其中一人站着，另一人蹲着，蹲着的人会立刻发现即使站着的人没有做出很凶的表情，也会感觉非常不舒服，这是一种社交压制，对于孩子来说更加惊悚和透不过气。

如果孩子与他人还不太熟悉，也最好不要拉着孩子立刻靠近陌生人。前面我们也提到过社会心理学中不同情境下的交互距离，个人间相互交往距离最好在 0.45 米到 1.2 米之间，先保持最大距离 1.2 米，等熟悉了再逐渐拉近。

不知道有没有人跟我一样，出门看见人会不自觉地低下头，尽量避开不看别人，如果不小心跟别人对视会像被扎了一下，赶紧转移视线，当然，我现在知道这种情况是心理原因。有了孩子以后我发现和思考了这个问题——如果父母都不愿做，孩子又怎么可能主动做到呢？航哥跟邻居打招呼很真诚自然，也给我做了很好的榜样，我也尽量出门遇到邻居主动打个招呼，虽然不如他一样热情，简单的微笑点头，说声"早上好"还是可以的。在孩子眼里，这便成了理所应当的事儿。

5) 磨蹭的孩子。

孩子切换状态慢，容易被成人误解和评价，"你怎么这么磨蹭？"除去评价，还需要注意尽量不催促，"每一个磨蹭孩子的背后都有一个能唠叨的妈。"

催促，责任主体转移，"我为自己负责"变成了"我妈为我负责"，孩子变得更加被动，家长为了加快速度，经常是先将孩子的衣服、鞋子都穿好，让孩子站在门口等着，大人再收拾自己的东西，孩子小的时候当然没问题，当孩子有了自理能力，我建议成人先收拾好自己的东西，在门口等孩子，让他自己行动，为自己负责，我们只是用态度表明，要出门了。孩子更直观地看到父母已经准备好，自己速度也会更快些。

孩子可能对下一步的事情带有阻抗情绪，比如家长要送孩子去幼儿园，孩子不想去，这是不可调和的，孩子不着急，家长着急，情绪一上来，我们忍不住就会唠叨：时间快到了；还会埋怨：你就不能快点；还会嫌弃：你看你那磨磨蹭蹭的样子；还会责备：昨天就让你先把要带的东西收拾好，你都干了啥？不迟到才怪！甚至是暴躁。孩子不想去的抵触，被催促糟糕的感受，打不过家长，说不过家长，但他还是有办法。"越催越慢，再催熄火"是孩子对家长的隐形攻击。

更适合的表达方式是"妈妈现在很着急，我担心你上幼儿园可能会迟到"，向孩子表达自己正常的担心，不含任何愤怒等负面情绪；或者"孩子，妈妈现在很着急，因为我需要按时上班"，向孩子表达自己的需要，邀请孩子配合我们的节奏。有时候孩子对父母有意见，或者正在闹情绪，故意不配合，有时间先处理情绪，如果没时间，就先行动再处理情绪。

> 航哥出差，有很长一段时间我自己在家照顾两个孩子，老大上学，老二上幼儿园，小女儿还特别能哭，每天早上基本都是鸡飞狗跳。一天早上，小女儿又哭起来了，哎，真难啊。该出门了，她还没穿好衣服，坐在走廊上一直哭，我也没时间管。我蹲在她身边，简单地说："我们现在还有 5 分钟出门，一会我抱着你，拿着你的衣服，我们去车上穿。"也没时间管她同不同意了。我跟老大收拾好，拿来一个包把她的衣服都塞进去，让老大帮忙背着，再拿起一个小被子，把她卷起来，抱下楼塞进车里，老大紧跟着我也上了车，穿透耳膜的哭声就在狭小的车厢里回荡。我说了一句："你可以哭一会，我现在着急送姐姐。"然后我跟老大保持了沉默。大概 10 分钟，小女儿的哭声从撕心裂肺到干嚎到断断续续抽抽啼啼，终于停了下来，我还在想怎么跟她再往下沟通，她说了一句："妈妈，我的衣服呢？"这件事就过去了。我猜她都哭得忘记为什么哭了。

有家长因为着急，责怪孩子，认为现在一切的糟糕局面都是孩子的错，指责孩子耽误了时间。

曾经一个孩子向我吐槽："今天早上，我把东西都收拾好了，看见妈妈还在收拾，爸爸在上厕所，我就坐在沙发上玩了一会，好容易等他们收拾好，我看我爸爸去门口换鞋，我正准备也去，不知道他哪根筋不对了，突然就冲着我来了一句：'你怎么还没穿鞋？'他着急跟我有啥关系？"

孩子磨蹭的原因还可能是时间观念没有被建设好，孩子对时间长短的概念有混淆，孩子无法获得正确的时间感知，也就无法计划和掌控时间内的行动。

我们不想让他看那么久电视，约定 30 分钟，我们觉得他不懂时间概念，到 20 分钟的时候："30 分钟到啦。"

跟孩子约定好再玩 5 分钟回家吃饭，刚好碰到邻居，热火朝天地聊了 15 分钟，聊完告诉孩子："5 分钟时间到了，咱们回家吧。"

6:45 起床，叫孩子的时候夸张一点："7 点多了，快起床。"

6）家庭环境。

忧郁质的孩子不太容易受父母夫妻关系不和的影响，因为他们比较理性，他们可能会尝试性的去劝说"爸爸妈妈，你们别生气了"，如果没有效果，他们可能就会想——哦，他们还在生气，我也做不了什么，那还是算了吧，那我去睡觉。但这不是说这类孩子的父母可以随意争吵了，虽然不会严重的影响他的心理，但还是会影响他将来对关系的态度。

（3）多血质

多血质类型神经过程强、平衡而灵活，感受性低耐受性高，与胆汁质类型特点很像都有一些外倾，但多血质类型情绪表现更相对稳定，它也被称为活泼型。

多血质类型的孩子不藏心事，开心的时候就笑，不开心的时候就哭，情绪是稳定的，只是他们的情绪比较外显而已，实际上这些事情和情绪并不会在心里留下太多痕迹。他们兴趣广泛，善于交际，对朋友重感情、讲义气，虽然有很多朋友，但友谊并不牢固；行动敏捷、举止轻盈，但缺少一些稳重，多数情况下都很乐观，小时候非常活泼可爱，很受欢迎，所以在 6 岁前这种气质类型的孩子经常被大人们评价为"别人家的孩子"。

可是 6 岁后随着孩子的长大，缺点也慢慢显现出来，比如做事容易虎头蛇尾、有始无终、表现散漫；花钱大手大脚；学习缺乏毅力，成绩起伏大；喜欢直观形象的思考，对抽象的分析概括感到异常枯燥；注意力难集中，容易见异思迁，对于各种兴趣班开始时可能都会非常积极但却很难坚持，往往都是浅尝辄止，不善深入思考。

我的角度看多血质类型孩子的最大优点：特别不容易出现心理问题，除非有严重的创伤性经历。要培养好一个多血质的孩子，父母需要特别注意以下事项：

1) 不要打断孩子的探索。

多血质类型注意力比较容易分散，每个孩子的注意力持续的时间确实有差别，但除先天疾病或感觉统合失调等影响外，一般 4 岁以下儿童注意力可持续 5~10 分钟，5~6 岁儿童注意力可持续 10~15 分钟，7~10 岁孩子可持续 10~20 分钟，10 岁以上孩子可持续 25 分钟以上。孩子的品质需要一点点积累形成，注意力的分散或集中也是。

一位妈妈带孩子刚走进公园，孩子就对门口立的一根铁柱非常感兴趣，这根铁柱是挡车用的，顶部中间有一个方便提起来的圈环。孩子用手反复触摸铁柱，把胳膊伸进圈环中间，很明显孩子进入了空间敏感期，他在感受深度和空间。可是妈妈没有关注到孩子的探究，"宝贝，看，那里有一只小企鹅！""宝贝，你看这朵花好漂亮啊！"，孩子被迫将注意力从自己感兴趣的地方转移到妈妈想让自己看的地方上。

敏感期内，孩子的关注倾向非常明显，这时孩子更容易注意力集中。如果成人经常打断孩子，孩子对事物只能粗略了解，从而导致了注意力容易分散的

第四章 独特性

结果。思维也具有惯性，在感兴趣的事情里，有充足的空间和时间进行思维加工，拥有完整思维过程，专注力会更强；反之，思维则容易习惯性自动停止，专注力变弱。

孩子观察世界的角度与成人不一样，我的两位朋友带各自的孩子一起去南方旅游，回来后我问"都玩了什么呀？"她们如出一辙的回答："哎，就是在海边玩沙子、抠小螃蟹，跟我们在青岛海边玩沙子、抠小螃蟹是一样的，根本就没什么新鲜的。"孩子并没有像成人一样感受各地风情，更多的是沉浸在自己想要了解的世界里。

当然不是说小孩子感受不到山河美景、人文文化，只有当孩子对它们感兴趣时才能将注意力集中起来，成人一定要提高自己的觉察力，尽力做到尊重孩子，给孩子足够的时间与空间。

2) 发挥他的天性。

多血质类型的孩子兴趣广泛，喜欢更多更全面的接触及尝试新鲜事物，这是极为优秀的一种品质。"样样通样样松"在他们这里可不是贬义，他们更愿意见到更多人，同时可以跟很多人聊得投机融洽，会成为出色的沟通高手，这令他们在很多行业里如鱼得水。可以这样说，任何需要沟通的行业都需要他。

很多家长担心孩子的毅力问题，可能孩子还没有找到非常感兴趣又适合自己的事儿，也可能孩子本身就是一个适合涉足多个领域而非精通深究的人。对于这类孩子课外班的选择，建议家长尽量给孩子报名多种类短期的课程进行充分尝试，等孩子真正找到自己的兴趣点再报长期的课程深入学习。

我们对孩子中途放弃兴趣班的行为难以接受，孩子放弃的原因有时并不一定是他不愿意坚持。这真的是孩子的兴趣爱好吗？孩子对音乐感兴趣是否一定要学唱歌？是不是孩子的类型跟课程不匹配让孩子受挫？老师跟孩子是否合拍？当然也有可能是最令父母担心和不愿接受的——孩子由于怕苦、怕累放弃了。要么我们要思考孩子的抗挫力是不是有普遍的不足，要么是不是我们陪伴方式支持度不够。

我认识的一个孩子智商真的是高，学什么都快，正因如此，他经常会觉得无聊，学会后不愿重复练习，但他面对有挑战性的项目却很积极。孩子的家长没有任何评价，在自己能力范围内为孩子报了航模班，虽然费用高但内容非常具有挑战性，充分满足了孩子旺盛的求知欲、探索欲和挑战欲。同时孩子开始自主超前学习。

家长培养孩子的目标一定要明确，不能别人家孩子学钢琴，自己家孩子也要学钢琴，别人家孩子学舞蹈，自己家孩子也要学舞蹈。如果我们想让孩子自信，就需要选择能让孩子发挥优势的项目；如果我们希望孩子多才多艺，那类型要多一些；如果我们想孩子具有做事有始有终的良好品质，是不是他真正的兴趣就格外重要了。

3) 养成良好的基本习惯。

孩子特别容易把家长的叮嘱当做耳旁风，一个叮不住，东西又没收拾，不过我也想提醒大家，所有人都是完美的吗？有没有人能每天都把自己的衣服叠好，卫生打扫好，任务按时优质地完成，美容项目一个不漏，坚持风雨无阻地健身，超级自律。有！两种人，军人和完美型的人，多数人可不是这样。所以，如果我们大范围要求孩子，孩子更容易把我们的话当空气，要从基本的习惯入手。

比如，进门要换鞋子，在最方便的地方给孩子的鞋子留位置；玩具必须玩完归位，相应地，我们要减少暴露在外的玩具（三种最好）。有个小方法可以帮助大家，给孩子的东西所属位置贴上标志，这也是管理技巧，很多管理好的酒店都会这样做。

日常生活中的一些简单事情，不要都替孩子做，吃完饭跟孩子一起收拾碗筷、一起叠放洗干净的衣服都可以培养孩子有始有终的习惯。不打扰别人等前面提到的七大基本规则，也要反复跟孩子建设。虽然他们很容易明白规则，但也很容易突破规则。

呦呦和嘎嘎是好朋友，幼儿园分享日呦呦带了零食，嘎嘎特别想吃。嘎嘎问呦呦"你能分享给我这个吗？"呦呦拒绝了。但嘎嘎并不生气，而是隔一会儿问一次，过一会儿又问一次，甚至有时尝试着用手轻轻碰碰呦呦的零食，如果看见呦呦没反应或不生气就拿到手里一个，然后笑嘻嘻地说"就把这个给我吧！"没想到又遭到了拒绝，可是嘎嘎毫不气馁，最终用了好多种办法软磨硬泡，吃到了一个。嘎嘎心满意足的吃完还想吃，又凑近呦呦身边直接拿了一袋，立刻被呦呦阻止，嘎嘎软言软语说"刚才你都同意我吃啦，再吃一个吧！"结果又蹭到一袋小零食。

多血质的孩子思维发散性很强，他们会通过各种方式来达到自己的目的，非常突出的特点是他们使用的方式一般都很温和，好像不是在故意触犯规则，不知不觉别人会发现自己的界限被一点点侵犯了。这种孩子非常会钻规则的空子，成人一定要在建立规则时清晰、明确。

4) 培养理财能力。

规则与财商相关，建立规则的同时也可以传递孩子一些理财意识。多血质孩子如果有零花钱一般会非常大方，可能很快就会花光，所以一方面要逐步把规则和零花钱的用处设置好，另一方面也要让孩子体验到自然结果。

这类孩子大手大脚是天性，大家也别挣扎了。不挣扎指的是大家接受吧，但是我们前面关于零食和零花钱提到过的理财能力培养大家还是要关注的，早点开启零花钱模式，孩子也能早点对钱有概念，知道好坏总还是好的，孩子们会有无限可能。

特特喜欢分享，有一段时间把自己的零花钱全都买成零食分享给朋友们，妈妈有一点担心，孩子的分享有点过了吧？妈妈还没来得及说什么，发现他不带零食了，好奇的询问他原因，特特回答："我分享给他们，但是他们天天吃我的从来不分享给我，哼，我生气了！"这就是孩子体验到了自然结果。

5) 培养决断能力。

这类孩子容易表现出什么都行的态度，我们需要让他做出明确的选择，帮他建立目标感和决断能力。在前面"我有我的意愿—选择困难"章节里也提到这个话题。

6) 良好的亲子关系。

多血质的孩子亲子关系好，非常容易自信，他们会认为自己很可爱，而且，如果哪位家长跟孩子关系好，孩子更愿意听从哪位的引导，关系不好，他会绞尽脑汁斗智斗勇，不管是明面上的还是隐藏式的。

7) 学会自我保护。

多血质的孩子性格开朗、活泼，喜欢交际又主动，既是优点，又是弊端，他们见到陌生人时不设防，容易将自己陷入危险之中，因此人身安全问题的建设也是重点。一定要让孩子懂得通过行为和语言识别坏人，嘱咐孩子不要同陌生人单独相处。

（4）黏液质

黏液质神经过程强、平衡但不灵活，感受性低耐受性高。也被称为安静型或完美型。

在使用电子支付前，大家有没有发现身边有这样一类成人，他们喜欢带钱包，而且钱包里的钱每次都是整整齐齐地从大额到小额的顺序排列，每一张钱都整理得没有折角；他们往往对自己衣着打扮要求高，看起来精致，而且越来越精致；开车喜欢按固定的道路行驶，不喜欢改变路线。一般具有这几种表现的人都属于完美型。

完美型的人喜欢引人注目，但一贯行为平静，不容易激动，能够长时间从事一项工作，长时间保持一种姿态，自制力很强，可以很好地遵守各类制度和规范，工作认真，有始有终，工作进程有条不紊，工作安排井井有条，不做没把握的事情，很容易得到别人的信任。兴趣集中、有毅力、不易受环境干扰，注意力也较集中，不易分散，为人平和，心胸开朗，善于克制自己，不太容易与他人计较，说话声音往往也不高，看上去非常易于交往，是优秀的同义词。

这类孩子如果报了兴趣班，每个兴趣班都会很认真地完成，习惯把所有的事情都安排和完成好，简直找不到缺点。刚上学写字就非常整齐的孩子大多是这类型。

一句话来形容，这种就是传说中的"别人家的孩子"。可问题恰恰出在这里，当一个孩子各个方面都做得非常完美，一定需要付出巨大的努力，孩子的压力其实很大。在4种人格类型中，活泼型的孩子最不容易产生心理问题，而完美型的孩子最容易产生心理问题。

小邹说起他的办公室苦恼，他喜欢看书，关于工作的生活的书在他办公桌的小书架上排得整整齐齐，同事遇到工作上的事儿会到他那里找相关资料，工作休息时间也会找他的书打发时间，就这一个小小书架，引发他很多不适。很多同事看完他的书随手放在办公桌上，难受；有些同事看书会不小心把书折一下或者书皮弄卷了，难受；有些同事看完书给他放回书架，还是难受，因为他的书放置是按照分类、大小、颜色来排序的。

要培养好一个黏液质的孩子，父母需要特别注意以下事项：

1) 避免孩子过度自责。

完美型孩子的养育重点是尽量尊重孩子自己的决定、计划和选择，不能苛责孩子，警惕养育出过分"乖"孩子。这类孩子内部秩序（超我）要求非常高，当他们形成社会认知，就会自觉严格按照秩序工作，他们自我要求太高了，即使没人管理，也会表现出极强的社会规则的服从。如果外部再有人苛责，相当于在他们的内部秩序上层层加码，我们的要求他都会重视，追求细节的天性让他不放过每一个要求，这会令他们压力倍增。不仅如此，他们对自己做的事情不满意会非常痛苦，不需要责备，他们敏感地捕捉到父母不满意的言行，都会使他们进入过度自责的心理状态。如果自我稳定性不足，他们会非常在意别人的评价，多血质的孩子会因为别人评价而郁闷一下，完美型的孩子却会因为别人的评价而攻击自己。

嘀嘀每天写作业都需要很长的时间，他写字很用力，如果笔画稍微写歪了一点点，必须擦掉重写，嘴巴抿得紧紧的。有时候擦得遍数多了本子上会留下看起来脏脏的印记，孩子看见又难受，如果不小心将本子擦破感觉就更委屈了，他又会陷入新的纠结中：脏了、破了要不要换个新本子呢？如果换新本子的话以前写过的又都没有了，还要重新写一遍，可是不换的话又不想要一个不完美的作业本，觉得自己怎么做都不够好。

很显然嘀嘀的自我要求非常高，如果这时父母还嫌弃"你怎么这么慢？""纠结什么呀，破了就破了嘛。"孩子的压力会更大，一方面，他需要面对"不完美"的作业，可是显然做不到了；另一方面，他很想写得又快又好，也做不到；还有一方面，孩子被嫌弃升起自我攻击，陷入自责"为什么自己做不好呢"。

2) 增加弹性思维。

获获爸爸这样描述孩子，只要老师布置了任务，获获一定会一板一眼地照着完成，如果过程中遇到一点困难，孩子就会立刻感觉"完了，这下完不成老师的任务了。"

爸爸建议孩子："你应该跟老师沟通一下，问问老师可不可以用黑色笔来代替？"

获获不同意，很坚决的回答："不可以，老师说了必须要用红色笔，黑色的笔老师不会同意的。"

不仅如此，在很多事情上爸爸都觉得孩子不好沟通。爸爸非常理性，遇到事情就想把自己处理问题的思路教给他，而获获总是纠结来纠结去，获获在5岁就已经出现了抽动症状，爸爸可能没有了解，孩子气质类型恰好是个典型的完美型。

这就涉及"非黑即白"的思维方式，完美型的孩子较为刻板，对自己的要求已足够"苛刻"和"按部就班"，所以尽量避免使用"你必须……""你应该……""如果不……就……"的句式。

还有一些家长虽然管教不严厉，却有高标准。做检查类工作的家长，平时工作习惯就是严格要求，职业习惯嘛，好多职业都存在；职业是会计，对细节更注重；职业是安全员，对防护更注重；心理咨询师对心理健康更注重。有些家长将这种习惯带到家庭里，对孩子讲这个不可以、那个不行，如果做了会产生什么样的严重后果……

这类孩子特别需要多角度思维的家长，比如吃饭的时候谈到热点新闻，家长可以站在 A 的角度，"我觉得 A 当时是这样想的。"站在 B 的角度，"B 可能有这样的情况。"有意识地询问孩子的观点，并回应"嗯，其实每个角度都是可以的"。让孩子学会多元角度思考问题，不局限在某一观点中。同时，语言里多用"可能""也许""你是怎么想的呢？"帮助孩子建设弹性的思维方式。

> 我家孩子特别喜欢小动物，在外面碰见小猫、小狗非常想摸，她又担心危险，总是很纠结。

> 多角度启发："如果是一只流浪的、没有主人的狗狗是不可以碰的，同时你也不能尖叫着逃跑，最好是缓慢地从它身边离开，就像这样（给孩子演示，并让他尝试，直至动作标准）；如果是有主人的狗狗，你想摸一摸的话要经过它主人的同意，你可以问'叔叔阿姨，我可以摸狗狗吗？'一般来说如果这只狗狗很温顺的话，主人是会同意你摸的，但如果这只狗狗不是很温顺，主人为了你的安全也是不会同意你摸的；另外如果狗狗抵抗力较弱、容易生病的话也不能摸它，因为你手上的小病菌可能会让它接受不了。你摸狗狗时要让主人帮你抓着或牵着狗狗你再摸它，这样是安全的，是可以的。"

处理问题不能一刀切，本来孩子就比较循规蹈矩，太多的规矩会让孩子过于收敛自己，规避太多，逐渐教给孩子判断的方法，学习弹性的处理问题。

父母也不能过度评价孩子的行为、孩子的作品、孩子的朋友等等，孩子会认为这些也是自己的一部分，父母的评价仍然会让他"完美感"被破坏。

> 尔尔跟小区里的小伙伴丢丢发生矛盾，向妈妈告状："我没那样做，

他偏说我那样做了。"非常生气也非常委屈。

家长："好好好，咱回家，不理他。"第二天晚上，尔尔又到小区广场玩，看见丢丢就想跑过去，家长："哎？这不是昨天冤枉你的那个小孩吗？走走走，咱们离他远一点。"把尔尔拉走了，尔尔在广场寂寞地骑着扭扭车，眼神很茫然。

3) 谈心纾解压力。

完美型的孩子生气或难过时并不经常表达，喜欢把自己关在房间独自哭泣，因为不成熟造成的错误行为，他大多能意识到，不管他有没有能力或者态度修正自己，父母都千万不能攻击孩子，对于他，父母是最后的避风港。他们一般很少惹事，不过我们不能因为没有大事发生而忽略他们的小小倾诉。他们只要倾诉了，那对他们来说，一定是非常非常难处理了。需要特别注意完美型的孩子讲述时的细节，那里面藏着他的心理压力。

三年级的翼翼学习班级前五，突然不想上学了，每天出门前都得哭一场，家长也不知道为什么，我跟翼翼接触几次，她对我有了基本的信任，她抬起胳膊，给我看上臂内侧的淤青。

"这是什么？"

"我自己掐的。"

"发生什么事儿了吗？"

"我每天上学都心慌，难受的时候就掐自己。"……"我同学上课的时候，总是踢我椅子，我告诉老师，老师制止他根本不管用，而且他还跟老师说我很多事儿，老师还训了我一顿。我把椅子弄往前点也不管用。我说他，他用指头戳我腰，可疼了。"……"我一看到他就害怕。"……

"我对妈妈说，同学总是踢我椅子，妈妈说同学之间就是闹着玩。"

翼翼对妈妈说，"同学踢我椅子"，我们家长确实很难觉得孩子遇到困难了。当我们回应"这是同学之间闹着玩的"，孩子就会关闭跟我们的沟通，同时自己抗压，然后被压垮。当孩子向我们倾诉自己一段不开心的交往经历时，成人的引导方式很重要。

孩子："同学拿了我的水彩笔，用完了以后不给我放回笔盒，并且他把我水彩笔的笔尖都给摁扁了！"

我们可以回应："他把水彩笔拿走了又没给你放好，并且还把笔尖摁扁了，你感觉到很不开心是吗？"孩子会回答："是的。"

接着我们继续问："那你有没有和他沟通呢？"孩子可能会回答"没有"。

如果这时成人脱口而出"你怎么不和他沟通呀？你必须和他说呀！"孩子感觉到的是自己被否定和被质疑，也就容易回避和压抑。

我们可以说："那你不想跟他说吗？"

孩子可能就会坦然的回答"是的"，然后我们再继续"那你为什么不想和他说呢？"孩子会有各种各样的答案，可能会是"我不知道该怎么和他说，而且我害怕说了以后他就不跟我玩儿了"。

我们再继续"你不知道……你是担心……""那如果再遇到这样的事情，你打算怎么处理呢？"……

完美型的孩子更需要良好的沟通，否则他们可能会因为太多的压力无法消化而陷入青春期抑郁。沟通不是把我们的思想灌输给孩子，有三问三不原则：问情绪问想法问细节，不否定不评价不着急给答案。我们当然可以把自己的经历和思考告诉对方，但更重要的是帮助孩子理清他的思路，减轻他的困扰和压力。

4) 和谐的夫妻关系。

养育完美型孩子需要父母具有良好的夫妻关系，孩子什么都要求完美，父母争执他会非常敏感。

露露突然表现出紧张和退缩，非常排斥上幼儿园，原来爸爸妈妈因为她放学的问题有过一次激烈的争吵，平时都是妈妈接孩子，那天妈妈有事让爸爸去接。结果爸爸临时开会，忙起来把这事儿忘了。直到其他小朋友都走光了，老师给妈妈打电话，妈妈又给爸爸打电话，爸爸才想起来去接。露露被接到时已经 6:30 了，冬天的傍晚又冷又黑，等了那么久，她感觉非常紧张、孤单、害怕和难过。

妈妈在给爸爸打电话时情绪已经爆发，回到家后更是激动，指责爸爸："你眼睛里都没有我们娘俩！没有这个家！接孩子你都能忘，你根本不在乎我们！"爸爸本来非常愧疚，面对妈妈的不断指责也爆发了："我下午开了会，那么多事要处理，真的就是忘了，我还故意不接孩子吗？你这个人怎么这么不可理喻！"

夫妻因为孩子出现争执很常见，大家可能感觉没什么，但对于一个完美型的孩子来说，他可能会归罪于己，觉得都是自己不好，如果不是因为自己，爸爸妈妈就不会吵架。不仅仅是完美型的孩子，如果家庭中的争吵经常围绕孩子进行，孩子都会觉得自己的存在很糟糕。

我们表达感受很困难，"今天接孩子这么晚，他自己一个人，我很担心他。"发脾气却很容易，"你就是根本不在乎我们！"更困难的是表达自己的需求，我们一般不太会直接说"我需要你陪着我""我需要你早点回家"，经常自己忍着。显然，这位妈妈觉得自己长时间被忽略，所以才会格外暴躁，平时一直压抑着的愤怒和怨气，伴随着争吵一股脑地发泄了出来，我们理直气壮，因为这时的脾气是为了孩子，而不是因为自己（为了自己会产生羞耻感，需求不会被回应的羞耻，和索求的羞耻）。在孩子面前关于孩子的事情就事论事，学会理性沟通。

夫妻经常吵架，孩子也容易对自己的伴侣不信任，不论男性、女性，完美型的人对自己的生活质量要求高，成年后他与自己的伴侣之间如果没有很好的沟通，极易因为生活中的琐事累加而疲惫和排斥。

这类孩子被养育得好将来会非常孝顺，喜欢照顾父母，把父母的生活安排得井井有条，让父母感觉舒适。他们在很小的时候就会为父母担心了，当他们

第四章 独特性

感觉到父母关系不好，他想照顾好爸爸，也想照顾好妈妈，又会认为亲近了爸爸担心伤害到妈妈，亲近了妈妈又担心伤害到爸爸，这个心思细腻的小孩子会将自己处在家庭纷争的漩涡中，不知该如何自处。

第五章

家庭教育的层级

5

家庭教育技巧

我们所经历的大大小小的事情，那些情绪的、认知的记忆碎片落入我们的潜意识，决定体验，影响判断，形成模式。

1. 关系中的情感体验

为什么很多老人对制假售假的"保健品"推销人员深信不疑？有些老人却不会，他们的精神世界很富足，有自己的兴趣爱好，也有好的人际互动，那么他一般不会痴迷。

但有些老人生活除了照顾孩子和家庭，没有自我精神满足的活动，子女的照顾和陪伴比较少，对死亡的恐惧会使他们出现高焦虑状态，这时候"保健品"

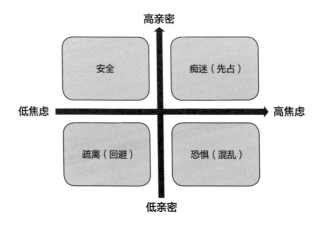

推销人员的嘘寒问暖，作为"高亲密"关系对象出现，使他们感到"被关爱"，购买行为使他们精神和身体的高度需求被满足了，从而达到"痴迷"的程度。

容易"痴迷"的类型也叫"先占型"，由高亲密和高焦虑共同作用产生，童年时，对孩子特别好，管的也特别多，对孩子问题特别容易紧张的家长容易培养出这样的孩子。

在小柏看来，她父母的关系很好，因为她的爸爸总是习惯性照顾妈妈，妈妈也很依赖爸爸，但是父母也总是在争吵："我爸爸只要出差或者出去跟朋友喝酒，我妈在家就跟疯了一样。"用小柏的话来说，她妈妈动不动就崩溃。也就是说，她有一个亲密感很高家庭的同时也有一个高焦虑的母亲。她自己的婚姻也是时好时不好，丈夫常年外地工作，周末回家，周中电话和视频沟通，醉酒没回话的丈夫、开会静音没回话的丈夫，也会让她经常崩溃。她非常执着地追求丈夫对自己的情感状态，一旦感觉丈夫对自己冷漠或冷淡，必须马上与对方确认是否还爱自己。

小柏丈夫恰恰相反，小的时候父母忙于工作，爸爸常年驻外，半年才回家一次，家里的大事小事都是妈妈在处理，他是个男孩子，妈妈对他很信任和放松，也没时间管教。

小柏是先占型的关系模式，丈夫成长过程中一直是低亲密和低焦虑的养育方式，形成的是"疏离"的关系模式，如同一个在追，一个在躲。疏离关系模式中男性居多，他们往往喜欢用沉默、让自己看上去很忙或尽量少直接接触等方式面对关系冲突，这与父母养育时的低亲密低焦虑心态有很大关系。

在安全的关系模式下，孩子一般与父母关系比较亲密，而且能够得到父母的信任。他们长大后很愿意亲近别人，即使不被别人亲近仍然能够保持一种健康的心理状态，他们可以很好地与自己相处，也可以很好地安排和面对自己的事情，在他们生命深处扎根着信任和安全。

而恐惧型的关系模式要么抗拒关系，要么需要在关系中有混乱的表现。

小水的妈妈是家中的老大，从小就习惯了照顾弟弟和妹妹，结婚后又一直忙于事业忽略婚姻，还把很多钱给了娘家，小水爸爸强烈不满而离婚。离婚后爸爸拒绝支付孩子们的抚养费，那时她妈妈的事业也陷入了低谷，妈妈为生计发愁，情绪经常很糟糕："男人靠不住！""男人都不是好东西！"

小水和姐姐必须非常乖，要管理好自己的生活和学习，否则妈妈就会大发雷霆。虽然妈妈平时没有心思管她们，但姐妹俩一旦做错就会被暴力对待，所以她和姐姐的成长环境中高焦虑和低亲密成了的常态，她们成年后恐惧任何一段关系，无法在关系中长久相处。

姐姐离婚两次，现在单身中，小水作为家中最小的，情况比姐姐稍微好点，处于分居后的复合状态中。但小水的复合之路也走得非常辛苦，她经常想要丈夫的陪伴和关心，可是也容易有暴烈的情绪和行为。

有一次，前夫担心孩子害怕，在家里陪着孩子等她下班，她到家跟前夫说："别走了，今天就在这里陪陪我们吧！"前夫晚上单位有聚餐要出去，她情绪大爆发，在微信上大骂对方一顿，拉黑了前夫。

近一点厌烦，远一点又怕被抛弃，这时情感体验的结果，决定我们在关系中的行为。

2. 认知信念下的情绪反应

小水认为前夫拒绝陪伴是对她的抗拒，她没有看到的是前夫还是关心她们娘俩，参与她们的生活。如果我们有安全状态下合理的认知，能发现前夫陪伴和关心的部分，产生的情绪会很不一样。前面也提到过信念：同一件事情发生时，不同的看法会出现不同的情绪和行为结果。

如果问孩子，爸爸答应出差回来给他带礼物，结果忘记了，孩子们会有什么样的情绪，答案真的五花八门。

甲：很难过，感觉爸爸不关心我。

乙：很生气，爸爸没有遵守约定。

丙：很失落，期待的礼物没有出现。

丁：很平静，爸爸经常忘记，习惯了。

戊：很无奈，他是爸爸他说的算。

己：很着急，跟小伙伴已经炫耀过了。

庚：很害怕，是不是爸爸发现了我没写完作业。

辛：很惊讶，爸爸可从来不这样。

壬：很担心，难道爸爸遇到什么事情？

癸：很高兴，因为每次爸爸忘记带礼物，会给更好的补偿……

不同的情绪反应有些是因为他过去的既往经验帮助他形成的判断，比如爸爸经常不带礼物习惯了；有的是一个人的倾向性，比如悲观还是乐观；也有的是事件引发的普遍的情绪，比如跟小伙伴炫耀过。

所以，教育一个孩子，我们带给他的既往经验很重要。就像醉酒的航哥对我而言会引发我激烈的情绪，源于童年酗酒的爸爸带给我的烦躁，所以在"依恋关系"章节里面，我们强调给孩子建立安全型的依恋关系；"做错事的孩子"章节里面，我们强调跟孩子一起面对结果；"不同个性的教养重点"章节里面，我们强调帮助孩子人格的成熟，这些都可以帮助他形成我们期待的"正向"经验，形成一个人健康的情绪反应模式。

3. 情绪反应下的行为模式

我们潜意识里对所有的事情都有自己反应模式，情绪反应有模式，行为反应也有。在同一种情绪状态下，每个人的行为反应也都不一样。比如，遇到大老虎向我们扑来，惊恐是一般人产生的情绪。大家没有什么不同，我们都知道大老虎极有可能会咬人，但是每个人的行动不一样。

高涨的情绪状态下，我们的行为不经思考更像是本能。这个速度是非常快的，我们不会思考这只大老虎有多重，不会思考大老虎先咬谁，有一句话叫"慌不择路"，也就是说，我们的本能让我们跳过思考，没有"择"的过程，立刻行动，使我们的行动更高效，同时身体也在发生变化配合我们"求生"。

在本能状态下，我们跟其他动物一样可能有三种行动模式：战斗（螃蟹受攻击时伸出钳子）、逃跑（小鹿看到猎豹）、僵直（诈死的狐狸）。

辅导孩子写作业的家长可能有这样的经验，有的孩子会犟嘴（战斗）：老师就是这么说的！有的孩子会事儿很多（逃跑）：我想喝水。有的孩子会直愣愣地看着你（僵直），大脑一片空白。

跟伴侣吵架的你可能也会有这样的体会，有的伴侣会翻旧账（战斗）；有的躲进屋子里或者总是说有事儿不回家（逃跑）；有的会保持沉默（僵直）。大家可能发现了，这些本能反应都不利于事情的解决。因为这时候，人们被情绪"抓走了"。

美国神经生理学家麦克林提出的大脑分层理论，简称为三重脑理论，这是从功能层面上对大脑的一种定性划分：

第一层是本能脑，它由脑干（延髓、脑桥、中脑）、小脑和最古老的基底核（苍白球与嗅球）组成，主管我们的基本生存类的功能，比如呼吸、心跳、性欲等等最基本的生命活动。

第二层是情绪脑，又称边缘系统，是指由古皮层、旧皮层演化成的大脑组织以及和这些组织有密切联系的神经结构和核团的总称，重要组成包括：海马、海马旁回、内嗅区、齿状回、扣带回、乳头体以及杏仁核。边缘系统参与调解本能和情感行为，其主要的作用是维持自身生存和物种延续。掌管我们的情绪、原始动机、即时反应。

第三层理智脑，也就是我们的大脑皮层，新皮层首次出现于灵长类动物的大脑。人类大脑中，新皮层占据了整个脑容量的三分之二，分为左右两个半球，就是为人们所熟知的左右脑，这是使我们具备人性的大脑结构，掌管我们的认知、目标、计划、自控等等。

所以我们还有一个重要的教育任务：调整孩子紧急情况下的直觉行动，非紧急情况下的理性思考。

如何调整孩子紧急情况下的直觉行动？比如，消防救生演习，给孩子们提供了紧急情况下行动的练习，这些练习使孩子们在危险来临时有正确的行为选择。再比如，"我想控制世界—攻击行为"章节中，用正向语言来建设孩子的正向行为。

怎样培养非紧急情况下的理性思考？著名"棉花糖"心理实验的设计者，自控力研究的美国心理学家沃尔特·米歇尔，根据我们认知决策的属性，将我们的大脑分为两个系统，一个是热认知系统，另一个是冷认知系统：

热认知系统，也就是情绪脑主要负责的部分，是我们的即时认知反应系统，是自动的、毫不费力的，关注的是当下的情绪感受。神经传导的最大速度每秒120米，这种即时反应快而迅速，很多家长无法控制自己的脾气和唠叨，就是如此。

冷认知系统，也就是我们的理智脑大脑皮层管辖的部分，是我们的深思熟虑的认知系统，也就是我们的理性，是我们最具备人性的大脑部分。但是，冷认知系统是刻意的，是费力的。

研究人员研究了以往发表的心理和行为实验的数据，用一个两阶段模型描述了意识的信息处理过程。首先是无意识阶段：大脑处理某个事物特征，如颜色、形状、持续时间等，在无意识状态以很高的时间频率分析它们，在此期间没有时间感，也感觉不到事物特征的变化，时间特征被编码为数字标记，就像编码颜色、形状那样。然后是意识阶段：无意识处理完成后，大脑同时给出所有特征，形成最终"画面"，即大脑最后呈现的东西，让我们意识到这些信息。

整个过程从外部刺激到意识认知，持续时间可达 400 毫秒。从生理学角度看，这段延时相当长。论文第一作者、EPFL 精神物理学实验室的迈克尔·赫佐格解释说："因为大脑想给你最好、最清晰的信息，这要花大量时间。"

让冷认知系统参与到事情的处理过程，从而形成习惯，变成我们的行为模式，我们就完成了一件很重要的事，培养孩子非紧急情况下的理性思考的能力。

4.处理儿童问题的模板

同理情绪，了解想法，还原过程，明确规则，帮助选择，亲情关怀。

（1）同理情绪。

当我们生气了，我们大脑也有想法，但更多的是非理性的"你闪开，你怎么这么讨厌。"让冷认知出现的第一步，也是最重要的一步，就是恢复我们的情绪认知，当我们了解到，"哦，我现在生气了"，这时候虽然情绪还在，但是理性脑已经开始工作了。

热认知系统关注的是当下的情绪感受，儿童也是以情绪为导向的，但，不管是失控的儿童还是成人，对情绪了解并不多。

> 大街上，孩子看见一只可爱的小狗，想摸一下，他的情绪是_____。
>
> 你看见孩子靠近小狗，觉得小狗是危险的，你的情绪是_____。
>
> 孩子听到你不许他摸小狗，他的情绪是_____。
>
> 你看到他还跃跃欲试，告诉他现在要赶紧回家吃饭了，你的情绪是_____。
>
> 孩子听到你让他回家吃饭，他的情绪是_____。
>
> 你看到孩子又哭又闹，你的情绪是_____。

孩子的情绪从开心、喜欢，到害怕、着急、纠结，再到烦躁、抗拒，在家长眼中，可能完全概括成一句："你怎么这么不听话？"你的情绪从担心、害怕，到着急，到烦躁，你心中可能只剩下："真是气死我了。"这是因为我们对情绪的认知不充分，导致情绪能力低。如果换成这样是不是好很多：

> 对孩子说："哦，我知道你喜欢小狗，看到小狗很开心，你摸不到小狗现在很着急。"
>
> 对自己说："哦，我有些担心孩子，我现在着急了。"

告诉孩子情绪是什么，他才会有更好的情绪认知，是管理情绪的起手式。家长一定要养成这样的习惯，发生事情的第一时间，告诉孩子他的情绪是什么。（很多家长总是忘记，敲黑板，请大家习惯这一步）有时候甚至后面步骤都不用做，只做这一步就好。

很多家长疑惑，同理孩子会不会让孩子无法无天？

1）同理≠同意。

我知道你喜欢小狗≠我同意你摸小狗。而且我们不需要这样说："我知道你喜欢小狗，但是小狗不能摸。"大家可以参照："我知道你最近工作很辛苦，但是这次的晋升名额只有一个。"是不是不会被安慰？还真不如只是简单的："我知道你最近工作很辛苦。"效果好，因为同理本身也是前面"意志力—不能被消化的情绪"章节里家长"情绪咀嚼"的作用。

同时，除非孩子第一次见小狗，否则他一定知道家长不让自己摸，不需要反复提醒，越阻止越渴望。"我有我的性格—不同个性的教养重点"章节中，黏液质的教养重点里提出的"多角度思考"就是正向的建设如何对待小狗的安全建议。

家长疑惑：同理会不会让孩子越来越脆弱？特别是男孩子。

2）同理≠同情。

大家会不会让一个4个月大的孩子学走路？不会，因为他的骨骼尚未发育成熟，他需要我们抱着，心理跟身体一样。"爸爸妈妈理解我"，本身对孩子来说是增加心理能量的，在孩子心智尚未成熟的阶段，这种心理能量的增强如同身体营养一样，可以让孩子越来越心理强壮。

我们理解一个人，并不是同情他，我知道你现在很难过≠你现在真可怜。

（2）了解想法，还原过程。

在"不同个性的教养重点—胆汁质—情绪引导"章节里，我跟一个小男孩的故事，大家可以看到，我第一句话就是："你是不是很好奇，也很着急，特别想玩啊？"直接点出他的想法。

"噢，我看到你现在很生气，是因为他拿了你的东西"说出孩子的想法，不但是更好地同理他，而且帮助他学会用语言表述他的想法。

在"不同个性的教养重点—黏液质—谈心纾解压力"章节里翼翼的故事中，帮助他还原事情的过程，其实也是建立冷认知系统。我们从处理事情中，不停地跟孩子一步一步地来，他也会在他自己身上发生的事情上，学会一步一步地处理，先处理情绪，再理清过程。注意，只还原过程，不评价和做家长判定。

（3）明确规则

多数时候，明确规则就一句，不要反复强调。如果我们被第一遍提醒："别忘了带钥匙。"我们内心很平静。第二遍，第三遍开始觉得有些多余，第四遍开始我们可能会烦躁，因为我们会觉得不被信任。

明确规则也需要正向语言，"不能抢玩具"是负向的，"这个玩具是哥哥的，哥哥同意才能动"是正向语言。

（4）帮助选择

"意志力—过载的刺激"章节里的咕咕的故事，妈妈给了好几个处理问题的方法，但是咕咕都做不到。有时候，我们理解错了沟通的本质。很多人把沟通变成了"说服"，所以多数情况下我们会失败。成功的沟通并不是把自己的经验或看法强加给一个人。

小窦很生气，对丈夫说："我这个月的电话费 600，吓了我一跳，跟客服沟通，客服不知道是困了还是心情不好，一会让我等，等半天说系统不好，又让我等，带搭不理的，气死我了。"

丈夫："别气了，生气也没法解决问题。你再打再问就是了。"

小窦气："我受不了他的态度！"

丈夫："那就投诉他！"

小窦愣了一下："那不好吧……客服本来赚钱也不多，一个投诉，得扣很多钱。"

丈夫："……要不这事别管了，600 就 600。"

小窦又气："那不行！"

丈夫彻底无语了。

这情形是不是似曾相识？

哈哈 4 岁，跟爸爸妈妈出去旅游，中途休息，他把自己背的小包拿下来，放在休息区的长凳上，走的时候大家都没有注意，落在了休息区。包里有他最喜欢的小白虎，小白虎找不到了，哈哈开始大哭："我要我的小白虎。呜呜呜。"

家长："别哭了，再买一个。"

哈哈："我就要我的小白虎。呜呜呜。"

家长："休息区太远了，我们现在回不去，就算回去了，小白虎可能也不见了。"

哈哈："呜呜呜。"

家长彻底无语了。

在"不同个性的教养重点—黏液质—谈心纾解压力"章节里提到，沟通不是把我们的思想灌输给孩子，三问三不原则：问情绪问想法问细节，不否定不评价不着急给答案。不着急给答案："如果再遇到同种情况怎样解决会更好？"我们也可以："你朋友遇没遇到这种情况，他们是怎么处理的？"

当然，如果孩子特别小，他想不出办法，我们还可以："我小时候，遇到跟你差不多的情况，当时我有一个同学叫……""我有一个朋友小时候也遇到了这种情况，他当时……""如果是我的话，我可能会这样处理……"用这样的方式分享，比直接指挥会好很多。

（5）亲情关怀

帮助孩子心情好起来，并不是"给你买一个玩具"也不是无限制同意孩子观点"那咱不跟他玩了"，更好的是"我陪你一会儿"，给孩子讲一个故事或者抱抱，点头，微笑。

5. 警惕错误的家庭教育技巧

教育是留白，教育是等待，我们要判断会不会打扰孩子自主力量的建设，在教育孩子的过程中，塑造权威，分享，倾听，理解和尊重是非常重要的。

家庭教育有一个重要功能，孩子有时候不是听你怎么说，而是看你怎么做。我们使用处理儿童问题的模版，同时给孩子建设由己及人的能力。当他这样被对待，他会用同样的方式对待他人，富于同理心，接纳别人，也会不那么着急。

错误的家庭教育方式有些共性：短期有效、可以发泄或缓解家长情绪。通常情况下父母的语言、态度和行为会融为一体抛向孩子，下图是几种不良行为和态度对孩子造成的消极影响。

	家长行为	形成的信念	幼儿决断	行为模式
过度宠爱	溺爱	以我为尊	需要他人服从	忽略他人感受、索取、等待满足、退缩、自怨自艾
	同情	我是弱小的	需要他人帮助	
	补偿	我可怜我有理	放大自身需求	
暴力行为	控制限制	我不能	他人帮我决定反对他人建议	僵化、懦弱、被动、叛逆、无主见
	指挥替代	我很笨		
	打骂训斥	我不好		
过度冷漠	推开不陪伴	没有人关注我	纠缠或疏离	讨好、冷漠
	比较	我不受欢迎	破罐子破摔	嫉妒
	挖苦	我永远也做不好	抗拒关系与事情	畏首畏尾

加上前面章节里面的评价，过度关注结果，给孩子造成遗弃感，都是你的错等等，是不是感觉做家长好难。

要理解孩子。我们发现，所有的行为都是有"收益"的，极端一点，见义勇为的人是完全的利他行为，他自己也是有收益的，满足了自己的社会价值感；杀人犯也是有收益的，他实现了自己毁灭的需求。

在儿童心理问题中，特别容易被家长忽略的，孩子长大一些才能表现出来的问题有：不能理解他人感受，界限不清，动力不足，目光狭窄，退缩违拗等等。

孩子出现"问题"要么是先天的，要么是后天的，孩子的问题归根结底是家长的问题。我们要养成一个习惯，遇到"问题"先思考：

孩子到底为什么要这样做？

如果我是他，遇到同样的事情，我希望家长怎样对我？

是孩子先改变，还是我先改变？

家庭关系结构

1. 关系内耗

可以说一切心理问题都是关系出了问题。要么他跟父母的关系有问题，要么他父母之间的关系有问题，要么他跟同学、老师、同事的关系有问题，要么他跟自己的伴侣、孩子的关系有问题，还有他可能跟自己的关系出了问题。

外人看小章是个挺不错的女孩，她却觉得身体有两个自己，一个自己对想要达成的目标有自己的规划，做事情自信而执着；另一个自己就像小时候待在黑暗的房间里望着窗外喧闹世界的小朋友，自卑而惶恐。她一方面敢追求自己的事业爱好，另一方面害怕亲密关系，不想踏入爱情。

"我不敢追求自己喜欢的人，或者说压根就觉得自己不配，自然就会压制自己的感情，害怕自己受到伤害。对我抱有好感的对象我有遇见过，或许是我本身逃避或者冷漠的反馈也让人家觉得没必要。"

"我害怕出错，害怕伤害到别人，更害怕因为我而改变一个人，不敢承担另一个人的未来，也不想有人来侵入我的世界。"

"婚恋已经是我不得不面对的东西了，但是我还是想逃避，有时候会想，是不是真的选择一个人的路走下去会更好，但是好像世俗也没办法让我选择这条路。自己的固执又让我没法摆烂，也无法放弃和所有人较劲的想法。"

对于一个孩子来说，跟父母有良好的关系，他跟自己的关系会很好，当其他关系出问题时，他有父母的支持，也更容易解决。

> 有位大学教授很自豪："我觉得我在教育上取得的最大成就是儿子上大学了依然愿意跟我聊天。"

亲子沟通这么好，这位大学教授的孩子问题大概率不会多，成功的关系意味着孩子遇到困难时，有人关心（情绪被纾解），有人探讨（清晰的认知与正确的决策），有外部的支持可以减少他自己的内耗。

但并不是有一个好的亲子关系就可以养育出一个心理健康的孩子。

> 坦坦初一，情绪特别容易崩溃，在一次学校发生的事情之后，回到家里对着妈妈大发脾气，妈妈不停地哄他。1个多小时过去，坦坦平静下来，他像小孩子一样蜷缩在沙发上，躺在妈妈腿上，妈妈抚摸着他的头，他跟妈妈要求：让妈妈必须跟老师沟通，要求老师听他的，要不然就不上学了。很显然，坦坦跟妈妈的关系特别"好"，但是对妈妈脾气时而暴躁、时而依赖，要求妈妈替他解决问题，要求别人必须按照自己的意愿行事，这些信号表明，坦坦还处在跟妈妈的"共生"期，抗挫力非常不足，并且界限不清。

掌握正确的家庭教育方法是家庭教育的第一层级，培养孩子的具体能力。

营造良好的亲子关系是家庭教育的第二层级，增强孩子的心理能量。

建构一个正常的家庭关系是家庭教育的第三层级，主要是指夫妻关系、多胎关系、代际关系（两代人之间的人际关系）融洽，帮助孩子内外整合，减少内耗。

结构派家庭治疗师的创立者萨尔瓦多·米纽秦，他出生成长于阿根廷，20世纪60

年代早期开始了他家庭治疗师的职业。1965年，他被邀请成为费城儿童指导诊所的主任，创造了世界上最大的、最有威望的儿童指导诊所之一。1981年，米纽秦离开费城之后，在纽约建立了自己的中心，随着米纽秦的退休，纽约的中心以他的名义改名为米纽秦家庭中心，这个中心培养了大量的学生。结构家庭治疗认为家庭是由家庭成员构成的，但不是所有成员的简单相加，而是要大于相加之和。家庭成员与成员间逐渐形成的相互关系组成一个综合交错网络结构。所有家庭都有特定的结构，如家庭成员的角色，谁是权威、谁有权力、谁是行为的发起者等等。家庭中潜藏的或明确的规则构成家庭结构。

一般而言，每个家庭都有属于它的亚系统。亚系统是由于家庭成员不同的角色和任务而构成的，一般家庭主要包括夫妻亚系统、父母亚系统、亲子亚系统和孩子亚系统。每个亚系统都有其独特的任务和功能，例如在亲子亚系统中，父母和孩子可以一起吃饭，并且分享彼此生活的绝大部分。在夫妻亚系统中，丈夫和妻子作为相爱的两个人而维系关系，他们需要享受二人世界。

2. 病态家庭结构

人会自己内耗，家庭关系也会内耗，作为孩子最重要的成长环境，家庭成员之间关系的内耗会波及孩子，使他纠结又无力，当然很难感到幸福。结构式家庭治疗大师米纽秦总结出病态家庭结构的四种基本形式。

1）纠缠与疏离：指各次系统之间的边界模糊或混淆，该封闭的不封闭，该开放的不开放，从而导致家庭角色的混乱，造成家庭成员的问题。在"共生的关系"章节，小严的故事就是如此。再比如，爸爸常常驻外，妈妈把全副精神、情感和期望寄托在独生儿子身上，造成亲子系统过度纠缠，夫妻系统过度疏离。

2）联合对抗：纠缠与疏离往往使家庭中某些成员结成同盟，而与其他成员相对疏远乃至对立。当发生冲突时，同盟者会不分青红皂白一味维护本同盟的成员，这种壁垒分明的情形就是联合对抗。在"压力源—父母不当的教养方式"章节中，小杨跟母亲联合对抗丈夫。再比如，有一种模式叫婚姻分裂，是指父母之间发生争斗、吵架甚至打架，互相争夺孩子对自己的孝顺、忠诚，常常在孩子面前暴露他们的分歧矛盾。最常见的是闹矛盾的夫妻质问孩子:"你想跟爸爸还是跟妈妈?"这样的处境对于孩子来说非常惨烈,具有摧毁性,因为他们让孩子的忠诚和孝心发生了冲突。

3)三角缠:通过第三方来实现双方的互动,这样就把第三者带入两人关系中。它是一种非直接的互动。比如说丈夫在外面喝酒很晚还没回家,让孩子打电话叫丈夫回家,妻子不能直接说出"你快点回来,我想你了"。

4)倒三角:家庭中权力一般操纵在父母手中,但一些家庭由于某些原因,导致子女支配父母或子女与家长争权的现象,这就是倒三角。比如,家庭中的小霸王会过度以自我为中心,说一不二,成年后啃老不孝顺。主干家庭(又称直系家庭。是指由两代或两代以上的夫妻组成,每代最多只有一对夫妻,且中间无断代的家庭)中第二代夫妻把第一代夫妻当保姆,毫无敬畏之心。

我成年后,曾经面对父母的争吵很困扰,我觉得,难道我作为心理咨询师,连自己的爸妈都搞不定吗?我用过各种方法:把父母一起训一顿"都多大年纪了?多大点事儿?"两边劝"消消气。"各自哄,给妈妈钱,带爸爸出去买衣服,满足他们各种的喜好。大家可能有经验,这并不管用,因为我的做法更像是他们的"父母"。最后,我终于弄明白了,只有我回到我作为女儿的"位置"上,让"爱"成为源泉,家庭才会走向和睦。

3. 情感三角关系

每个家庭都有亚系统,主要包括夫妻亚系统、父母亚系统、亲子亚系统和孩子(多胎家庭)亚系统。每个亚系统都有其独特的任务和功能。但是,有些时候,某亚系统过于功能化,妨碍其他亚系统的正常运行。比如,妻子与丈夫因为关系的疏远,从而寻求跟孩子更多的亲密,现代家庭高比例的母亲与孩子一张床,丈夫被分离出去,导致孩子与母亲过度"共生"。同时,这也减少了丈夫和妻子一起分享的可能性,损害了孩子的独立性。

"情感三角关系"是鲍恩家庭治疗理论的一个重要概念,导致情感三角活动的主要因素是焦虑。在鲍恩看来,随着焦虑的增加,人们更需要彼此情感的接近,当两个人之间出现不能处理的问题时,被伤害的感觉会促使人们去寻求他人的同情,或者将第三方拉入冲突,以便处理问题或者偏袒其中一方。第三方的卷入,可以将焦虑分散至三角关系当中,使前两者的焦虑程度减轻。

鲍恩认为,一个家庭发展的最佳模式就是家庭成员能够很好地自我分化,低焦虑,并且与自己的家庭有很好的情感联系。从青少年到成年,大多数人是在与父母关系的转换中离开家庭的。人们经常通过减少与父母和亲属的联系,来避免这些关系导致的焦虑。但是我们中的有些人,甚至成年人与父母或亲密的人的关系,仍然像儿时与父母的关系。

自我分化和与家庭的情感缠结也是鲍恩系统治疗师分析家庭问题的主要角度。在鲍恩看来,自我分化的功能实际上就是一个人处理压力的能力。当焦虑增加,超出了系统处理的能力时,症状就出现了。个人就被原生家庭情感占据的越多,与他人的情感就越脆弱。

我们总要有一个情感连接的对象,比如养宠物。如果夫妻感情没有那么亲密,自然会有情感缺失,我们可能会跟伴侣吵架,有时候这也是一种连接的方式;有时候我们会一心扑在事业上;有时候我们会吃吃吃买买买,我们需要一个点缓解不亲密的焦虑感。我们也可能抓紧孩子,因为相对于伴侣来说,孩子对我们的服从性更高,哪怕我们跟孩子发脾气,他还会跑回我们身边说爱你。孩子从小被我们养大,被需要和被依赖的感觉让我们更容易跟孩子共生。可是伴侣是要一辈子的,孩子将来一定会离开我们,他没有跟我们健康的逐级分离的过程,独立会很难。

夫妻关系是成年后最具疗愈性的关系,当然也更容易激发我们的心理创伤,而这些往往是我们自己成长最需要的部分,回避亲密关系我们无法真正成长。孩子不可能支撑到我们,只能温暖我们,如果他们做我们心灵的支柱,那他的人生会背负他不该背负的部分。

家庭角色分工

确立清晰的家庭角色分工和家庭序位是家庭教育的第四层级，主要是指家庭权力中心。

1. 父性与母性

在"压力源—家庭关系不和"章节里，我们已经提到，家庭关系不和会引发孩子的心理问题，对孩子来说这是一种分裂。大家可能也感觉到了，本书很多地方母亲发挥了更重要的作用，但其实并不是，孩子本身就需要两方面的教育，一方面孩子需要知道什么是情绪、什么是情感、什么是爱，所以家庭中需要温柔的角色，另一方面也需要让孩子懂得什么是规则、什么是秩序，家庭中同样需要一个较严厉的角色。也就是说，很多夫妻已经在有意无意地进行这项工作了。这会形成一种合力，会让孩子感知到关系是多样的，进而形成世界观的弹性认知，拥有多角度思考的能力。

我们用父性人格与母性人格来表述儿童需要的人格特质，因为每个家庭成员表现出来的人格特质并不局限于性别。我们的完整人格应该包含母性人格和父性人格。

母性人格往往表现在抚养人的付出，不强调抚养人的主动性，而是更多地关注婴儿的活动，并能够做出一些反应，适应满足婴儿的一些愿望和需要。母性人格接纳、允许、建立积极的关系，强调滋养、抱持、共情、温暖等，其显现出来的人格特质如温柔、韧性、耐性、情感被孩子接收，使其母性人格发展得好，随着年龄的长大，孩子可以从跟几个人的关系融洽发展为成年后跟他人友好合作的关系，与他人链接能力更强，也更能接纳和包容。如果缺乏母性人格，孩子通常不擅长从周围环境特别是人际关系上获得支持，会孤僻而无助。

父性人格表现在保护和教导，抚养人对儿童规劝和指导，在儿童面对独立、接受分离、自我承担命运和创造价值方面为儿童提供发展和适应上的准备。父性人格的常见表现有野心、坚定、责任、果断、理性等等，父性人格发展得好，将拥有更强大的界限感、视野、见识、勇气和创造力，人更倾向于突破舒适区，喜欢突破现有，创造新的价值，结交新的朋友，发展更多的事业。缺乏父性人格的人，往往优柔寡断，安于现状，缺乏勇气、抗挫力和激情。

有魅力的人常常都是"雌雄同体"，也就是说他同时具备母性人格和父性人格，既能关照他人，不吝爱意；又能开疆扩土，自我实现。

母性人格教我们学会爱、建立关系、合作，享受人际关系带来的快乐和温暖，个体生命发展之初，一开始都需要跟母亲建立关系，客体关系理论大师温尼科特还认为，不光是母亲对婴儿需要的调和、共情，这样抱持式的养育可以达到整合，使得婴儿有可能成为一个独立的个体或者说独立的自体、自我而存在，在 0~3 岁这个阶段，父亲提供的也是母爱。

在需要的时候母亲出场，同样，在不需要的时候母亲要退场，幼儿心理发展从绝对依赖到相对依赖，有一个趋向独立的过程。当母亲退场，作为一个婴幼儿，他其实还不足以在社会上生存，所以母亲的退场隐含了父亲的入场。

幼儿在成熟的过程中，需要有父亲的介入，恋父／恋母时期，父亲提供的是保护、照料，也有一些庇护的功能，很重要的一点是保护孩子包括母亲不会受到侵犯、伤害，这也是我们常说的"父爱如山"。

父亲需要帮助孩子与母亲分离，当然是要缓和分离的过程，不能把分离变成一个创伤性的分离，需要父亲或者说父性的功能才能够实现。父亲教导孩子分离，同时父亲也是孩子的亲密对象，在父亲的倡导下，分离变得仍然有支持并没有那么恐怖。在跟母亲分离的过程中，无论是分离性的焦虑，还是分离性的抑郁，包括分离性的恐惧、愤怒，父性的力量使这些情感有所中和，而且父亲需要打破母子的共生关系，这个年龄段是大约是 2—3 岁。

研究表明，促进幼儿自我力量的增长和健康的分离是非常需要父亲的，在这个过程中提出规则，遵守规则，这部分也主要是父亲的功能。父亲也是幼儿男性角色认同的一个对象，同时父亲在教育中的缺失还会造成"父爱饥渴"现象。一个儿童，无论他是同性恋还是异性恋，如果父亲功能缺失，或者在养育过程中有被剥夺，那都会有父爱渴求。

父亲是引领者，母亲是支持者。现代社会男女平等，女人在社会中越来越多地发挥作用、承担责任承担，不再仅仅是温柔的、贤惠的，她也可能是坚强的、干练的，但这些变化并不构成矛盾，反而使家庭教育有了进一步的优化空间和创造性的可能。

父亲和母亲都会给孩子的成长带来礼物。

2. 父亲

家庭教育夫妻双方理念可以不一致，关系要融洽，这就产生一个问题：听谁的？一个简单的分法，谁先参与听谁的。但是如果另一方有不同意见呢？我很严肃地说：最好听爸爸的。先声明，我既不女权也不男权，五方面阐述我的观点：

1）判断一件事儿的利弊，男性会更倾向于客观。从更多角度来说，男性更偏向于用理性的思维角度阐述事实，但女性却更容易使用感性的思维角度描述事情。

2）男性更容易心情平复，幽默感更强。而具有幽默感的人，具有特殊的魅力，善用幽默的力量，使自己的人生变得快乐。幽默可以调侃人生，排解苦恼。

台湾省认知神经科学研究所所长洪兰教授的 TED 演讲中指出，"胼胝体"是连接两个脑半球的"桥"。情绪在右半脑，语言在左半脑。女性的"桥"较男生厚一些，也就是情绪与语言之间的通道更流畅。在实验室里，对象是正常女大学生和男学生，大脑监测显示，男生说话时左脑前区亮起来，女生说话两边都会亮，所以女生更擅长把情

绪用语言方式表达出来。让他们想一想悲伤的事情，比如吵架、恋爱对象选择了他人等，结果女生整个脑都亮了，包括小脑，而男生只有几个点，证明女生更情绪化。

并且，女性大脑中的雌性激素会使女性把注意力集中在情绪和沟通上，男性大脑中的睾酮素会使男性不爱说话，专注在竞争上。

同时，女性患抑郁症的几率比男性要大，是因为男生制造血清素比女生快52%，血清素与情绪、动机、睡眠、记忆都有直接关系，抗抑郁症的药就是阻挡血清素的回收，血清素越多心情就越好。

3）男性代表力量和权威。我们远古祖先是由男性狩猎，即使在母系氏族社会里，男人打猎捕鱼，女人采集、管理氏族内务。狩猎时，遇到危险的可能性更大，所以男性屏蔽了大量情绪，才能更有勇气。人类历史中，男性为主导的社会历史更久，现代社会国家领导人或者企业领袖男性居多。不管是从集体潜意识，还是孩子社会化进程的角度，男性确实给孩子的印象更权威更有力量。

集体潜意识

又译作"集体无意识"，是荣格分析心理学术语。指人类祖先进化过程中，集体经验心灵底层的精神沉积物，处于人类精神的最低层，为人类所普遍拥有。在个体 生中从未被意识到，经由遗传获得来。

4）男性更容易建立清晰的边界。女性的情绪能量远远大于男性，从情感的建设上女性更优。女性孕育孩子，跟孩子的情感链接更牢固，我们很难一边跟孩子亲密无间，一边跟孩子界限清晰，对于孩子的界限和秩序的建立更加艰难。特别是青春期的冲突，女性为主导的家庭教育中，孩子为了突破"共生"更容易跟父母冲突，因为爸爸的教育无力显示出的也是母性。这时孩子的"强大"没有父性的缓和，冲突会变得非常激烈。

5）男性角色给孩子展示出的目标感更强。女性在照顾新生儿的精细程度上也比男性优异，这也导致女性更关注细节，男性更关注大方向。

小云和丈夫一起带着孩子来咨询，我发现孩子的内在秩序很混乱，到了家长沟通时间，谈起内在秩序混乱中父亲与母亲各自需要调整的地方，小云说着说着情绪激动起来："……他一点都不配合我，一跟他沟通他就不说话。"

　　我问小云："他总是反对你吗？""不反对的时候什么样子？"

　　小云："会跟我说几句。"

　　我："也就是说，他不同意你观点的时候，是保持沉默的是吗？"

　　小云愤愤地："对，就是这样，我最讨厌他不说话，哪怕他不同意，说点什么也行啊？"

　　我转过头问小云的丈夫："你为什么不说话。"

　　小云的丈夫带着点嗤笑："我说了也没用，说几句她就跟我吵架，说什么。"

　　小云："那也不能什么都不说啊？特别讨厌你这种态度。"

　　这是常见的情况，一方面，女性对孩子的关注的同时，承担更多的社会事务（工作、关注家长群、接送孩子等等），她们容易处在焦虑情绪中，这时候会偏向用控制来缓解焦虑，理论上，如果丈夫能够看到并帮助妻子纾解焦虑情绪（当女性承担了更多的社会事务，男性往往也要更多的承担），对孩子更好。

　　可是夫妻双方往往都看不到这一点，女性无处安放的焦虑，男性不愿面对的冲突，导致问题无法解决，愈演愈烈，女性更倾向于控制孩子指责丈夫，男性更倾向于逃避。女性焦虑导致混乱，男性逃避没办法厘清，使儿童内在秩序被破坏。看起来，女性变成了强势的一方。

　　一般意义上的男性角色更容易给孩子带来**权威感、力量感（抗挫力）、边界感、目标感，幽默感和创造力**。孩子首先用母亲的眼睛看世界，跟母亲更亲密，母亲与父亲是对立的，是家庭中的"权力中心"，会弱化父亲对孩子这些品质的建设。

　　很多家庭觉得"平常小事是我说了算，但大事上都还是老公说了算的。"没错，可是大家需要注意，从孩子的角度来看待，到底是谁说了算呢？

丈夫："老婆，今天晚上我们吃西红柿炒鸡蛋吧。"

妻子："哎呀，吃什么西红柿炒鸡蛋，不早说，我又没买，不吃了，吃别的吧！"

这其实已经破坏父亲在孩子心中的权威感了，也影响孩子的规则感。并不是说任何事情都应该丈夫说了算，重点是家庭成员之间都应学会用相互尊重的方式来沟通和解决问题。

即使家里没有西红柿了，妻子也可以正常的沟通，比如"啊，你想吃西红柿炒鸡蛋呀，那我明天给你买行吗？今天家里没有，再买有点来不及了。"这样的沟通方式更能尊重到对方。

父亲在家庭中主动或者被动的弱化，孩子会出现：规则感弱（总是破坏规则或者不服从管理、侵犯他人界限）、学习动力不足（多数在3~5年级表现出来）、目标感弱（无人生方向和意义，沉迷手机或辍学）、关系疏离（亲密感弱）、力量不足容易退缩（不敢尝试）、胆小（被欺负）或攻击别人（霸凌者）现象。

经常有家长反映自己的孩子在学校坐不住，乱动、说话，高年级的孩子甚至跟老师起冲突，一个重要影响因素，在孩子眼里自己家里妈妈说了算。家庭中一直是母亲说了算，会导致孩子对权威的认识和对规则的遵守度不够，或者说，母亲在家里做了"权威"角色，却达不到权威的效果。因为跟孩子的分离不够，管理孩子太细碎，过于情绪化，孩子会觉得谁也管不了自己。随着孩子长大，这种意识越来越强烈，这会直接增加将来孩子上学时学校老师的管理难度，间接影响孩子的学业。

我们需要帮助儿童建立权威感，是儿童社会化进程中重要的部分。而管理一个孩子，本质上是建立他服从权威的过程，这个权威包括法律法规的遵从意识，老师指令的服从性，团队合作中对领导者的配合（不是领导者都对，而是内耗更难）。这一点跟规则并不冲突，基础的规则就是法律法规。

父亲在教育中的缺失可能会让孩子力量感很弱，影响社交。比如一些在校园里经常欺负别人的孩子或经常被欺负的孩子。大家可能会疑惑欺负别人的孩子也是力量感弱吗？

是的，欺负别人的孩子也是力量感弱，控制自己也需要很强大的力量，就像道歉和接受别人的拒绝，需要力量一样，这样的孩子容易失控，同时边界感差，遇到弱小的人入侵他人边界，遇到比他强大的人又容易被侵犯。欺负和被欺负的两种表现也与孩子的人格特征有关，一般父性力量缺失时，外倾性格的孩子倾向于攻击，而内倾性格的孩子倾向于退缩。

小学高年级以上的孩子没有学习动力，三大原因：不做家务，孩子没有承担起自己照顾自己和分担家庭事务的责任（自主感不足）；分床太晚，独立性不够（共生，边界不清，力量感、抗挫力不足）；父亲不参与教育（目标感不足）。

我们还可以观察父亲跟孩子在一起的时间足够多，幽默感和创造力更强。父亲带孩子玩耍的时心很大，孩子就会有更广阔的空间来探索，甚至有时父亲把孩子当玩具，父子俩玩得不亦乐乎，有时还会与孩子开些有趣的小玩笑，这些可能都是妈妈角色做不到的地方，所以我们对爸爸教育的排斥，很可能也会把这些优秀品质排斥在孩子的成长之外。

同时，一个孩子如果有一个看起来"强势"的母亲，恋爱与婚姻中对男、女性角色的定位也会受影响。女孩很可能会成长为与母亲相似的女性，寻找伴侣时要么寻找一个和父亲很像的男人，这个男人很可能会有一个看起来"强势"的母亲，家庭中出现两个"权力中心"，引发激烈的婆媳矛盾，男人通常无力对抗和调和。要么反之，想找一个跟父亲一点都不像的男人，却不会跟他相处，经常处于"权力"斗争中。而男孩也是差不多的情况，可能会成长为父亲这样的人，找到一个像母亲的伴侣，母亲与伴侣之间婆媳矛盾，自己无力解决。

（1）缺位的父亲

经常听见妈妈们抱怨丈夫不参与教育，因父性缺位而引发的家庭教育问题，在我做过的儿童咨询中非常普遍，一半以上的儿童咨询背后都有父亲缺位的原因。

表面上看，父性的缺位有这样几种常见的情况：

1）爸爸工作很忙，或早出晚归，或经常加班，或外地工作；

2）爸爸万事不管，认为教育孩子是妈妈的事儿；

3）爸爸管孩子特别粗暴或者特别纵容，妈妈不得已必须多上心。

从我的角度来看却不像表面上看起来的这样。

（2）"爸爸工作很忙，或早出晚归，或经常加班，或外地工作。"

有时候确实很忙，果真忙的一点也照顾不上孩子吗？一种原因是爸爸也受他家庭的影响。

朋友小苏在外人看起来家庭幸福，事业有成，他自己却知道，夫妻关系并不融洽。他不知道为什么给了妻子稳定的家，也上交很多生活费，足够妻子孩子各种花费，妻子却并不满意，觉得他不参与孩子的教育。我们来看看小苏的成长轨迹：

小时候，小苏的父亲在外地工作，每年回家 2 次，一次不超过 1 个星期。等小苏大一些上初中的时候，父亲回到家里，在本地工作了，父母关系却很不融洽，多数时候是父亲发脾气，母亲忍气吞声。他也发现，父亲很不亲近自己，所幸母亲对他很宽容。

等他结婚后，也在外地工作。每当妻子提出教育孩子的问题，他都会尊重妻子的意见，但妻子觉得远远不够，教育孩子不是只提供钱，还得陪伴。但是小苏觉得无奈，他也尽力做了，只是，他自己也知道，他并不会如何陪伴孩子。

小苏与父亲是疏离的，他没有跟自己父亲亲密的经验，也就很难跟自己的儿子很亲密。甚至，父亲的在家庭中的缺位重复在他的身上，他也对孩子疏离，不会陪伴孩子，潜意识里还觉得母亲照顾孩子是应该的，因为自己的母亲就是这样做的。

另一种原因是逃避。我观察到，更多的父亲是在逃避不愉快的家庭关系，也是应对压力的一种方式。知乎上有一个问答："为什么那么多人开车回家，到楼下了不下车还要在车里坐好久？"答题的几乎是男性，其中不乏点赞过万的答案。而有个朋友把这个问题发了朋友圈，他收到的回答很有意境：

> "一天忙活完，最舒服的事儿就是到家停好车，赖在里面。不慌不忙放个曲儿，慢条斯理点根儿烟，最后正式开始发呆。车的两头，一头是功名利禄，一头是柴米油盐。偶尔在中间躲躲，也挺好。"

知名小说家张爱玲的《半生缘》里这样表示：

> "中年以后的男人，时常会觉得孤独，因为他一睁开眼睛，周围都是要依靠他的人，却没有他可以依靠的人。"

当然我们看待这样的问题会有很多角度，不管是男性还是女性，每一个人都有压力。如何应对压力，我们怎么看待关系，如何处理矛盾，自我个性如何，都很复杂。

单从教养孩子的角度，爸爸的参与毋庸置疑是很重要的。如果父亲（以下建设同样适用母亲分离的情况）必须长时间在外地工作或由于某些特殊原因不能回家，我们应该怎样为孩子建设良好的教养环境呢？

> 孩子小时候航哥经常在国外工作，一去就是 8 个月左右的时间。大女儿 4 个多月，航哥出差开始我就经常给孩子翻看爸爸的照片，特别是爸爸与她一起的照片，同时给她讲照片背后的故事（不管孩子听不听得懂）。孩子大点了，家里某个东西坏了，我会说："如果爸爸在就好了，可以帮我们修理一下"，同时告诉孩子爸爸在家庭中的重要性、爸爸的工作、爸爸的趣事，让孩子尽可能多地了解父亲。

很多孩子因思念爸爸（或妈妈）特别难过，于是家长们为了避免孩子有情绪故意回避谈论爸爸妈妈有关的事情，这种做法是不恰当的。更好的是与孩子讨论他对父母的思念。

"我看到你哭得很难过，你很想念爸爸是吗？你想要爸爸回来陪你，是吗？"

"那你最想念爸爸什么呀？"

"你最喜欢和爸爸一起玩什么游戏？"

"最喜欢和爸爸去的地方是哪里？"

"你和爸爸有没有小秘密？是什么呀？"

这些讨论都可以帮助孩子加深和巩固与父亲的连接，允许孩子哭闹、不安、思念，妈妈只要静静地抱着、陪着，等待孩子的情绪缓缓流淌就好。当孩子平静后可以和孩子回忆一下与爸爸在一起的某次特别的、有趣的幸福时光，或聊一聊现在可以做些什么，比如和爸爸视频、为爸爸做一个礼物、期待爸爸给自己带什么礼物等，将思念难过的情绪转向期待，这样可以有效融合思念与亲情。

很多妈妈经常忽略一件非常重要的事情，忽略自己对丈夫的情感表达。孩子用妈妈的眼睛看世界，跟爸爸建立关系，起到决定性作用的是妈妈与爸爸的情感连接是否同样亲密。如果一个孩子经常听到妈妈对爸爸爱的表达，"我也想你爸爸了，要是你爸爸在我身边就好了"，或者在跟丈夫打电话、视频时直接勇敢地说出自己的爱和想念，对孩子是一种超级温暖的建设，同时也树立了一种即使最亲爱的人不在身边依然可以相互关心、相互想念的榜样。妈妈也可以和孩子讲述自己与爸爸相识的故事、中间有怎样的小插曲、结婚时的温馨画面等。

在管理孩子上通过爸爸命令，妈妈执行的方式。视频电话中，爸爸教导孩子，妈妈用这样的句式："爸爸说过，要……"，"如果爸爸知道你努力了，会为你自豪的。"

（3）"爸爸万事不管，认为教育孩子是妈妈的事儿。"

我生二女儿的时候，很多事情协调得很好，我的父母在家里照顾老大，婆婆在医院里照顾我和小的，航哥两边来回跑。一个病房两个床位，同病房的另一个产妇因为是头胎，所以看起来有些手忙脚乱。

孩子哭了，她提醒丈夫："看看孩子是不是拉了？"

丈夫掀开被子，拎起孩子的一条腿，回答："好臭，看来是拉了。"然后就看着妻子。

妻子接收到丈夫眼神有点生气，抱怨道"你倒是给他清理一下，换个尿布啊！"

丈夫："哦哦。"非常笨拙地把带着便便的尿布拿出来，又不知道扔哪里，又不能把孩子的腿放下，一时不知道该怎么办了。

幸好这时奶奶走了过来，"我来吧。"麻利地给孩子清理干净，周整地把孩子包起来。

过了一会儿孩子又哭了，妻子又提醒丈夫："看看孩子是不是需要抱抱啊，刚刚吃完奶也拉过了也尿过了。"

于是这位新手爸爸再次笨拙地伸出两只大手，一手在前一手在后，紧张地把孩子托了起来，像举了一个易碎的瓷器，我看到他很紧张，眼睛看着老婆，好像是说："怎么还哭呢，怎么办？"

姥姥就赶紧过来："给我吧。"娴熟地抱了过去，哄一哄很快孩子就安静地睡了。

趁孩子睡着，奶奶和姥姥出去打水洗衣服。孩子又哭了，妈妈怀疑是不是自己奶水不够，想冲点奶粉给孩子喝："你把奶瓶烫烫。"

这位爸爸一看就是平时在家里不刷碗的人，好几次几乎都要把奶瓶扔掉，妻子没办法只能捂着肚子艰难地从床上起来，把丈夫扒拉到一边，要自己来。这时奶奶和姥姥回来了，看到这种情况当然让产妇赶紧躺下好好休息，她们很迅速地把爸爸从桌前挤开，分工合作地把产妇扶过去躺下，奶粉冲好，孩子照顾好。然后我观察到这位丈夫左手拿着手机、右手拿着烟盒到走廊里去了。接下来的几天住院时间丈夫很少待在病房里，总是待在外面，妻子心里也很委屈，觉得丈夫不陪伴自己。

男人女人天生就有很大的不同，女人细腻且感情充沛、为照顾孩子做了良好周全的准备，而男人理性、粗犷，为家庭的稳固做了支撑，作为一个新手爸爸，最初照顾小孩子的时候出现手忙脚乱的情况非常正常。

很关键的一点，如果我们再也不想让一个人做某件事了，那么就不停地排挤他、指责他、训斥他、嫌弃他，那么终有一天他就真的不想做了。想象一下，如果我们辛辛苦苦做好了饭家里人不想吃，还嫌弃这道菜咸、那道菜苦，我们还会有兴趣再做吗？当然不会了，虽然有可能在被逼无奈的情况下做，但一定不会兴致盎然、心甘情愿。爸爸们照顾孩子的情况同样如此，不管是谁进入到一个陌生的领域都会慌乱一阵，也可能错误百出，恰恰是在这个过程中他们亟需被鼓励、被认可、被夸奖，才能更好地融入新角色中。

小潘因为工作的原因，迫不得已在孩子10个月大的时候断奶，让奶奶把孩子带回老家，直到幼儿园大班才把孩子接回来，发现孩子身上有很多的"毛病"。东西拿出来不放回去，吃东西吧唧嘴，撒的满桌子都是，特别磨蹭还脾气大，动不动就嚷嚷着要回奶奶家。在幼儿园里，孩子总是乱动别人的东西，有时候还冲别人吐口水，老师同学都很不喜欢他，小潘经常被老师和其他家长要求"管管你的孩子"。小潘管不了，丈夫则是遇见一次打一次，孩子行为越来越失控，小潘觉得心力交瘁："我的孩子怎么这样了？"也不知道怎么管才行。

如果孩子并不是我们从小养到大，很可能会出现看孩子哪里都不顺眼的情况，孩子不是自己带出来的，身上的各种行为、习惯等家长很难适应，也很难理解。孩子小时候被送回老家，更会有心理创伤导致的异常行为。如果爸爸很少参与孩子的教育，刚刚接手孩子也会觉得孩子和自己不那么契合。

夫妻两个是孩子这个项目的合伙人，如果一方一直承担着项目的主要工作，对项目目标，项目进展很了解，项目干到一半遇到困难，需要另一方大量参与，新加入的一方需要一段磨合期。他需要练习需要适应，如果没有这个过程，会要么疏离，要么过度管理。

有的家庭管不了孩子了，或者意识到爸爸对孩子的教导作用，需要爸爸中途接手，有的爸爸还是习惯性地把主动权推给妈妈。

　　小葛在家里很有"发言权"，公公婆婆丈夫都很让着自己，不过当她发现儿子越来越磨蹭，她意识到得让丈夫参与进来："老公，早上你弄孩子起床，我刷牙洗脸把孩子送去幼儿园。"

　　丈夫叫孩子起床，让孩子穿衣服，孩子磨磨叽叽，丈夫劝孩子："快点穿衣服，要不然妈妈就生气了。"听丈夫这样说，小葛气炸了。

丈夫还是把小葛放在"权力中心"上，有的爸爸特别宠孩子，妈妈要及时退出，要有意识地把爸爸的权威凸显出来。

　　航哥是"女儿奴"，根本不舍得管女儿，看着他宠孩子的样子，我也觉得挺好。同时家人觉得我了解儿童心理，我给孩子建立规则的时候界限把握的也不错，孩子觉得妈妈说一不二，在我面前也很遵守规则。不过他们更喜欢跟爸爸，因为跟爸爸在一起可以为所欲为。

　　老大5岁的时候我发现不对了，孩子我快管不了了，要无法无天了。我对航哥说："这样不行，以后管孩子得你管。"

　　航哥好脾气："哦，好的。"然后航哥管了一下下，跟我说："不行还得你管，她们不听我的。"

　　我开始认真思考，航哥为什么会退呢？哦，我指挥航哥去管理孩子，其实我还是在"权力中心"，我开始退出："那啥，管孩子还是得爸爸管，咱俩还是换一换，我可真不管了，你看着办吧。"

　　家里开始混乱，孩子总是喝饮料，我忍；孩子把垃圾随意扔在桌子上，我忍；孩子不刷牙，嗯~我使劲忍。三个月后的一天，我听见航哥在客厅

第五章　家庭教育的层级

里"砰"的一声，手使劲地拍在桌子上，第一次对孩子发脾气："我对你们好，是因为我爱你们，你们不能这样，你们这是欺负我知不知道！"我不厚道地笑了。

从那以后，航哥慢慢地把孩子管起来，我们家就经常出现这样的画面。

孩子："妈妈，我想吃冰糕。"

我："马上吃饭了，饭后休息一会再吃。"

不一会儿，孩子吃着冰棍儿从我面前晃荡，看到我看她，得意地举着冰棍儿："爸爸同意的。"

哦，那很可以，爸爸同意就行，谁怕谁呢，反正"权力"我交出去了。后面孩子上学，遇到问题爸爸就管起来了。再后来进入青春期，我是真的管不了孩子，但是爸爸可以呀。

（4）"爸爸管孩子特别粗暴或者特别纵容，妈妈不得已必须多上心。"

在"压力源—夫妻关系不和"章节中，小尤跟丈夫因为孩子去农家乐闹得不愉快，爸爸迁怒于平时妻子对孩子太过溺爱，所以对孩子更加粗暴。在"我有我的界限—界限的一个核心"中，小陶的故事也是界限的问题。很多伴侣并不是在反驳对方的教育观点，更多是为了表达对关系的不满。

我建议小尤在父子冲突时可以尝试暂时离开，后来小尤调整了自己，尽量减少参与到父子冲突中。在孩子7岁后，辅导孩子功课的事儿也转给了爸爸。她发现她辅导功课，孩子一会要喝水，一会要吃东西，一会觉得作业难，总是吭吭唧唧；爸爸辅导作业，又快又好。调整后爸爸的权威性凸显出来，显然这对孩子是更好的。

很多妈妈反馈，自己离开后丈夫并没有过分折腾孩子，并且两人很快就会安静下来。为什么妈妈在场丈夫与孩子会经常越吵越凶？不但是因为丈夫的迁怒和妈妈越宠爱，还因为孩子认为妈妈在家里有话语权，妈妈可以依靠，更理直气壮地跟爸爸战斗，也无形中完成了"替妈妈出气"和"与爸爸竞争"的任务，同时也为自己争取利益。当然有时候也是爸爸不想管，潜意识把事情搞糟糕一点，这样妈妈有可能再接手这个"麻烦"。当妈妈撤离"战场"，孩子单独与爸爸在一起，没有那么多"潜台词"和多重关系，两人反而会很快解决问题。

很多爸爸在教育上很有灵性，听完讲座简单的一句"懂了"，立刻会有改善，妈妈反复的情况更多。这也是因为妈妈跟孩子情感上更亲密，所以"当局者迷"。让爸爸真正地参与进来，给他试错的机会，认可和欣赏他父性人格的部分，爸爸会把孩子带得非常好，即便有时在某些做法上不合时宜，但我们还是应该对他们保持信心，抽离一下，放下对爸爸和孩子的控制。

有的妈妈严厉，爸爸格外宠溺，导致孩子虽然可以形成规则意识，但是内在的自我无法柔软，向外无法形成真正的自律，更多的是因为焦虑而服从。

> 乌乌5岁，妈妈非常严格，不许吃太咸的，不许吃冰的，不许吃太甜的，不许跟妈妈发脾气，布置的任务必须完成，要求孩子的时候皱着眉头，冷冷地盯着孩子。小乌很怕妈妈，在妈妈面前很乖，乌乌爸爸也不愿意惹妻子生气。不过乌乌最开心的就是晚上跟爸爸一起出去遛弯，当然不能带妈妈，父子俩出门就直奔超市。

本章节为了帮助妻子理解丈夫，站在男性的角度描述了他们的很多无奈，但是，在家庭中凸显爸爸的地位，绝不是鼓励大男子主义，爸爸爱家庭，也表现在对家庭事务的参与感上，家庭中的所有角色共同承担，会给孩子更好的表率，让家更有温度。爸爸要主动起来，要求妻子做好的同时，检测自己是一个好丈夫吗？能否在妻子情绪崩溃的时候作为妻子的后盾出现？虽然说家庭的情绪能量主要看女主人，但是全靠女主人掌舵，女主人也很容易崩溃。一个状态不好的妈妈，也无法给予孩子有营养的爱。

3. 母亲

我们在母体中被孕育，出生前，我们已经跟母亲深刻的在一起了，前面提到的自恋、母婴关系、依恋关系，母亲是我们生命的摇篮，也是我们心理的摇篮。3岁前，孩子心理能量需要依赖母亲获得，母亲需要给予幼儿稳定的关照；3岁后，母亲要退开一些，给儿童留出空间发展。儿童时期，我们跟母亲是一体的，母亲可以轻易摧毁一个孩子，父亲却不一定会。

当孩子感觉到母亲不爱自己，他不会停止爱妈妈，但他会停止爱自己。幼儿对情绪和感受理解的发展，几乎完全是以他与母亲间的关系而非以本能的角度来看待。可以说，母亲是我们心理防线的最后一层，一旦这个防线被击溃，我们心理也容易被击溃。

> 女孩莱莱是高一的学生，刚入学跟另外三个女同学因为好奇心违纪了，被老师带到办公室教育。其他三个女生都被训哭了，莱莱没有，她很惊讶，有什么好哭的，以后不做就是了。
>
> 莱莱的妈妈说，莱莱爸爸很"毒舌"，所以对于莱莱来说，老师的这点训，就是毛毛雨。对于丈夫的毒舌，莱莱妈妈很淡定，既不会参与父女之间的战斗，也不会攻击莱莱和丈夫。

虽然从教育技巧来说，"毒舌"并不好，但是，对一个孩子来说，母亲是内部资源，母亲稳定，莱莱内在是稳定的。同时，爸爸是外部资源，有些情况下，孩子有强烈的欲望超越父亲，父亲的攻击让莱莱耐受力增强，同时激起她的好胜心。

母亲的稳定感很重要，也很难，本身女性情绪化程度高，很多家庭母子（女）亚系统功能性更强，但是作为一名女性，我们不仅是孩子的母亲，还是父母的女儿、丈夫的妻子、公婆的儿媳、单位的员工、某社团的学员等多种角色，一旦我们生命中把某个角色看得过度重要，其它社会角色功能自然会退化、贫乏，势必会影响"完整的我"的建设。在孩子身上过度关注使得我们容易掐断本应在其他的社会角色中获得的资源，倾向于从孩子身上获得成就感、安慰，这不是健康的爱，这种爱带着压制、期待和索取，一旦孩子出现了问题，没有达成我们期待的结果，女性就会变得异常愤怒和崩溃。人生如同是一场考试，如果考10门，有一两门不及格，我们不会觉得怎么样，如果只考一门（亲子关系），这一门功课失败，意味着我们人生的失败。同时因为其他关系的疏远，特别是夫妻关系的疏远，本应一起合力面对的教育问题，变成了孤军奋战、单打独斗，既劳心又费力，最后两手空空。

请每一位妈妈照顾好自己。想象中的完美妈妈是不存在的，懂得爱自己才能给孩子做榜样，爱是被分享的，而不是掏空自己，自己不能爱自己，我们就没有分享爱的能力。如果打扮自己，给自己抽时间放空会让我们感到羞耻，我们可以先考虑自己跟自己的关系，可以试着从家里大总管的位置回归到更完整的社会属性。如果找不到快乐，甩不掉刷手机，我们可以问问自己有没有想要的生活目标，思考自己想过一个什么样的人生。心情轻松的自己，焦虑降低，陪伴孩子的质量更高。然后我们再看夫妻关系，最后讨论孩子教育。本书可能会引起家长的一部分焦虑，不过我特别想强调：家庭教育是有层级的，一层比一层重要，重要程度是翻倍的。

家庭教育方法是家庭教育的第一层级，如果这一层级做不好，那我们就营造良好的亲子关系。如果第二层做不好，我们就构建一个正常的家庭关系。如果第三层做不好，我们就确立清晰的家庭角色分工和家庭序位。

妈妈爱孩子，爸爸做保护和支撑是最好的家庭序位，妈妈是那个托底的人，她影响孩子飞的多远，爸爸是格局，影响孩子飞得多高。这也意味着，在家庭序位中，除了互相尊重，在教导孩子和人生方向上，爸爸比妈妈有发言权。

如果第四层也做不好，那最后一层，请让孩子能够确认"这个世界上至少还有一个人深深地爱着、信任着我"。

4. 分离的父母

本书讨论的是普遍状态，当然每个人对教育的理解不同，对幸福的定义是不一样的。心理的复杂性导致无法给培育一个孩子给出标准答案，如果家长的心态是放松的，单身的爸爸妈妈也可以教育好一个孩子，正是因为第五层的存在。如果我们能在糟糕的境地里也依然相信，我能行，他也能行，一切都会好起来。

现在离婚已经成了很普遍的社会现象，离婚对孩子的影响很多时候确实很大，我觉得，影响最大的是分开时对对方的厌恶、恨意、隔离和排斥。请不要停留在悔恨和痛苦中，给孩子传递这样一个信息：分开，是为了更好地生活。

如果夫妻两个因感情问题离异，或者是一方失联，以上大部分建设同样可以用。如果条件允许，请家庭中其他成员多给予父性母性的人格关怀。我们可以：

1）5岁以上不回避离婚这个话题。

2）爸爸妈妈之间生活目标不同，所以要各自经营生活。

3）感谢过去一家人的陪伴。

4）请一定要记住，爸爸爱你，妈妈也爱你。

去世的家长（包括平辈和祖辈），我们需要强调的是：

1）5岁以上不回避死亡的话题。

2）他很爱你，祝福你，希望你过得幸福。

3）必要情况下，生活中保留他的生活痕迹，给孩子链接的渠道。

4）他在另一个世界，虽然无法联系到我们，但是他会想念你，正如你想念他。他在另一个世界会有疼爱他的亲属，他也会有幸福的生活。

5. 祖辈

序位代表着家庭权力中心在哪里，让孩子感觉爸爸说了算，就是让孩子清晰地知道爸爸是权力中心。如何看待正确的家庭序位，简单地说，分享几个苹果，先分给谁？

小奚身体不太好，有时候会情绪失控，丈夫让着小奚，同时也教育女儿："你妈妈身体不舒服，情绪不太好，你得让着妈妈。"这样让孩子误以为"生病"的妈妈是家里的权力中心，产生极大的不安全感，出现抗挫力不足的现象。

我建议爸爸更换说法："妈妈身体不舒服，她偶尔有情绪，爸爸需要让着妈妈。"这样就可以凸显爸爸的权威了。

在核心小家庭里，当然爸爸可以让着妈妈，爸爸妈妈也可以让着孩子，但在孩子6岁之后，他一定要意识到分享要先分给爸爸（爸爸再转送给妈妈），再分给妈妈，再兄弟姐妹们分；在主干家庭里，要先分给祖辈，再父辈，再小辈。

祖辈帮忙带孩子的家庭很多，经常也会遇到家庭关系的矛盾、家庭教育的冲突，一些父母担心老人带的孩子有很多坏习惯，会娇气、任性、依赖，这点真的是多虑了。

鄂鄂每年放假都回奶奶家，特别是寒假在奶奶家特别舒服，奶奶家是大热炕，起床奶奶端来水盆在床上洗脸，尿尿奶奶拿个尿盆接，孩子要什么给什么，从来不拒绝，待遇简直就是"小皇帝"。过完寒假回到自己家，各方面都要自己来，特别是洗脸要自己洗，要从热乎乎的被窝里爬出来，洗脸水冰凉冰凉，鄂鄂想到奶奶的热炕，觉得真是天壤之别啊！嘟囔着抱怨了几句，不高兴了。

妈妈听后说："这是咱们家，不是奶奶家。"孩子也就接受了，麻溜地完成了刷牙、洗脸的个人卫生，虽然被凉得龇牙咧嘴的，但并没有出现问题。

在孩子内心深处，最愿意链接的还是父母。即使平时都是由老人带，只有周末才能见到父母，孩子还是会模仿父母、像父母更多些。有些老人追着孩子喂饭，不让父母管孩子等，阻碍孩子发展，我认为可以通过良好沟通加以改善，再不行，自己多带带孩子，也会把孩子教育得很好。

依依的妈妈抱怨老人总喂孩子，我问："她在自己家里，在学校里吃饭怎么样？"

依依妈妈说："还是挺好的，自己吃得挺多，也会自己吃。"

那我们为什么要纠结，你看，孩子并没有不好不是吗？我们可以把关注点放在老人这份难得的爱上面。老人的爱和父母的爱性质不同。不管我们怎么觉得我是真心实意、掏心掏肺的爱孩子，还是掺杂期待：比如希望孩子成功、出色。可是老人不一样，隔辈亲的爱比父母更纯粹，恰恰这种纯粹的爱与包容，是孩子人生中一笔非常宝贵的精神财富。

　　我姥姥从小对我特别好，我 20 多岁那几年，遭遇一段情绪非常低落的时期，沮丧、难过、无力、孤独。偶尔会想人活着意义是什么呢？离开会不会更轻松？当然没有自杀，除了感觉太疼了，还觉得父母可能会难过。更会经常想起姥姥，想到小时候姥姥对自己温暖的样子，又生出了重新面对困难的勇气和力量。

当然父母的爱也有同样的功能，不过如果孩子能够拥有老人这份无任何期待的爱是一件非常幸运和幸福的事儿。

还有很重要的一点，父母要做孩子的榜样，经常对自己的父母或伴侣的父母指手画脚，会让孩子这样想：爷爷奶奶对我好，爷爷奶奶才对，等你们不在的时候，我和爷爷奶奶才不听你们的呢！形成违拗、不服从的想法和感觉，同时也无意识地吸收了父母反驳、指责、排斥长辈的印象，孩子会以我们为榜样，像我们对待长辈一样对待我们。我经常在我爸爸妈妈对孩子有错误行为的时候，默默地想，如果我想 30 年后孩子尊重我，那么我现在要尊重我的爸爸妈妈。

　　老大被生气的姥爷训了，训了老半天，我一看这种情况，默默地隐身开门出去了，等从姥姥姥爷家出来，老大委屈也生气："姥爷不能那样说我！"
　　我回答："我知道你很委屈。那是我爸爸，我也管不了他啊。"

我们平时要跟孩子建设这样的思路：在爷爷奶奶家听爷爷奶奶的，在爸爸妈妈家，我们再按照自己家的规则来。

　　家长疑惑：老人觉得我们忙，带不好孩子，总是要求我们把孩子放在他们家，怎么办呢？

坚决捍卫自己做父母的权利，承担相应的责任，当老人特别需要孩子，我们要觉察老人低价值感和高孤独感。在"家庭教育技巧—关系中的情感体验"我们也提到，老人精神世界的需要也很高，给老人创造条件建立他们的社交关系、兴趣爱好，持续成长的环境，多陪伴老人可以从一定程度上解决这个问题。

家长疑惑：跟老人住在一起，爸爸不参与教育怎么办。很多都是老人在代劳，父母在孩子身上没什么发言权。

跟老人在一起，父母的角色会弱化，因为作为父母，在祖辈这里我们也成了"孩子"，具有孩子的角色属性，有条件的话跟老人分开住，没有条件也要注意以下几点：

1）关注家庭新成员（跟岳父母住在一起的丈夫，跟公婆住在一起的妻子）的家庭融入感；

2）留出重要关系空间，比如亲子空间（包括自己跟长辈），夫妻空间（包括老夫妻）；

3）创造每个人的责任空间与独立空间，同时也要提醒己方父母给伴侣留出属于他自己的责任空间和不被干扰的时间和空间。比如陪男孩子游泳，是爸爸的责任空间，别的家庭成员要退出。

6. 同胞

家庭关系中，同胞亚系统也有界限和序位。每个人都需要父亲和母亲，父亲—母亲—儿童，三角是闭合的，是不同代际成员之间的关系。同胞属于同一代人，他们之间只是年龄的差距，并不存在代际差异。他们会以各自的方式依赖于父母，以获取物质和精神的生存。同胞并非不可或缺的，彼此之间并不像依赖父母那样，没有他们，"我"依然能够存在。

小时候看动物世界，幼狮们争抢母狮的奶活下去，互相啃咬扑抓训练捕猎生存能力，蜷缩在一起睡觉一起行动提升自己的安全感。人们的同胞关系的亲密也为个体的发展提供了特殊的机会。他们一起玩耍，在躯体上更为亲近，既温柔又富攻击性；他们互相模仿和认同，彼此学习；他们学习如何处理对其他同胞的爱，如何积极的适应竞争。

同胞的存在也会带来一些混乱而痛苦的感受和问题，特别是老大，内心痛苦想要得到关注却不好好"表现"。

如果在单位里，我们独享一间办公室，月薪1万，直属领导会把我们所有需要的资源准备好，只要干好自己的工作，我们并不需要讨好领导，这一切顺理成章。

突然有一天，来了一位新同事，他分享了我们的办公室，也分享了我们的月薪，月薪降到5千，我们还发现，新同事很会讨好你的领导，领导愿意把更多的资源给他，我们现在心情如何？

更重要的是，我们会做什么？会像新同事那样讨好领导吗？

弟弟妹妹从母亲处获得更多的关注、照料和躯体的亲近，这对于年长的同胞来说意味着退行的诱惑。年长的会担忧其到来会威胁到自己先前已取得的内在和外在情境的平衡，他的心理和行为变得不同，嫉妒和竞争是很正常的情感，有时甚至非常严重。对于年长孩子的退行，比如他也要吃奶也要撒娇也要抱抱，我们要给予积极的回应。

我家两个孩子年龄差不大，妹妹出生后，有一段时间姐姐对妹妹能吃奶特别羡慕和渴望，我就让她也吃了几次，没想到她越吃越多。我对她说："你有吃饭的能力了，她还没有，所以你可以尝一尝。"

在一次哄妹妹睡着，我把老大抱过来平放在床上："你小时候也是这样的，先喂奶，哦，宝贝吃饱了。"让她尝了一口奶。

再拉着她的裤腰："我看看拉尿了没有。哦，该换尿不湿了。"假装给她穿尿不湿。

然后我找了一个小被子，对她说："宝贝该睡觉啦。"把她像妹妹一样包裹起来，抱在怀里，开始哼唱："睡吧~睡吧~我亲爱的宝贝……"她一脸幸福地装睡。

退行

是指人们在受到挫折或面临焦虑、应激等状态时，放弃已经学到的比较成熟的适应技巧或方式，而退行到使用早期生活阶段的某种行为方式，以原始、幼稚的方法来应付当前情景，来降低自己的焦虑。

不但要关注老大，三胎家庭中的老二也非常需要，如果老大、老二、老三是这样的性别：男—男—男，女—女—女，男—男—女，女—女—男，男—女—女，女—男—男，也就是说有同性同胞的老二，很容易出现特别省心的情况。因为家庭的序位让他们明白"只有表现好才能更好地适应"。不过同时，他们也会觉得不被重视，长大以后容易出现跟父母同胞之间的关系不够亲近，想法比较孤僻的情况。

很有意思的是，他们往往生活的还不错，因为他们更会如何获取社会资源，只是容易感到不幸福。

（1）"等弟弟妹妹出生了，你把你的玩具给他们玩好不好？"

帮助年幼的同胞，并不是自己的物品被剥夺，这会加重孩子的焦虑引发他强烈的敌意。在幼小一些的孩子还没有分辨力的时期，如果我们买了一件玩具，可以由年长的同胞先拥有，然后鼓励他把自己的旧玩具找一件分享。买了两件，年长的先挑。这也是序位。

（2）"你要让着弟弟妹妹。"

"让"是建立在哥哥姐姐被尊重的基础上的。我们可以带领年长的孩子一起学习照顾年幼的孩子，尊重某种程度上他对年幼同胞的支配地位。帮助年长的同胞确立权威感，会促进年幼同胞的模仿，当年幼的孩子走进社会他也将会获得这种能力。同时，年长的同胞虽然在家庭中会"欺负"弟弟妹妹，但是在离开家庭的环境，他们更有责任感，在必要的时候保护弟弟妹妹。

> 姐姐到医院来看刚出生的妹妹，她看到妹妹很激动，伸手就要摸妹妹，婆婆看到："别动妹妹。"老大呆住了。
>
> 我赶紧把老大叫到身边，拉着她的手，看着她的眼睛："你想摸摸妹妹是吗？妹妹还很软，奶奶担心，你看看，这是囟门，是不是还在一跳一跳的？避开这里，我们可以这样摸摸她的手，你看她的小手……"我边说，边拿着她的手，摸妹妹可以触碰的地方。
>
> 她说："我想抱抱妹妹。"
>
> "好啊。"我叫来航哥，"你搂着妹妹，爸爸搂着你，爸爸保护你们两个。"爸爸把妹妹交给老大，并且用自己的胳膊完整地把两个孩子圈在怀里。
>
> 她抱了一会就放下了，看的出她也很紧张。我摸摸她的头："你什么时候想摸妹妹或者抱妹妹，告诉爸爸妈妈，我们保护你们，记得了吗？"

不要给两个孩子人为创造隔阂。如果害怕，就教给老大正确地对待年幼同胞的方式，正向提醒要在家长的看护下相处。但是两个孩子在一起总会产生矛盾，多胎家庭的父母对孩子争抢、吵闹非常头疼，我们要意识到，这是正常而有积极意义的，他们会获得更强的战斗力以及更多的情感体验。这种体验是适当的挫折不会伤害到彼此，家长的偏心才会。所以我们不需要消灭每一次争吵。

同胞竞争

心理学当中有一个词叫做"同胞竞争"，意思是当年龄稍小的弟妹出生后，家里的大宝会出现一些行为或情绪上的变化。

> 两个孩子在她们房间玩，突然哇的一声，妹妹哭了，紧接着姐姐跑到客厅找我："妈妈，那个球是我先拿到的。"（我估计大家都有这样的经验，一听就是姐姐"恶人先告状"）

我们对孩子们的冲突，不仅要"眼见为实"，并且得让孩子讲明白过程。我什么也没看到，看到我也不会下定义。我们家有规则：谁先拿到谁说的算，我只是说："哦，我知道了。"

可能是看到我没有去她们房间，妹妹坐不住了，学着姐姐冲到客厅："妈妈妈妈，是我，是我先拿到的。"

我看着她假装带着疑惑的语气，"哦~"

两人一看我这反应，姐姐对着妹妹大声喊："明明是我先拿到的。"妹妹有点怯，不过还是勇敢地对着姐姐："我先拿到的。"她们又同时转过来想让我评评理。

我淡定的："嗯，你俩都说是你俩先拿到的，你俩都想玩是吗？"

"那这样吧，先把球拿过来给我。"姐姐很快把球放在我手里。"我先拿着这个球，你俩商量一下，或者商量明白谁先拿到的，或者商量一下怎么玩到这个球，商量的结果你俩都同意才行，有一个不同意，这个球就先放我这里。"

她俩愣了一下，你看着我我看着你，懵懵地回房间商量去了。一会姐姐搂着妹妹的肩膀就出来了。她俩商量好了轮流玩。

不要做法官，不然孩子会感觉我们偏心，更痛苦的是，不仅是争东西还要引起家长的关注，只要习惯了做法官，孩子需要我们判断的事儿会越来越多。

（3）"小得那么可怜，哥哥（姐姐）总是欺负他。"

千万不要过于可怜年幼的孩子，这是他的竞争方式，可怜会带来弱化，也不用担心年幼的孩子被欺压的没有力量，同胞之间，哪里有压迫哪里就有反抗。只要不涉及人身伤害和人格侮辱，建立好规则，按照规则来就行，如果是他们自己的事儿，就让他们自己解决。

姐姐虽然经常吼妹妹，不过还是很喜欢妹妹这个玩伴，比如洗澡的时候，妹妹可以跟她一起玩泡泡。每次姐姐会像将军一样："走，妹妹，咱

第五章　家庭教育的层级

381

们洗澡去。"妹妹就会屁颠屁颠地跟着去浴室。被姐姐控制的团团转。有一天，2 岁半的妹妹突然第一次说出了："我不要。"

姐姐一下子怒了："快去跟我洗澡！"

妹妹看到姐姐怒了，不仅没害怕，又坚定地说了一遍："我不要！"

姐姐跑来找我："妈妈，妹妹不跟我去洗澡。"

我："你可能需要语气好一些。"

姐姐讨好地跟妹妹说，妹妹好像得胜将军，"我就是不要。"

姐姐都快哭了："她还是不同意。"

我："哦，那有什么办法能让她同意呢？"

老大灵机一动，用一块糖，引着妹妹同意了。从那天起，妹妹想要得到点什么就想办法让姐姐满足她。

妹妹 3 岁半的时候，当姐姐推她，她已经敢闭着眼，用手推回去了。当然少不了捱两下，我就装作没看见。我也有姐姐，航哥也有哥哥，我们小时候的经验告诉我们，小时候孩子们都掐架，只要父母不偏心，打来打去长大了反而感情特别好。

（4）"弟弟总是打扰哥哥写作业，真没办法。"

如果有这种情况，家庭的边界可能不清晰，一定要尊重彼此的界限，年长的同胞不能仗着自己年龄力气大，随意拿年幼孩子的东西；年幼的孩子也不能在父母的纵容下，随意侵犯他人的边界。对于每一次侵犯边界的行为，我们都要帮助他们厘清——这是谁的东西，这是谁的地盘，这是谁的选择，这是谁的事儿。

跟前面界限一样，同胞之间的事儿，只要不是他们向我们求助，规则以外，我们不要参与。可是有时候真是挺难判断的。

家长疑惑：弟弟总是学哥哥说话，哥哥非常生气，我该怎么办？

这是个非常好的问题，也是比较难判断的问题，对于同胞之间，我们要这样理解界限，界限有三个层次：

第一个层次：法律界限，不能杀人放火偷东西。同胞之间不能有严重的人身伤害就是法律界限。这个是底线，任何人都要遵守。

第二个层次：道德界限，公交车上健康的成年人不让座，就是侵犯了道德边界，却并不犯法。在家里遵守规则，使用文明用语和行为，这些是道德范畴，家长当然也要建设，我们是他们的监护人，需要帮助他们建立良好的社会规范。

第三个层次：个人界限。如果孩子学父母说话，父母可能不会觉得难受；学好朋友说话，好朋友可能还会非常高兴；学哥哥说话，哥哥不开心不同意。这完全是个人的事情。

也就是说，这件事，我们不要参与，这是他们俩的事儿。哥哥可以选择吼叫或者不搭理弟弟，弟弟也可以选择继续学哥哥或停下来。

当孩子求助，我们明确这是他俩的事儿，不介入事情只处理情绪就好了。

如果孩子出现严重的人身伤害和人格侮辱，我们再介入。

如果哥哥使用发脾气的方式解决问题，我们等这事儿过去，专门解决哥哥的行为模式。

如果弟弟需要发展语言环境，我们给孩子更多别的机会练习。

（5）"妈妈，你一点都不爱我。"

让孩子感到受挫的场景很多，比如，有人说："你妈妈怀孕了啊，有小弟弟小妹妹了，就不喜欢你了，跟阿姨回家吧。"给孩子带来遗弃感；弟弟妹妹出生后，所有的人围着看小宝宝，夸小宝宝可爱，大家还给小宝宝带了礼物，没有自己的；再比如，只要自己没得到，爸爸妈妈就是偏心。

两个孩子在车的后排吵架，我一如既往地淡定开车。

老大说："妈妈，我觉得你不关心我。"

妹妹紧接着："妈妈，我也觉得你不关心我。"

我……无语了一会儿，找了个安全的地方把车停下来，转过头，认真地看着她们："我知道，你们都想要我的关心，可是我很为难，我关心了一个，另一个肯定会觉得失落，所以，我觉得我有必要认真地告诉你们，你们都是我的孩子，你们两个我都爱。"

她们安静下来。

（6）独立时间

有时候孩子们会感觉受挫和焦虑，我们要给每一个孩子完全独立的陪伴时间。

对年长的同胞来说，独立时间里，爸爸或妈妈完全属于自己，他不必担心，修复他的情感体验。独立时间要相对固定，有固定的频率，每周一次，一次2小时，或者每天一次，一次15分钟；准时开始，准时结束，特别是准时结束大家不要忽略，这也会帮助孩子建立边界和提升稳定性；时间内，游戏或聊天内容的选择由儿童做主导；空间里没有其他人或者事的干扰，比如其他孩子被伴侣带离这个独立空间，手机静音。

对年幼的同胞来说，独立时间的设定最好是场景练习，因为哥哥姐姐的存在，很多时候，他们对一些事情是模糊的。比如，每次坐公交车，妹妹不是跟着姐姐就是跟着我们，她只是知道投币、上下车，并不知道要从哪一站下车，也不知道我们平时从哪里上车的。姐姐因为大量的练习，就很清晰。所以，独立时间里，我会跟妹妹一起出行，她试着自己选择路线，自己购买东西。

（7）"那一刻，像500米外的一根标枪扎进我的心里。"

在"压力源—父母不当的教养方式–孤独感"中，我描述了当时的场景，妹妹还不怎么会跟家长互动的时候还好，当妹妹1、2岁的时候，小家伙看起来很可爱。我也犯过同样的错误：我们可能会不自觉得对孩子们的表情和态度非常不一样。对小的和颜悦色，犯了错误也是笑着批评，没什么高要求；对大的面无表情甚至是冷脸皱眉，毫无赞美和认可，久而久之，老大非常容易出心理问题。

结语：做错了并不可怕

本书第五章，是本书的收尾，这个结语也当作本书的结语吧。

可能通读了本书，有很多地方大家会觉得错过了，做错了，后悔或者焦虑。特别是如果孩子已经大一些了，确实，书中的一些东西错过了。

改变孩子很难，改变自己更难，我们会不会担心，还来得及吗？我们现在做得对吗？我们真的能够通过改变影响孩子的未来吗？

我没法给大家答案，因为，每个人都会犯错，我也会。可是我还是特别想说：

当我们意识到，孩子发生的问题是家长的问题，改变已经悄然到来。

哪怕我们做不好，但我们正在做，孩子一定会看到。

我们的态度，我们努力同样是孩子的榜样。

如果有一天，他长大了，遇到了困难，遇到了家庭给他带来的心理坑洞，他会选择：我要改变，为了自己的人生。

这也是我们家长送给孩子的礼物——

改变永远不会晚。为的是孩子，更是为自己。

本书完成时间：2022 年 9 月 27 日 23:41

第五章　家庭教育的层级

教育是留白，

教育是等待。

教育是思考人生，

教育是自我修行。

教育是陪伴另一个灵魂走向成熟，

欣赏他成为他自己。

教育是尽自己一份绵薄之力，

推动未来社会的一丝文明。

2014.4.8

黄淮

终于定稿，长舒了一口气，从我想要写这本书到基本定稿经历了 3 年，大家应该也能看到书中我表述风格的变化。

第一次开稿，我写了 4 万多字。停了，写不下去了，逻辑不对。半年后，全部删除，2020 年 3 月到 4 月，7 月到 10 月，口述的草稿录完，修改过程还是很痛苦的，这个痛苦也源于逻辑顺序。改了几个月又停了，一直到 2022 年初，又开始改，7 月改了一大半，终于开始联系出版社，才发现一个严重的问题，Word 里总草稿 35 万字，成书大概得 4 厘米厚，大家的阅读体验会很差。

好处是我可以把内容拆成两部分，改的差不多的部分，已经成型，又改，历时 2 个多月。

所以，我想说的重点是，还有一部分没有完成。

完成的这一部分，重点在心理健康；没完成的部分，重点在能力——情绪能力、社交能力、语言能力、身体能力与智力。大家期待不？哈哈，反正我是期待的。

如果大家想跟我沟通，可以发邮件 691858544@qq.com，我特别喜欢看反馈哦。如果大家愿意看，我还准备写一本我在成人心理方面的思考。

黄淮

2023.2.27